# 세월호 해난 참사 원인 및 대책

강진선무(주) 대표이사 강정화

ICS/ PANAMA CLASS SURVEYOR:약20년간 항해/기관 두 분야 선박 검사원(surveyor)

전 한국해양 대학교 ISO9001 & ISO14001 겸임교수/조양상선㈜ 기관장, 공무감독, 동경사무소장, 안전경영이사(ISM CODE, ISO9002요건부합 안전품질경영 시스템 약 4,500페이지 수립)

전 한국해양 수산 연수원 선박보안책임자(S.S.O) COURSE 외래교수

감리 및 정보/자료 제공해 주신 고마운 분들:

양시권(한해대 9기/53학번)전 한국해양대학 학장, 선박적화 전담 교수 REVIEW.

유재우 KBS 교양다큐 PD/에스디: M/V"세월"호 해난참사관련 해수유입각도 관련 도면제공

김판동(한해대 15기/59학번) /전 조양상선㈜신조선 담당 상무이사: Permanent Ballast

故 배정곤(한해대 21기/65학번)/선장, 전 해운전문경영인, 전 대선조선(주) DOCK MASTER

故 오학균(한해대 22기/66학번)/전 한국해양대학교 용선론 교수, 선장 출신, 해운경영학박사

김진동(한해대 21기/65학번)/ 전 해양수산부 인천지방 해난심판원장, 선장출신. 재판 자료

김세원(한해대 26기/70학번)한국해양대학교 해운론/해운실무/선박안전관리담당 명예교수

전치영(한해대 27기/71학번): 전 조양상선㈜ 신조 감독/시도상선㈜ 대표이사/PCC 선박 Permanent Ballast자료 제공.

박창성 선장/ 박영길 선장: 동남아 원목선 1항사/선장 경험 많음, 원목선 자연경사현상 증언.

# 세월호 해난 참사 원인 및 대책

| | | | |
|---|---|---|---|
| 발행일 | 2018년 7월 20일 | | |
| 지은이 | 강 정 화 | | |
| 펴낸이 | 손 형 국 | | |
| 펴낸곳 | (주)북랩 | | |
| 편집인 | 선일영 | 편집 | 권혁신, 오경진, 최승헌, 최예은, 김경무 |
| 디자인 | 이현수, 허지혜, 김민하, 한수희, 김윤주 | 제작 | 박기성, 황동현, 구성우, 정성배 |
| 마케팅 | 김회란, 박진관, 조하라 | | |
| 출판등록 | 2004. 12. 1(제2012-000051호) | | |
| 주소 | 서울시 금천구 가산디지털 1로 168, 우림라이온스밸리 B동 B113, 114호 | | |
| 홈페이지 | www.book.co.kr | | |
| 전화번호 | (02)2026-5777 | 팩스 | (02)2026-5747 |

ISBN    979-11-6299-196-1 03550 (종이책)    979-11-6299-197-8 05550 (전자책)

이 도서의 국립중앙도서관 출판예정도서목록(CIP)은 서지정보유통지원시스템 홈페이지(http://seoji.nl.go.kr)와 국가자료공동목록시스템(http://www.nl.go.kr/kolisnet)에서 이용하실 수 있습니다. (CIP제어번호: CIP2018022435)

# 세월호
## 해난 참사
## 원인 및 대책

강정화 지음

50년 경력의 선박 전문가가 혼신의 힘을 다해 밝혀낸 세월호 참사의 진상.
각종 데이터와 통계자료를 바탕으로 세월호 전복사고의 실체적 진실을
완벽하게 규명함으로써 사고 원인과 진상을 둘러싼 오랜 논란에 마침내
**종지부를 찍게 됐다!**

북랩 book Lab

# 권두언




〈논문 형태로 이 글을 쓰면서 존칭어를 생략하오니 양해 바랍니다.〉

필자는 정부에서 의식주를 무료로 제공해 주는 부산 소재 한국해양대학을 1967년도에 입학하여 1971년도에 졸업했다. 해군 R.O.T.C.로서 해군함정에서 1년여간 승함 생활을 했다. 군기가 가장 세다는 아 해군 기함/구축함인 91함(충무함)에 보일러(Boiler)실장으로 보임을 받고 간첩선들을 쫓을 때에는 보일러 4대에 슈퍼 히터(Super Heater)까지 동원하여 35노트의 전속력으로 먼동이 틀 때까지 전투한 적도 있었다. 해군 중위로 진급해서 모교에서 이순신 장군의 충무공 정신을 가르치는 군사학 교관 겸 학생 지도관의 직함을 받았다. 낮에는 군사학 교관으로, 오후 6시 이후부터 다음 날 아침 9시까지는 재학생들을 지도 통제 관리하는 직책이다.

2년 3개월간의 군복무기간을 마치고 SANKO SHIPPING CO., LTD의 2등 기관사로 근무를 시작하여 다음 해에는 1등 기관사 그다음 해에는 WESTERN SHIPPING CO., LTD 기관장으로 승진, 승선하게 되었다. 약관 28세에 총각 신분으로 기관장이 되고 보니 선내에서 기기류가 고장 나서 작동을 멈추게 되면 고장원인을 파악해서 수리할 수 있는 마지막 보루의 자리였기 때문에 공포와 스릴을 동시에 만끽했다. 일본 선박회사 및 조양상선 ㈜에서 기관장 생활을 3년 반 정도 하고 조양상선㈜에 18년간 기관장부터 임원이 될 때까지 몸담았다. 그런데 세계일주 풀 컨테이너(Full Container) 사업실패로 1988년 재계 서열 28위의 조양상선 GROUP 자체가 2001년 김대중 정부 시절에 사라졌다.

1995년 9월에 지금의 강진선무㈜를 설립하여 해운 기술 용역 사업을 영위하고 있다.

동시에 약 20년간 파나마 선급 검사원(Surveyor) 생활을 하면서 전공 분야가 아닌 항해/갑판 부문의 선박검사도 선급이 제공하는 수많은 체크 리스트에 의거, 갑판부문과 기관 부문 양쪽 업무를 겸직하여 선박검사를 수행했다. '세월'호와 같이 항해갑판 부문 및 기관부문이 병합하여 발생한 해난사고는 해양수산부에서 AIS 항적도를 공표했는데 표주박처럼 생긴 항적도를 보는 순간 "메인 엔진(Main Engine)이 죽었구먼."이라고 한 것이 '세월'호 관련한 첫 언급이었다. IACS Class Surveyor(국제선급 협회 검사원)들은 항해사 출신은 갑판 부문 업무만 검사하고, 기관사 출신은 기관 부문만 전공별로 특화시켜서 선박검사 업무를 수행하고 있으므로 우수한 인재들 집단이지만 '세월호'의 항적도만 보고 사고원인 추적하는 데 한계에 부딪힐 것이다. 그러나 필자처럼 갑판부문 및 기관부문 양쪽 검사업무를 20년간 수행하고 또한 약 10도 전후로 경사져 입항하는 원목선 7척을 약 3년간 관리감독한 사람의 눈에는 바로 보였다. 이러한 필자의 특수한 경험을 토대로 이 글이 써졌다는 사실을 알고 읽어야 전체를 이해할 수 있을 것이다. 지금까지 언론을 통해 여러 교수 분들이나 해기사 선후배들이 해설을 해왔지만 기관 부문의 사고 원인 제공 분야는 제외해두고 항해 화물과적 분야만 집중적으로 파헤치니 전체를 아우르는 해운 전문가가 없었다고 감히 말씀드린다. 젊은 날 4년간 국민 세금으로 한국해양대학을 졸업했으며 50년간 우리 해운업계에서 수많은 혜택을 보았고 가정까지 이루었으니 현시점에 국가, 사회에 받은 혜택을 되돌려 줄 좋은 방안을 찾던 중 2014년 5/7일 국무총리실 도연수 사무관님의 부름을 받고 부산에서 KTX를 타고 서울로 가서 14:00부터 18:00까지 4시간 동안 도연수 사무관, 강호식 행정관과 함께 세 명이 '세월'호 사고 원인, 선원들의 자질 문제, 향후 대책에 관하여 논의를 하게 된 것이 시발점이 되어 약 4년간 Cover Leaf에 언급한 자료 및 정보를 직간접적으로 제공해 주신 고마운 분들의 도움으로 이 글을 탈고하게 되었다. 특히 오학균 선배와 배정곤 선배의 영전에 이 책을 바친다. 오학균 선배는 2017년 1월 19일 한국해양대학교(이하 '해양대'라 칭함) 신년회를 부산 롯데호텔에서 마친 후 모교 컨테이너 기숙사 사업 관계로 손님을 만나고 1/20일 새벽 1시경 해양대에 마련된 숙소로 계단을 올라가던 중 사망하셨다. 배정곤 선배는 2017년 6월 11일 세상을 떠나셨는데 필자의 중고교, 대학 선배로 필자에게 해양대에 입학을 권유해 주셨다. 두 분은 선체 운동 관련한 신조선 시운전 시의 도선 경험을 토대로 수없이 많은 조언을 해 주셨고 항해술/적하 관련해서 많은 지식을 제공해 주셨는데 불시에 선배 두 분을 잃었다.

또한 해양대 양시권 교수님과 김순갑 교수님 공저 『선박적화(기본편)』의 내용이 많이 인용된 점을 알려 드린다. 두 분 교수님들은 해양대 학장 및 총장을 역임하신, 훌륭한 제 선후배이시다. 지면을 통해 선박적화 내용을 사전 연락 없이 인용한 점 양해 바란다.

'세월' 호 해난참사는 선박에서 발생할 수 있는 가장 전형적인 사고 형태이다.

화물 과적 목적으로 선급이 승인해 준 평형수(Ballast Water)량을 배출하여 GM(Gravity to Meta Center-무게중심으로부터 경심까지의 거리)이 불량한 상태에서 원목선, 차량운반선(Pure Car Carrier: PCC), LPG선, LNG선 및 여객선(Passenger Ship) 등 탑 헤비 쉽(Top Heavy Ship), Crank Ship(크랭크 쉽)/Tender Ship(텐더 쉽)/Super Structure Ship(슈퍼 스트럭처 쉽) 선종에서 발생하는 GM 부족으로 자연적으로 발생하는 자연 경사현상이 발생했고 화물 고박(Cargo Lashing) 불량으로 우현 측 화물이 좌현 측으로 갑자기 쏠리는 현상이 발생되어 마이너스 GM이 형성되었다. 또 윤활유 부족으로 발전기 및 주기(Main Propulsion Engine)가 안전 장치 작동으로 최저속 운전상태(Dead Slow Ahead Engine)가 되는 기관사고까지 덮쳐서 갑판부문, 기관부문에서 동시에 사고가 발생한, 선박에서 발생할 수 있는 가장 위험한 상황이 벌어진 전형적인 대형 해난참사였다. 그러므로 이 보고서는 해양계 고교, 전문학교, 대학교 및 한국해양수산 연수원의 기존 선원들 재교육 등 모든 해기사 양성 기관에서 소중하게 쓸 수 있는 교재이다. 세월호 사고는 여객선 등 탑 헤비 쉽(Top Heavy Ship)에서 발생할 수 있는 GM 부족/화물 고박 불량으로 일어난 선체 전복사고에 기인한 대형 인명 손실 사고이므로 이 책은 해기사 출신들에게는 좋은 교훈이 되는 교재이다. 이 교재가 해기사들 및 선원들의 안전 의식 고취에 많은 도움이 되길 바란다.

# 목/차

# 제3장 해난 사고 과정 중 해운업계 전문가 및 국민들께서 궁금해하는 사안별 설명

# 제4장 향후 대책

# 제5장 '세월'호 해난참사에 대하여 아쉬웠던 점/미흡했던 점 및 향후 개선해야 할 사안들

제1장

# M/V '세월'호 해난참사의 사고 원인 분석 및
# 향후 개선책 수립 관련한 배경

세월호 참사 4주기를 맞아 희생자 304인 고인들의 명복을 빈다. 전문 해운인 중 한 사람으로서 이 참사에 대하여 대단히 안타깝게 여기고 있다. 원인이 확실히 규명되어 대비책을 강구하는 것도 아니고 요란스럽게 세상을 떠들썩하게 해놓고 아무도 책임을 지는 사람은 없는 상황에서 경쟁적인 정쟁으로 변질되어 버렸다. 문제는 진실 원인 규명이 헛다리를 짚으면 먼 훗날 잊을 만하면 동종 사건이 재발하게 되기 마련이라는 것이다. 아무튼 한평생인 50년간 해운업에 종사한 해기사이자, 20년간 선박검사원(Surveyor)으로 일하고, 해운전문 기술용역 업체의 사장으로 20년 일한 경력을 살려 재발방지에 일조하고 싶다. 본인은 이 사건과 전혀 무관한 사람으로서 어떠한 목적이나 목표 없이 순수 해운 전문 기술 용역업체 대표로서 신문, 방송 등 언론에 발표되는 뉴스를 보다가 부분적으로는 옳은 말씀들이나 전체적인 맥락을 파헤친 전문가가 보이지 않아 이 글을 보도, 기사화해서 국민들께 널리 알려 드리고자 한다. 73세 노해기사로서 사명감 하나로 아무런 대가 없이 진실을 밝혀 후대에는 꽃 같은 젊은이들이 바다에서 참사를 당하는 재앙이 다시는 없기를 바라는 마음에서 지난 4년여 동안 확고한 대책을 내 손으로 세워 국가와 사회에 봉사하고자 노력해 왔다. 이러한 각오는 2014년 5월 7일 국무총리실 도연수 사무관의 부름을 받고 강호식 행정관과 3명이 14:00부터 18:00까지 사고원인, 향후대책, 선원자질에 관한 면담을 수행한 것이 시발점으로 무보수로 내 인생의 마지막 봉사활동을 하고자 한다. 항해 부문 및 기관 부문에 대한 파나마 국적선 선박검사 업무를 약 20년간 선급 체크 리스트에 의거해서 수행하다 보니 해수부에서 항적도를 공개한 순간 '세월'호의 해난참사는 GoM 부족 등 항해, 갑판부문과 주기의 추진력 상실 및 발전기 전력공급 중단 사고인 기관부문의 복합적인 사고인 것을 감지했다. 그리고 항해사 출신들은 항해, 갑판 부문만 검사하고, 기관사 출신들은 기관부문만 검사를 하는 국제 선급협회 선박검사원들보다는 갑판부문, 기관부문 양쪽 업무를 20년간 해 온 필자가 가장 적임자라고 생각하게 되었다. 더욱이 3년여간 약 10도 정도로 기울어져 국내항에 입항하는 원목선 7척을 수리 관리한 경험이 요긴하게 작용했다.

삼면이 바다이고 북쪽은 막혀 있어 우리나라의 살길은 바다를 통하여 찾아야 하며 바다를 두려워하지 않고 바다를 사랑하고 개척해 나가는 국민적 합의가 필수적이다.

　남북이 대치하고 있으며 북핵에 대응하기 위해서는 전시에 전쟁물자를 실어 나를 선박을 확보해 두는 것은 해운업의 존재 이유이다. 경제논리보다 우선해야 하는 안보의 핵심적인 사유이다. 사실 우리나라는 삼 면이 바다이고 북쪽이 막혀 있으니 섬나라보다 더욱 나쁜 지리적인 환경이다.

　민간인이 소유하고 있던 여객선 '세월'호 해난 참사에 대한 법적인 책임은 선박 소유자인 청해진 해운㈜의 임직원과 '세월'호를 운항한 사고 당시의 선장/기관장/1등 항해사 3명의 사관들에게 있다. 그 이외의 선원들은 해운 선진국 사례를 보아도 전혀 책임이 없다.

　유럽, 미국, 일본 등 선진 해운국에서 민간인 소유의 여객선에서 발생한 해난 참사에 대한 책임을 국가 원수가 책임진 적은 한 번도 없었다. 5만여 해양대 출신들 및 10만여 선원들께 문의해 보면 대통령은 민간인 여객선 사고와 관련해서 직접적인 책임을 져야 할 이유가 전무하다고 충언한다.

　대형 해난사고에 대한 회사 측/선원 측 책임자들 외 책임자를 따지자면 해양수산부 해양안전담당 국장, 차관 및 장관이 책임져야 할 사안이라고 전 해기사 및 선원들은 생각하고 있다.

# 1. 우리나라 산업화에 기여한 선원들의 공로

우리나라는 1960년대 들어 4.19 의거 및 5.16 군사혁명을 거치면서 경제개발 5개년 계획의 기치를 세우고 '수출 입국'이라는 국가 경영 방침 아래 '수출목표 1억 불 달성'이라는 국가경영 목표를 설정하여 신발산업, 가발, 합판 등 경공업 위주의 수출 Drive 정책을 추진하기 시작하면서 1964년 11월 30일 드디어 연간 수출목표 1억 불을 달성하고 이날을 오랫동안 기리고자 무역의날로 제정, 선포했다. 우리나라의 수출 순위는 통계자료가 있는 1948년 89위, 4.19 학생 의거로 자유당 이승만 정권이 교체되는 1960년도에 88위였으니 12년 만에 1등급 상승한 셈이다. 5.16 혁명 발생 직전 해인 1960년도 1년간 우리나라 수출액은 약 2,500만 불이었다.

1964년 우리나라가 수출 미화 1억 1,600만 불(수입 미화 4억 300만 불)을 달성했을 시점에 세계에는 우리나라와 비슷한 수출경제 규모의 국가들이 아래와 같이 21개국이 있었다.

<표 1-1> 세계무역통계- 국가별 수출입(gidt2010d)/KITA:COEX/KTNET/KCAT/EC21에서 인용

| 순위 | 국가명 | 181개국 중 순위 | 수출금액 |
|---|---|---|---|
| 1 | 예멘(YEMEN) | 57위 | (미화 1억 9,800만 불) |
| 2 | 탄자니아(TANZANIA) | 58위 | (미화 1억 9,800만 불) |
| 3 | 수단(SUDAN) | 59위 | (미화 1억 9,600만 불) |
| 4 | 우간다(UGANDA) | 60위 | (미화 1억 8,600만 불) |
| 5 | 우루과이(URUGUAY) | 61위 | (미화 1억 7,900만 불) |
| 6 | 엘살바도르(EL SALVADOR) | 62위 | (미화 1억 7,800만 불) |
| 7 | 시리아(SYRIA) | 63위 | (미화 1억 7,600만 불) |
| 8 | 도미니카(DOMINICA) | 64위 | (미화 1억 7,200만 불) |
| 9 | 과테말라(GUATEMALA) | 65위 | (미화 1억 6,500만 불) |
| 10 | 케냐(KENYA) | 66위 | (미화 1억 4,600만 불) |

| 11 | 에콰도르(EQUADOR) | 67위 | (미화 1억 3,000만 불) |
|---|---|---|---|
| 12 | 튀니지(TUNISIA) | 68위 | (미화 1억 2,900만 불) |
| 13 | 니카라과(NICARAGUA) | 69위 | (미화 1억 2,600만 불) |
| 14 | 카메룬(CAMEROON) | 70위 | (미화 1억 2,500만 불) |
| 15 | 세네갈(SENEGAL) | 71위 | (미화 1억 2,200만 불) |
| 16 | 대한민국(KOREA) | 72위 | (미화 1억 1,600만 불) |
| 17 | 볼리비아(BOLIVIA) | 73위 | (미화 1억 1 400만 불) |
| 18 | 코스타리카(COSTA RICA) | 74위 | (미화 1억 1,300만 불) |
| 19 | 아이슬랜드(ICELAND) | 75위 | (미화 1억 1,100만 불) |
| 20 | 모잠비크(MOZAMBIQUE) | 76위 | (미화 1억 600만 불) |
| 21 | 에티오피아(ETHIOPIA) | 77위 | (미화 1억 500만 불) |

**우리나라와 비슷한 수출 규모의 국가는 21개국이 있었다.**

1) 2011년도 국가별 수출입 통계 자료 〈한국무역협회 통계자료에서 인용〉

　2011년도 통계 자료 중 1964년도 수출규모 1억 불~2억 불에 해당되던 우리나라 포함 21개국의 2002년도 현주소는 아래와 같다.

〈표 1-2〉 2011년도 국가별 수출입 통계 자료

| 순위 | 국가명 | 181개국 중 순위 | 수출금액 |
|---|---|---|---|
| 1 | 대한민국(KOREA) | 세계 7위 | 미화 5,624억 6,200만 불 |
| 2 | 코스타리카(COSTARICA) | 세계 64위 | 미화 309억 9,700만 불 |
| 3 | 에콰도르(ECUADOR) | 세계 69위 | 미화 241억 4,200만 불 |
| 4 | 튀니지(TUNISIA) | 세계 75위 | 미화 165억 3,400만 불 |
| 5 | 시리아(SYRIA) | 세계 76위 | 미화 155억 1,000만 불 |

| 6 | 과테말라(GUATEMALA) | 세계 84위 | 미화 105억 7,400만 불 |
|---|---|---|---|
| 7 | 예멘(YEMEN) | 세계 88위 | 미화 96억 7,000만 불 |
| 8 | 우루과이(URUGUAY) | 세계 89위 | 미화 90억 8,000만 불 |
| 9 | 수단(SUDAN) | 세계 90위 | 미화 86억 8,900만 불 |
| 10 | 도미니카(DOMINICA) | 세계 93위 | 미화 80억 1,700만 불 |
| 11 | 볼리비아(BOLIVIA) | 세계 95위 | 미화 68억 5,300만 불 |
| 12 | 케냐(KENYA) | 세계 101위 | 미화 59억 8,500만 불 |
| 13 | 아이슬란드(ICELAND) | 세계 104위 | 미화 53억 3,700만 불 |
| 14 | 카메룬(CAMEROON) | 세계 105위 | 미화 52억 7,300만 불 |
| 15 | 엘살바도르(EL SALVADOR) | 세계 106위 | 미화 51억 5,800만 불 |
| 16 | 니카라과(NICARAGUA) | 세계 110위 | 미화 40억 5,900만 불 |
| 17 | 모잠비크(MOZAMBIQUE) | 세계 114위 | 미화 35억 3,900만 불 |
| 18 | 탄자니아(TANZANIA) | 세계 119위 | 미화 29억 8,700만 불 |
| 19 | 세네갈(SENEGAL) | 세계 123위 | 미화 24억 8,500만 불 |
| 20 | 에티오피아(ETHIOPIA) | 세계 127위 | 미화 21억 6,700만 불 |
| 21 | 우간다(UGANDA) | 세계 131위 | 미화 17억 6,100만 불 |

**상기의 자료에 의거 유럽/미주 경제계에서는 우리의 경제 발전을 '한강의 기적'이라 한다.**

2) 1961년 5.16 군사혁명으로 제3공화국을 연 박정희 대통령의 경제 재건 일화 중 1964
년 파독 간호사 및 독일 광부와의 면담 중 대통령 내외분도 울었고 독일에 파견했
던 약 5,000명 정도의 간호사들과 약 9,500명 정도의 광부들도 울고 만 일화는 아직
우리네 60~80세대들의 가슴에 찡하게 남아있다. 또 이 광경을 지켜본 당시 독일 총
리께서 파독 간호사, 광부들의 예금통장을 담보로 대정부 차관을 결정하여 지원해
주었는데 훗날 파독 간호사, 광부들이 최소 독일 거주 생활비만 공제하고 나머지 독

일 마르크를 독일 은행에 예금하기는커녕 모두 한국 가족들 앞으로 송금해 버려 독일 총리가 대 정부 차관 결정 지원 시 담보물로 생각했던 파독 간호사, 광부들의 대독 예금 통장은 공수표에 불과했다는 일화도 회자되고 있다. 1964년도 수출금액 표기 시 괄호 안에 수입금액을 표기한 대로 수출금액(미화 1억 1,600만 불)보다 수입금액(미화 4억300만 불)이 약 3.45배 많았을 정도로 우리나라는 건국 이래 만성 수출입 역조 국가였다. 국가경제 개발을 하려는 데 무역 역조가 극심하여 원자재를 구매할 미화를 확보할 길이 막막했다.

3) 1961년도부터 우리나라 선원들의 근면성과 우수함이 미국 선주 LASCO SHIPPING CO., LTD와 일본선주 SANKO SHIPPING CO., LTD에 알려졌다고 한다. 당시 개척사를 선배 해운인들로부터 들어보면 독일 파견 간호사들이 사망자 시체처리(독일 의료진들의 기피대상) 업무를 하고 파독 광부들이 1,000m 이상의 깊은 지하갱의 열기와 싸웠던 것과 마찬가지로 폐선 직전의 선박을 근면 성실한 한국 선원들을 고용하여 맡겼더니 선박이 미국/일본에 기항 시마다 시뻘겋게 발청(녹 핀 상태)되어 있던 선체가 점차 깨끗해지기 시작하더니 일 년 근무 후 연가 차 하선 무렵에는 녹 한 방울 없는 새로운 선박으로 변해있어 미국, 일본 선주사 측으로부터 크나큰 신뢰를 얻어 1964년도부터는 수많은 선박회사에서 한국 해기사, 부원 선원들을 고용하기에 이르렀다고 한다. 일본 SANKO SHIPPING CO., LTD 사에서 인정을 받은 송출선원 개척자가 해양대 2기생이신 서병기 선장님, 미국의 LASCO SHIPPING CO., LTD 사의 송출선원 개척자는 해양대 1기생이신 김동화 선장님으로 해운업계에 알려져 있다. 해양대 졸업 후 승선할 선박이 대한 해운 공사 등 몇 척밖에 없어 중고교 영어, 수학 교사로 재직하던 수많은 해기사들이 선원 송출 붐(boom)을 타고 교사 수입보다 약 10배 정도 높은 2등 항해사, 기관사로 근무하고자 나이 들었어도 후배 밑에서 배워서 선장, 기관장으로 승진 승선 근무하게 되었다. 1등 항해사, 기관사는 약 15배 급여, 선장, 기관장 급여는 약 20배에 달했으니 당시에는 해기사, 선원들이 엄청난 외

화를 벌었다.

4) 1964년도부터 파독 간호사가 약 5,000명, 광부는 약 9,500명으로 독일에 파견 근무하는 인원이 점차 늘어나면서 외화를 벌어들여 우리나라 경제 발전에 공로가 컸다는 사실은 매스컴 및 정부 측의 적극적인 홍보 활동으로 잘 알려져 있다. 특히 상술한 박정희 대통령 내외분께서 독일에 가서서 독일 총리로부터 외화차관(1억 4,000만 마르크)을 받아오고 또한 대통령 내외와 파독 간호사, 광부들과의 만남에서 울음바다가 된 일화 등이 TV로 방영되면서 세계적인 화젯거리가 되어 국내뿐만 아니라 해외에도 널리 알려져 있다. 그런데 아래 자료와 같이 1964년도부터 10년 단위로 우리 해기사, 부원 선원들이 승선할 국적 선박이 없어 맨몸으로 미국, 일본 등 해외 선박에 승선한 근무 대가로 벌어들인 외화(미화)는 1964년부터 10년 단위로 해양 수산부, 한국해기사 협회, 한국도선사협회, 한국해사재단에서 2004년도에 발행한 『우리선원의 역사』에서 인용하면 아래와 같다. 선원 노동력에 대한 급여이므로 원자재 등 원가가 필요 없는 순수익이다.

<표 1-3>해외취업선원가득외화분석(1) 단위 : 1,000달러, 달러

| 구분 연도 | 취업선박 | | 취업선원 | | | | 가득외화 | | 가득지수 | 1인당 가득액 | 증가율 | 1인당 지수 |
|---|---|---|---|---|---|---|---|---|---|---|---|---|
| | 척수 | 증가율 | 해기사 | 부원 | 계 | 증가율 | 금액 | 증가율 | | | | |
| 1964 | - | - | - | - | - | - | 557 | - | 2.0 | - | - | - |
| 1965 | - | - | - | - | - | - | 1,497 | 68.9 | 5.4 | - | - | - |
| 1966 | - | - | - | - | - | - | 1,936 | 29.3 | 6.9 | - | - | - |
| 1967 | - | - | - | - | 2,340 | - | 3,370 | 74.0 | 12.1 | 1,440 | - | 41.7 |
| 1968 | - | - | - | - | 2,655 | 13.5 | 4,610 | 36.8 | 16.5 | 1,736 | 20.6 | 50.3 |
| 1969 | - | - | - | - | 2,764 | 4.1 | 5,677 | 23.1 | 20.3 | 2,017 | 16.2 | 58.4 |
| 1970 | 144 | - | 1,008 | 2,429 | 3,437 | 24.2 | 7,365 | 29.7 | 26.5 | 2,142 | 6.2 | 62.1 |
| 1971 | 217 | 50.7 | 1,519 | 3,845 | 5,164 | 50.2 | 10,723 | 45.6 | 38.4 | 2,076 | -3.1 | 60.2 |
| 1972 | 249 | 14.7 | 1,743 | 5,753 | 7,496 | 45.2 | 25,915 | 41.7 | 92.8 | 3,350 | 61.4 | 96.8 |
| 1973 | 284 | 14.1 | 1,898 | 6,190 | 8,088 | 7.9 | 27,915 | 7.7 | 100.0 | 3,451 | 3.0 | 100.0 |
| 연평균 | 23.5 | 26.5 | 1542 | 4,554 | 6,096 | 24.2 | 8,956 | 61.9 | 32.3 | 2,010 | 17.4 | 89.2 |

자료: 한국선주협회, 통계 요람 주 : 해외취업 선원 전체 가득외화의 단위는 1,000달러이고, 1인당 가득액의 단위는 달러임, 가득외화 및 1인당 가득외화의 지수는 1973년도를 100으로 한 지수임.

<표 1-4> 해외취업 선원 가득외화 분석(2) 단위 : 1,000달러, 달러

| 구분 연도 | 취업선박 | | 취업선원 | | | | 가득외화 | | 가득지수 | 1인당 가득액 | 증가율 | 1인당 지수 |
| --- | --- | --- | --- | --- | --- | --- | --- | --- | --- | --- | --- | --- |
| | 척수 | 증가율 | 해기사 | 부원 | 계 | 증가율 | 금액 | 증가율 | | | | |
| 1974 | 311 | 17.8 | 2,095 | 6,045 | 8,140 | 0.6 | 31,214 | 11.8 | 111.8 | 3.835 | 11.1 | 111.1 |
| 1975 | 462 | 48.6 | 2,934 | 10,128 | 13,062 | 24.4 | 48,386 | 55.0 | 173.3 | 4.775 | 24.5 | 138.4 |
| 1976 | 514 | 11.3 | 3,566 | 12,178 | 15,744 | 20.2 | 70,911 | 46.6 | 254.0 | 5.824 | 22.0 | 168.8 |
| 1977 | 598 | 16.3 | 4,066 | 13,462 | 17,528 | 10.5 | 88,328 | 24.6 | 316.4 | 6.561 | 13.7 | 190.1 |
| 1978 | 837 | 40.0 | 4,946 | 17,331 | 22,278 | 28.7 | 116,884 | 40.8 | 418.7 | 6.690 | 2.0 | 193.9 |
| 1979 | 873 | 4.3 | 5,810 | 18,786 | 24,596 | 8.4 | 137,350 | 18.5 | 492.0 | 7.311 | 6.1 | 211.9 |
| 1980 | 998 | 14.3 | 6,622 | 20,392 | 27,014 | 8.5 | 166,705 | 21.4 | 704.7 | 8.175 | 11.8 | 236.9 |
| 1981 | 1,241 | 24.3 | 8,300 | 24,937 | 33,237 | 22.3 | 254,832 | 52.9 | 912.2 | 10.219 | 25.1 | 296.1 |
| 1982 | 1,525 | 23.7 | 9,796 | 29,719 | 39,515 | 19.2 | 298,469 | 17.2 | 1.069.3 | 10.045 | -1.7 | 291.1 |
| 1983 | 1,668 | 9.4 | 10,203 | 31,015 | 41,218 | 4.4 | 335,469 | 12.4 | 1.201.9 | 10.826 | 7.8 | 313.7 |
| 연평균 | 903 | 21.0 | 5,835 | 18,399 | 24,234 | 14.5 | 154,753 | 30.2 | 565.4 | 7.428 | 12.2 | 214.2 |

자료: 한국선주협회, 통계 요람

주: 해외취업 선원 전체 가득외화의 단위는 1,000달러이고, 1인당 가득액의 단위는 달러임, 가득외화 및 1인당 가득외화의 지수는 1973년도를 100으로 한 지수임.

<표 1-5> 해외취업 선원 가득외화 분석(3) 단위 : 1,000달러, 달러

| 구분 연도 | 취업선박 | | 취업선원 | | | | 가득외화 | | 가득지수 | 1인당 가득액 | 증가율 | 1인당 지수 |
|---|---|---|---|---|---|---|---|---|---|---|---|---|
| | 척수 | 증가율 | 해기사 | 부원 | 계 | 증가율 | 금액 | 증가율 | | | | |
| 1984 | 1,840 | 10.3 | 11,650 | 22,283 | 33,923 | 9.4 | 372,719 | 11.1 | 1,335.2 | 10,984 | 1.4 | 318.3 |
| 1985 | 2,097 | 8.1 | 13,007 | 23,903 | 36,910 | 5.9 | 406,264 | 9.0 | 1,455.4 | 11,007 | 0.4 | 319.0 |
| 1986 | 2,312 | 10.3 | 14,300 | 25,141 | 39,441 | 6.9 | 431,112 | 6.1 | 1,544.7 | 10,931 | -0.7 | 316.7 |
| 1987 | 2,534 | 9.6 | 15,508 | 27,163 | 42,471 | 7.7 | 468,906 | 8.8 | 1,679.8 | 11,041 | 1.0 | 319.9 |
| 1988 | 2,517 | -0.7 | 14,449 | 26,187 | 40,636 | -4.3 | 516,766 | 10.0 | 1,858.3 | 12,693 | 15.0 | 367.8 |
| 1989 | 2,329 | -7.5 | 13,064 | 23,743 | 36,807 | -9.4 | 530,317 | 2.8 | 1,899.8 | 14,408 | 13.5 | 417.5 |
| 1990 | 2,229 | -4.3 | 12,156 | 21,075 | 33,230 | -9.7 | 535,446 | 1.0 | 1,918.1 | 16,113 | 11.8 | 466.9 |
| 1991 | 2,057 | -7.7 | 10,468 | 15,867 | 26,336 | -11.7 | 535,855 | 0.1 | 1,920.0 | 20,347 | 26.3 | 589.6 |
| 1992 | | | | | 20,359 | -22.7 | 490,498 | -8.5 | 1,757.1 | 24,092 | 18.4 | 698.1 |
| 1993 | | | | | 17,738 | -42.3 | 466,058 | -5.0 | 1,633.7 | 26,275 | 9.1 | 761.3 |
| 연평균 | | | | | 26,985 | -7.1 | 475,219 | 3.5 | 1,508.4 | 15,789 | 9.6 | 447.5 |

자료: 한국선주협회, 통계 요람

주: 해외취업 선원 전체 가득외화의 단위는 1,000달러이고, 1인당 가득액의 단위는 달러임, 가득외화 및 1인당 가득외화의 지수는 1973년도를 100으로 한 지수임.

<표 1-6> 해외취업 선원 가득외화 분석(4) 단위 : 1,000달러, 달러

| 구분 연도 | 취업선박 | | 취업선원 | | | | 가득외화 | | 가득지수 | 1인당 가득액 | 증가율 | 1인당 지수 |
|---|---|---|---|---|---|---|---|---|---|---|---|---|
| | 척수 | 증가율 | 해기사 | 부원 | 계 | 증가율 | 금액 | 증가율 | | | | |
| 1994 | - | - | - | - | 14,741 | -16.9 | 428,934 | -7.8 | 1,536.7 | 29,098 | 10.7 | 843.2 |
| 1995 | - | - | - | - | 11,776 | -20.1 | 398,858 | -7.0 | 1,428.8 | 33,870 | 16.7 | 981.5 |
| 1996 | - | - | - | - | 9,504 | -19.0 | 371,956 | -6.7 | 1,322.5 | 39,137 | 15.6 | 1,134.1 |
| 1997 | - | - | - | - | 7,322 | -23.0 | 354,312 | -4.7 | 1,269.6 | 48,390 | 23.6 | 1,402.2 |
| 1998 | - | - | - | - | 7,226 | -1.3 | 319,426 | -9.8 | 1,1448 | 44,205 | -8.6 | 1,280.9 |
| 1999 | - | - | - | - | 6,772 | -6.3 | 319,278 | -0.1 | 1,143.8 | 47,147 | 6.7 | 1,366.2 |
| 2000 | - | - | | | 6,130 | -9.5 | 311,373 | -2.5 | 1,115.4 | 50,795 | 7.7 | 1,471.9 |
| 2001 | - | | | | 7,000 | 14.2 | 299,486 | -4.1 | 1,072.8 | 42,355 | -16.7 | 1,227.3 |
| 2002 | - | | | | | | 294,034 | -1.8 | 1,053.3 | | | |
| 연평균 | | | | | | | 344,184 | | | | | |

자료 : 한국선주협회, 통계 요람 주: 해외취업 선원 전체 가득외화의 단위는 1,000달러이고, 1인당 가득액의 단위는 달러임, 가득외화 및 1인당 가득외화의 지수는 1973년도를 100으로 한 지수임.

상기 <표 1-3>에서부터 <표 1-6>까지의 도표 4개에서 보다시피 1964년부터 2002년까지 39년간 우리 해외 송출 해기사, 부원 선원들이 벌어들인 외화임금 소득은 무려 미화 9,489,711,000불로 대일청구권자금으로 수령한 미화 5억 불(무상 3억 불 + 유상 2억 불)의 약 18.98배에 달한다. 해외 송출 인력은 1987년도에 42,471명으로 피크를 이루었으며 금액으로는 1991년에 약 5억3600만 불로 피크를 이루었었다. 그 이후부터 점차로 감소 추세로 반전했는데 우리나라 국민소득 증대로 당시 국내 봉급자의 약 10배 이상의 임금 수준이었던 해외송출 선원 임금수준이 1인당 미화 11,041불을 넘기 시작하면서 우리나라보다 선원임금 수준이 월등히 낮은 필리핀 선원으로 넘어가더니 그 후 1992년도부터 미얀마 선원들이 저렴한 임금으로 해외 송출선에 승선하기 시작했고 요즈음에는 중국 및 인도네시아 선원들이 저렴한 임금을 무기로 국제 송출 인력 시장에 등장하게 되었다. 1964년도부터 시작된 해외 송출 선원인력 사업을 통해 우리나라는 2002년도경까지 약 39년간 세계 무대에서 가장 우수한 선원송출국으로 각인되었다. 우리 국민들에게 널리 알려진 '한강의 기적'을 이룬 경제도약 발전의 주요사항으로

① 상기에 언급한 파독 간호사 약 5,000명 및 파독 광부 약 9,500명의 임금

② 1965년부터 1973년까지 월남파병 및 군수용역 대가

③ 1973년 중동의 오일 쇼크 이후 시작된 중동 건설 붐

등은 국내외 매스컴을 통하여 널리 알려져 있다.

④ 그러나 국제 여론 비판이나 부작용이 전혀 없이 국제 해운시장의 저렴/우수한 선원인력 요구에 따라 한국 해기사, 부원 선원들이 촉망을 받으면서 국내 노동시장의 10~20여 배가 넘는 소득을 외화로 벌어들여 국민경제에 기여한 바가 상술한 바와 같이 천문학적인 숫자에 달하지만 의외로 우리 국민들에게는 잘 알려져 있지 않다. 상기 자료에서 보다시피 1987년도 해외송출선원수=42,471명, 연간 가득 급여=미화 468,906,000, 선원 1인당 평균급여=미화 11,041, 1991년도에는 해외송출선원수=26,338명, 연간 가득 급여=미화 535,855,000불, 선원 1인당 평균급여=미화 20,347불, 독일 광부, 간호사를 합친 인원인 약 15,000명보다 1.76~2.83배 선원송출 인력이 많았으며 1인당 평균 가득 금액도 1987년도 미화 11,041불, 1991년도엔 미화 20,347불이었으므로 독일 광부, 간호사의 급여보다 2배 이상이었다. 그렇다면 선원해외 송출인력들이 벌어들인 외화가 독일 광부, 간호사들보다 최소한 3.5배~5.6배 정도로 우리나라 산업화에 공헌도가 월등히 컸음에도 불구하고 국민들께는 알려지지 않고 있다. 왜 그랬을까? 필자의 소견으로 그 이유는 다음과 같다.

**첫째** 오랜 유교사상으로 해기사, 부원 선원들을 '뱃놈'으로 칭하며 천한 직업으로 인식.

**둘째** 옛날부터 『토정비결』에 7~8월경이 되면 물가에 가지 말라 할 정도로 국민들이 바다에 대한 경계심 내지는 두려움을 가지고 있음.

셋째 투표권은 있되 승선기간 중 한 번도 투표권을 행사하지 못하므로 정치권의 무관심.

넷째 국내 언론 매스컴에서도 정치권에 관심 밖 업종이 되다 보니 스포트라이트를 받
지 못하는 직업군.

5) 상술한 악조건에도 불구하고 양질의 해기사, 부원, 선원 인력을 무기로 외화를 대
량 확보하면서 해운인들도 중고선박 확보에 유리한 입지를 구축하여 국적선/국적
취득 조건부 나용선 등의 형태로 수십 년간 착실히 선박확보에 박차를 가한 결과
2014. 1. 1 현재 세계 5위의 해운국으로 성장했다. 그러나 2008년도 미국 금융 쇼크
로 BDI 운임지수가 13,850포인트를 정점으로 2개월 후 685포인트로 급락하더니 지
난 10년간 450~1,500포인트 박스권을 맴돌고 있다. 선박회사의 채산 브레이크 이븐
포인트(Break Even Point)는 BDI 운임지수 2,500~3,500 정도이며 전 세계 화물량×이
동거리를 TON.MILE로 표기하고, 선복량×연간 이동, 운항거리를 DWT.MILE로 표기
하여 4년 전 분석 자료가 선복량이 24.5% 과잉이라 했으며 매년 약 3.5%이상씩 선
복량이 증가했는데 화물량은 매년 약 0.6%씩 증가했다는 해외 해운 전문 매체의 리
포트가 있으므로 지금쯤 약 35% 이상의 선복과잉일 것이다. 향후 20년 이내에 운임
회복은 어려울 것 같고 해운 기업들은 만성 불황성 기업군으로 전락하여 범세계적
으로 비용절감을 통한 살아남기 전쟁에 돌입했다. 중국의 COSCO와 CHINA SHIP-
PING이 2015년도에 합병, 최근 2016년에 일본의 NYK, MOL, KAWASAKI LINE 3
사가 컨테이너선 분야를 합병하여 볼륨 메리트(Volume Merit)에 의한 비용절감에 돌
입했다. 우리나라는 전쟁 발발 시에 군수물자를 수송할 선박이 필수 요건이므로 경
제논리에 앞서서 국가 안보 차원에서 접근해야 한다. 2016년도 통계에 따르면 싱가
포르가 우리나라를 제치고 세계 해운 5위로 도약했고 우리나라는 7위로 전락했다.
국가의 해운정책이 상이하기 때문이다. 2017년 1월 11일 접한 선가 총액 면에서 세
계 각국의 선박 가격을 발표한 자료를 입수했는데 1위 그리스, 2위 일본, 3위 중국, 4
위 싱가포르, 5위 미국, 6위 독일, 7위 노르웨이, 8위 한국, 9위 덴마크, 10위 영국이
다. 우리나라는 2014년 말 5위에서 3년 새 8위로 하락했다.

# Top 10 Ship Owning Nations

*By Eric Haun*

*Kicking Off the New Year, VesselsValue has put together a list Of the top 10 ship owning nations by fleet value in 2017.*

1. **Greece**  $84.079 billion
2. **Japan**  $80.169 billion
3. **China**  $68.333 billion
4. **Singapore**  $38.052 billion
5. **United States**  $34.432 billion
6. **Germany**  $31.544 billion
7. **Norway**  $30.427 billion
8. **South Korea**  $21.204 billion
9. **Denmark**  $19.492 billion
10. **United Kingdom**  $15.847 billion

Despite suffering the biggest total drop in total feet value, Greek owners held onto their spot at the top with a $84.079 billion fleet, reflecting a decrease Of nearly 12 percent in the cargo sectors. Greece also held onto its lead in the bulk carrier an Tanker categories.

"Greek Tanker owners started 2016 earning more than $100,000/day on their vessels. However, the rest Of the year has been predominantly bearish. By the end Of 2016 the Greek fleet had shrunk by close to $11 billion," said Vessels Value senior analyst William Bennett.

"Coming in second [in terms Of total value lost] was the U.S.A., whose fleet lost $4 billion, less than half the Greek losses," Bennett said.

Falling less than 1 percent in total value, Japanese owners were able to inch closer to the lead. Japan is the leading owner Of LNG and LPG carriers.

"Bulkers have had a deceptively good 2016 following the record lows at the start Of the year," Bennett said. "The top three bulker owning nations: Greece, Japan and China, have seen their fleets rise by over $4 billion each. This growth has supported acquisitions following some Of the lowest asset prices seen since the 1980s."

Falling from fourth to sixth, the German cargo fleet lost close to 30 percent Of its value mainly due to the depressed container market. Yet, the nation remained the top owner Of containerships.

Bennett said, "The German container fleet shrunk by nearly $11 billion throughout 2016 after large losses in the sector. The largest sOftening was experienced in the panamax and post-panamax sectors with some vessels losing up to 60 percent Of their value. German losses are fueled by this as 59 percent Of their fleet consists Of panamax and post-panamax vessels."

Jan 9, 2017

**Frank H. Marmol** | Principal Surveyor
Tel. +507 322 0013 | Fax +507 226-5386 | frank@intermaritime.org
77th Street, Intermaritime Building | Panama City, Rep. Of Panama
www.InterMaritime.org

수많은 국적선대가 경제논리에 따라 헐값에 해외로, 특히 싱가포르로 많이 팔려 나갔다.

1945년 해방 이후 정부에서 대한해운공사를 설립, 운영해 오다가 민간인에 1970년대에 불하했으며 인수회사가 한진해운이었다. 2017년 들어 한진해운이 경제논리로 퇴출당한 것은 뼈아픈 일이다. 우리나라의 해운역사의 모체가 사라진 참담한 사건이었다. 해양수산부가 어떤 정책으로 전쟁 발발 시에 해운업은 한국의 기간 산업으로 도산시켜서는 안된다는 언론 보도를 본 적이 없어 해운 전문인들은 실망이 컸다. 국제해사기구(International Maritime Organization=IMO)의 수장인 IMO 사무총장은 해기사 출신인 해양대 29기 임기택 씨이다. 자랑스러운 해운인이라고 할 수 있다.

<표 1-7> 2014. 1. 1 기준 국가별 선박보유량 기준 순위(자국선+FOC/편의 치적선 포함)

| 순위 | 국가명 | 척수 | DWT(천 톤) | %(DWT 기준) |
|---|---|---|---|---|
| 1 | 그리스(GREECE) | 3,826 | 258,484 | 15.415 |
| 2 | 일본(JAPAN) | 4,022 | 228,553 | 13.630 |
| 3 | 중국(CHINA) | 5,405 | 200,179 | 11.938 |
| 4 | 독일(GERMANY) | 3,699 | 127,238 | 7.588 |
| 5 | 대한민국(KOREA) | 1,568 | 78,240 | 4.666 |
| 6 | 싱가포르(SINGAPORE) | 2,120 | 74,064 | 4.417 |
| 7 | 미국(USA) | 1,927 | 57,356 | 3.420 |
| 8 | 영국(UK) | 1,233 | 52,821 | 3.150 |
| 9 | 대만(TAIWAN) | 862 | 47,481 | 2.832 |
| 10 | 노르웨이(NoRWAY) | 1,864 | 42,972 | 2.563 |
| 11 | 덴마크(DENMARK) | 955 | 40,504 | 2.415 |

6) 우리나라 산업종류별로 세계 10위권 이내에 진입한 세계적인 명품 산업이 몇 개나 있을까?

  - 널리 알려진 바로는 삼성전자, 현대자동차, 포항제철산업 정도일 것이다.

    그런데 해운/조선 분야의 발전상은 국민께 의외로 널리 알려져 있지 않다.

*우리나라의 조선업은 선가면에서 보면 세계 1위이고 선박 건조량에서 보면 중국 다음으로 세계 2위이다. 우리나라 해운업은 별첨 UNCTAD 리포트(Report)에서 보다시피 실질적인 수익자 선주 입장(국적선+편의취적선)에서 보면 화물적재톤수 기준(Dead weight Tonnages: DWT) 세계 제5위의 해운국이었다. 그런데 2016년도 이후로는 싱가포르에 밀려 제5위의 자리를 싱가포르에 양보하고 제7위로 전락했다. 게다가 2017년 1월 11일 필자가 소속된 ICS 파나마(Panama) 선급정보에 따르면 총선가 기준 세계 8위로 전락했다.

*또한 선박검사기관인 한국 선급은 LR(영국 선급), DNV/GL(노르웨이/독일선급), ABS(미국선급), NK(일본선급), BV(프랑스 선급)에 이어 세계 6위 정도의 명품 선급 순위에 든다. 사람에 따라서는 이탈리아 선급인 RINA 및 프랑스 선급인 B.V를 KR 앞에 두느냐 KR 뒤에 두느냐에 따라서 KR을 세계 5위 또는 7위 정도로 자리매김하는 전문가분들도 있다. 아무튼 중국 선급(CCS) 폴란드 선급, 그리스 선급 & 러시안 선급(RS)보다는 앞순위로 여겨져 오고 있다.

*그 외에도 중대형 선박용 엔진, 조선용 기자재 제조 세계 1위국이다.
*또한 세계 1위의 고급 해기사와 선원인력을 보유하고 있다.

## 2. 여객선 해난참사의 과거 현황 및 대응 발전 상황

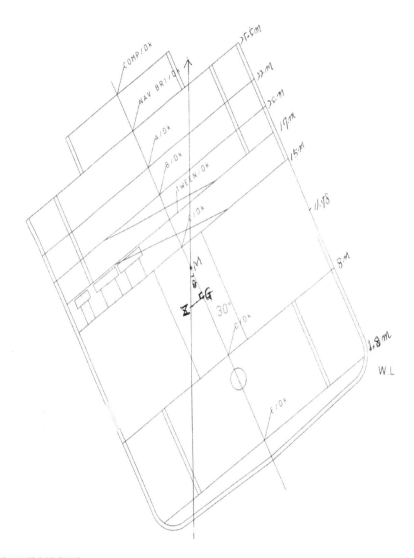

<그림 1-1>GM과 MZ 및 θ 관계도면

1) 선박의 안정성의 가장 기본적인 개념을 최우선적으로 설명드리고자 한다.

상기 '세월'호 사고 발생 시점의 좌현 30도 경사진 그림에서 G점(11.78m)은 선체 전체의 무게 중심점이고 M점은 선체가 항해 중 좌우 양방향으로 움직일(Rolling) 때에 이 점을 기점으로 좌우 양방향으로 움직인다고 생각되는 한 점으로서 경심(Meta Center)이라고 부르는 점이다. 선체의 안정성은 이 두 지점인 G점과 M점 간의 거리(GM이라함)가 클수록 안정적이고, GM 거리가 작을수록 좌우 방향의 선체 동요는 적지만 선체가 뒤집힐 위험성은 커진다. 선체는 경사지게 되면 원상 복귀시키려는 복원력이 생기지만 극단적으로 G점과 M점의 위치가 거꾸로 되어버리면 G점이 M점보다 위에 있으므로 복원력을 잃고 서서히 전복되어 대형 해난 사고가 발생한다.

2) 선체가 좌우(Rolling)/전후(Pitching) 방향으로 움직일 때 선체 여러 구획에 액체 상태의 연료유(Bunker), 평형수(Ballast Water), 청수(Fresh Water), 윤활유(Lubrucating Oil: L.O), 배수, 오폐수(Bilge) 등을 두며 이들은 선체가 좌우/전후 방향으로 움직일 때마다 경사진 방향에 따라 출렁이면서 GM을 더욱 악화시키는데 이를 전문 용어로 유동수 영향이라고 부른다.

3) 선체 복원력에 영향을 미치는 요소(양시권/김순갑 교수 공저 『선박적하』 기본편에서 인용)선박의 복원성은 그 탑재물의 중량배치뿐만 아니라 본선 고유의 형상과 구조에 따라서 달라지며, 일반적으로 선박에 가해지는 외력이나 본선 상태의 변화가 복원성에 영향을 주게 된다.

(ㄱ) 선체 제원의 영향

- 선폭(船幅): 선폭이 증가함에 따라서 복원력 곡선의 기울기가 급해지고 경사에 따른 저항이 증가하여 최대 복원력도 커진다. 여객선(Ferry Boat)과 같이 흘수가 얕고 중심이 높은 선박은 선폭을 넓혀서 복원성을 얻어야 한다.
- 건현(乾舷): 적당한 폭과 GM을 보유하고 있어도 충분한 건현(해수에 잠기지 않은 선체

외판 높이)을 갖고 있지 않으면 경사하여 갑판단이 물속에 잠기는 각이 작아져서 복원성 범위가 보장되지 못한다. 이와는 반대로 건현을 증가시키면 중심은 상승하나 최대 복원력에 대응하는 경사각은 커진다.

- 중심(重心): 임의의 주어진 흘수(Draft)에 있어서 중심의 위치가 낮아질수록 GM은 커져서, 복원력 및 복원성 범위가 커진다. 또 복원력 곡선의 기울기도 커진다. 복원성을 높이기 위해서는 선체의 무게 중심의 위치를 낮추는 것이 가장 유효 적절한 방법이다. 선박에 화물을 적하할 때 무거운 짐을 선체 가장 아래 칸 갑판(Deck)에 실어야 할 것이다(세월호의 경우 E-갑판(E-Deck) & D-갑판(D-Deck) → 상기 도면에 E-DK, D-DK로 표기된 선체 맨 아래 측 갑판).

- 배수량: 복원 모먼트(Moment)는 Δ×GZ로 표시되기 때문에 GZ가 같은 값일지라도, 그때의 배수량의 크기에 따라서 복원력은 변한다. 복원력은 배수량과 GM을 함께 생각하여야 한다. GZ는 선체가 경사졌을 때 M점에서 수직선으로 내린 점과 G점에서 해수면에 수평으로 그은 수평선과의 만나는 점이다. GZ=GM sin θ로 표기된다. θ는 선체 경사각으로 GM선과 MZ 수직선과의 각도로 표기된다.

- 현호(舷弧): 선박이 경사해서 갑판단(甲板端)이 물속에 잠기게 된 후, 더 경사하면 복원력이 급격히 감소하게 된다. 현호(Sheer)는 능파성(凌波性)을 증가시킬 뿐만 아니라 갑판단이 일시에 수중에 잠기는 것을 방지한다. 이것은 건현(乾舷)을 증가시킨 것과 같은 효과를 나타내어 복원성에 좋은 영향을 미친다.

(ㄴ) 바람의 영향

선박이 횡방향으로부터 정상풍(定常風)을 받을 경우에 수선 위의 경우에는 풍압이 작용하고 수선 하의 부분은 물의 반력이 작용해서 우력이 형성된다. 정상풍을 받을 경우 풍압에 의한 모먼트(Moment) 힘과 복원 모먼트(Moment) Δ×GZ가 평형이 되는 각도까지 경사해서 안정이 된다. 온 갑판(On- Deck) 원목선이 화물창(Hold) 및 갑판상(온 갑판(On Deck))에 원목을 잔뜩 싣고 출항해서 연료유와 청수를 소비하여 GM이 나빠진 상태에서 갑판상에 적재한 원목화물에 비나 파도에 의한 해수가 젖어 GM이 더욱 나빠진 상태에서 정상풍을 선체 옆구리(좌/우현)에 받게 되면 경사진 상태로 원목 하역지까지 경사진 상태로 입항하게 된다. 필자는 원목선 7척을 3년여간 담당하면서 약 10도 정도 경사져 입항하는 선박을 많이 보았다.

(ㄷ) 유동수(遊動水)의 영향

청수, 해수, 기름 등의 액체가 탱크 내에 충만하지 아니하여 자유 표면(Free Space)이 있을 경우 선박이 동요하면 탱크 내의 액체도 유동하게 되고 탱크의 벽 및 탱크 탑 플레이트(Tank Top Plate)를 충격하여 누설과 파손의 원인이 될 뿐만 아니라, 선박 전체의 무게중심, G점을 상승시킨 것과 같은 복원력의 감소 효과가 생긴다. 실제로 이러한 결과는 선박의 안전에 큰 영향을 미친다. 그래서 상 갑판(On Deck) 갑판상에 원목을 잔뜩 실은 원목선의 경우 선장, 1등 항해사가 평형수 탱크(Ballast Water Tank)에 해수를 적재할 경우 100% 만탱크로 채우든지 비우든지 하여 GM을 조정한다. 이는 유동수 영향을 없애 선박의 안전한 GM을 확보하기 위한 선박/화물의 안전을 배려하는 선장 및 1등 항해사의 책임이다.


4) 상술한 내용을 숙지하고 세월호 해난 참사의 사고 원인 분석을 유심히 살펴보게 되면 왜 '세월'호가 전복, 침몰 사고를 유발하여 304명의 아까운 인명을 앗아갔는지 이해하게 될 것이다. 지금부터 서서히 과거 여객선 사고 발생 때마다 정부 측에서 취해온 조치들을 음미하면서 '세월'호의 해난 참사 원인을 파헤쳐 보고자 한다.

여기서 탑 헤비 쉽(Top Heavy Ship)이란 용어의 정의부터 해 두고자 한다. 타 선종에 비해 선체 상부 구조가 여객선처럼 철재 구조물로 싸여져 있거나 싣고 운송하는 화물이 가벼운 화물에 해당하는 원목, 자동차, LPG, LNG 등 비중이 물보다 가볍거나 비슷한 화물을 만선해도 선체 무게중심(G)점이 철재류, 석탄, 곡물류 등 비중이 무거운 화물을 싣고 다니는 선박들보다 상부측에 G점이 위치하여 GM(무게중심점과 경심)간의 거리가 상대적으로 가까워 선박안전에 주의를 요하는 선종을 탑 헤비 쉽

(Top Heavy Ship), 크랭크 쉽(Crank Ship), 텐더 쉽(Tender Ship), 슈퍼 스트럭처 쉽(Super Structure Ship) 등으로 불리고 있는데 본 책자에서는 탑 헤비 쉽(Top Heavy Ship)으로 용어 통일한다. 여객선, 원목선, 자동차 전용선, LNG선, LPG선 등이 탑 헤비 쉽(Top Heavy Ship)에 해당한다.

5) 남영호 사건/서해페리호 사건/세월호 사건에 대한 종전의 해난사고 원인 분석/파악= 화물/여객 과적 → 평형수 배출 → 화물 고박 불량 → GM 불량 → 선체 전복/침몰.

:: 대응책=입출항 감독관에 의한 입출항 전 조건 관리 감독 강화 ::

6) 남영호/서해페리/세월호 사건에 대한 필자의 해난사고 원인 분석, 파악 → 화물/여객과 적 → 평형수 배출 → 화물고박 불량 → GM불량까지는 동일 → 탑 헤비 쉽(Top Heavy Ship), 슈퍼 스트럭처 쉽(Super Structure Ship), 크랭크 쉽(Crank Ship), 텐더 쉽(Tender Ship)이라 칭함=여객선, 자동차 전용선, 상갑판상에 화물 적재(On Deck) 원목선, LPG 선, LNG선 등 선체 전체가 거의 밀폐되어 있거나 가벼운 화물을 대량 싣고 운항하는 선박들을 총칭함.
'세월'호에 탑 헤비 쉽(Top Heavy Ship) 최초 자연 경사현상이 GM 20~28㎝ 이하에서 나타 남 → 그 결과로 선체가 약 2초 사이에 갑자기 약 10도 정도 좌현 측으로 급경사 → 고박 하지 않은 승용차량 30~40대가 미끄러지면서 좌현 측으로 움직이기 시작 → 우현 측 화 물이 서서히 좌현 측으로 미끄러져 무너짐 → 이때에 발전기 윤활유 공급량이 부족하여 윤활유 저압 안전 장치(L.O Low Pressure Trip) 작동으로 운전 속도가 급감하며 교류(AC) 전력공급이 중단되고 배터리(DC) 전력 공급, 즉 사고 발생시점인 4/16 08:48:35초경 탑 헤 비 쉽(Top Heavy Ship) 자연 경사 현상이 발생하여 선체가 갑자기 약 10도 정도 좌현 경 사됨 → 발전기가 먼저 윤활유 저압 안전 장치(L.O Low Pressure Trip) 작동으로 최저 운 전 상태(Dead Slow Ahead Speed)가 되면서 교류(AC) 전력 공급 중단됨. 비상 배터리 전력 공급됨(08:48:37초에 '세월'호 AIS 항적도가 사라졌음) → 우현 측 프로펠러가 수면상부로 노출, 과속 방지 장치(Over Speed Trip) 작동 → 선체가 10도에서부터 2차로 서서히 무너지면서 더욱 선체경사도가 커짐(3등 항해사 청주 여자 교도소 면회 시에 증언). 좌현 측 주기관도 L.O 탱크 용량 20.59㎘에 잔존유 7.5㎘로 탱크 용량 대비 36%에 불과하여 갑작스러운 선체좌현 경사 시 윤활유(L.O)가 좌현 탱크 격벽에 부딪힌 다음 천장을 따라 우현 측으로 이동 중 윤활유 펌프(L.O Pump) 흡입구 파이프 끝단에는 L.O가 거의 없어 L.O 펌프의 공기 흡입으로 윤활유 저압 안전 장치(L.O Low Pressure Trip) 작동 → 이때에 주기관 2대가 모두 최저속 운전상태인 데드 슬로우 어헤드(Dead Slow Ahead)로 변환 → 선장 지시로 기관장이 선교에서 주기관 2대 운전 정지함 → 프로펠러가 회전력을 잃으므로 타효가 사라짐. 타를 좌우로 돌려도 듣지 않음 → 화물이 도미노 현상을 일으키며 굉음과 함께 좌현 선체를 치는 순간에 GM은 마이너스로 전환되어 버렸으므로 선체는 전복을 향해 서서히 복원력이 약해지면서 전복되기 시작 → 설상가상으로 No.1 C.F.O.(P) 탱크와 No.1 MDO (P) 탱크용 에어 벤트(Air Vent)가 D-갑판(D-Deck) 좌현 화물창 내로 올라와서 선체 외판을 뚫고 대기로 유증기를 배출하도록 설계되어 있음 → 이 에어 벤트 개구부를 통하여 선체가 좌현 30도 이상 경사 시점부터 수면하 2.927m 지점에 위치한 기름탱크용 에어 벤트로 해수 유입 시작 → 점차 해수 유입으로 GM이 더욱 나빠져 결국 GM이 마이너스(-)로 변환된 것을 더욱 마이너스로 키운 결과를 초래 → 선체 전복, 침몰사고로 이어짐. 즉 종전의 원인 분석보다 더욱 상세히 분석되었으며 특징은 호수같이 잔잔한 바다 위를 항해 중에 화물이 무너져 도미노 현상을 일으킨 것이 주된 원인으로 GM 불량으로 탑 헤비 쉽(Top Heavy Ship)이 최초 자연 경사 현상 발생. 운전 중이던 발전기 최저 운전 속도인 데드 슬로우(Dead Slow) 속도로 변환되어 전력공급 중단 → 배터리 전원 공급 시작 → 우현 주기가 선체경사도 10도~19도에서 과속 방지 장치(Over Speed Trip)가 작동하여 최저속 운전(Dead Slow Ahead) 상태로 바뀐 후 몇 초 후에 좌현 주기관도 윤활유 저압 안전 장치(L.O Low Pressure Trip)가 작동하여 운전 최저 속도(Dead Slow Ahead)로 변환, 항적도가 표주박 형태로 나타남 → 08:52:13초경 비상 발전기 구동 전력 공급 재개로 AIS 항적도 재차 등장 → 09:15분경 비상 발전기 운전 정지했다고 3기사 진술.

:: 대응책=제3장 향후 대책에서 상세히 언급. 원인 분석이 다르므로 대책 또한 종전과 상이함. ::

7) 외국에서의 여객선 인명 참사의 대형 해난 사고들을 간추려 보면

(ㄱ) M/V '타이타닉(Titanic)' → 영국의 호화 여객선으로 1912년 4월 14일 미국을 향해 처녀 항해 도중, 북대서양에서 빙산과 충돌, 여객, 승조원 1,522명사망=SOLAS 채택(1912년)/International Convention For The Safety Of Life At Sea(해상에서의 인명 안전 국제협약) 영문 머리글자를 따서 전 세계해운업계에서는 SOLAS라 칭함.

(ㄴ) M/V '해럴드 오브 프리 엔터프라이즈(Herald Of Free Enterprise)' → 1987년 벨기에 지브리그 항에서 선수 문을 닫지 않고 출항, 항해 중 전복되어 승객 188명 사망 =IMO Resolution(결의서) 채택, 선수미 램프 도어(Ramp Door) 닫힘, 열림 상태를 선교에서 식별 가능하도록 원격 조정 시스템 도입.

(ㄷ) M/V '스칸디나비안 스타(Scandinavian Star)' → 1990년 4월 북해 항해 중 여객실에서 화재 발생, 여객 159명 사망(의사소통 불량으로 대형화재 사건으로 발전: 사관=북구, 선원=필리핀)= 세이프티 매니지먼트 시스템(Safety Management System) 채택.

(ㄹ) 1993년 11월 ISM 코드(Code)가 채택되는 데 초안이 됨. ISM 코드(Code)로 발전 흡수 통합됨(ISM Code: International Safety Management Code 약칭, 국제 선박 안전관리규약)

(ㅁ) M/V '코스타 콘코디아(Costa Concordia)' → 2012년 1월 13일 이탈리아 중부 지글리오(Giglio)섬 앞에 좌초. 항로 선택 실수로 수심 낮은 곳을 항해하다 좌초되면서 바다 쪽으로 약 90도 넘어짐. 약 4,200명 승선 → 32명 사망, 행방불명된 사고임 → 항해 미숙이 사고 원인임. 재판 결과 선장만 15년 실형 선고되고 나머지 선교에 있던 사관들은 집행유예로 감옥으로 간 사람은 선장 1명뿐임 → 우리나라 '세월'호는 의사결정 권한 없이 사관들 지시에 따라 수동적으로 움직이는 하급 선원까지 포함하여 모든 선원들이 최소한 3년 이상 징역형 살고 있음.

8) 과거 우리나라에서 발생한 대형 여객선 사고 실적을 살펴보면

(ㄱ) 1970년 12월, 전남 여수시 소리도 해상, 정기 여객선 '남영'호 침몰 시 321명 사망 → 입출항 관리감독 강화.

(ㄴ) 1993년 1월 위도 앞바다에서 뒤집혀 사고 발생한 '서해 페리'호 전복. 침몰 시에 292명 사망(최대 탑재 인원이 221명인데 사고 당시 362명 과승선) → 입출항 관리감독 강화.

(ㄷ) 2014. 4월 16일 08:28분경 맹골수도 지나 병풍도 앞바다에서 08:48:35초경 화물 과적, GoM 불량, 고박 불량으로 화물 좌현으로 이동, 발전기 및 주기관 2대 운전 정지, 선체 좌현 30도 경사, GM 제로를 넘어 마이너스로 변환, 설상가상으로 No. 1 C.F.O.(P) 탱크와 No. 1 MDO(P) 탱크용 에어 벤트를 통해 해수 계속 유입, GM 마이너스 상태를 가중시켰음. 선체 전복 침몰, '세월'호 전복 침몰 시에 304명 사망 및 실종(295명 사망/9명 실종) → 입출항 관리·감독 강화.

(ㄹ) 상술한 여객선 3척 모두 내항 여객선이며, 화물/승객 과적, GM 불량, 고박 불량
은 동일한 사고 원인들에 기인하고 있으나 아직껏 근본적인 원인을 파악하여 재발방
지 차원의 묘책을 강구한 정부가 없었음. 입출항 관리 감독강화, 필자의 해수부 투
고 및 국민신문고 투고로 선장 등 일부 선원의 자격이 상향조정되었을 뿐 근본적인
대책은 수립, 시행되지 않았음.

9) 상술한 국내 내항선에서 발생한 인명 참사 3건에 대해서는 우리나라 정부가 구태의
연하게 아무런 지속적인 장기효과가 없다는 사실을 알면서도 '입출항 관리, 감독 강
화'라는 초보적인 재래 방식으로만 일관하고 있어 '세월'호 사건 후 21~23년 정도 경
과 시점인 2035년~2037년 무렵이 되어 오랜 세월 동안 입출항 관리자 및 선원들이
수십 번 교체됨으로써 '입출항 관리 감독 강화'라는 임시처방의 효과가 떨어지고 경
각심이 서서히 사라지고 나면 또다시 대형 인명 참사가 발생할 것이 명약관화하다.

왜냐하면 IMO는 해난사고 발생 원인을 전문가들을 통해 정확히 파악하여 근본적인 원
인에 걸맞은 대비책을 강구했으나 우리나라는 입출항 관리·감독 강화라는 임시방편뿐이
기 때문이다. 세계적으로 널리 알려진 여객선 인명사고 4건에(1912~2012), 우리나라 국내
여객선에서만 3건이나 발생했는데도(1970~2014) 근본적인 원인 파악으로 재발방지 대책을
강구했다고는 볼 수 없다. 한국선급, 선박안전 기술공단 선박 검사원들 중 항해과 출신은
갑판부 업무만, 기관학과 출신 검사원은 기관부업무만 검사를 수행하므로 세월호 사고처
럼 갑판부, 기관부 양측 기능이 병합된 사고 원인은 알 수가 없었을 것이다. 해양수산부

에 근무하는 해기사 출신들도 마찬가지로 한평생 갑판부 업무만, 또는 기관부 업무만 하다가 해수부에 근무하게 된 검사관도 마찬가지로 2015년 12월 29일 발표한 '세월'호 해난 사고에 대한 특별 보고서 내용을 읽어보아도 사고 원인에 대한 정곡을 찌르지 못하고 두리뭉실하게 결론을 내고 있다. 한국-중국 간 외항선에서는 열린 바다(Open Sea)에서의 기상 변화에 대비하여 고박을 철저히 하고 항상 날씨 변화에 민감하게 대응하며 선급이 승인해 준 선적 매뉴얼(Loading Manual)에 정해준 GM(정박 시의 선체 무게중심G점과 경심M점 간의 거리) & GoM(항해 중 선적된 액체들의 유동수 영향을 감안한 선체 무게중심Go점과 경심M점 간의 거리)을 지키므로 사고가 없다. 기본적으로 외항선 선원들과 내항선 선원들의 의식 구조 및 자격 능력 수준이 상이하다.

  한국-중국/한국-일본 간에 투입된 외항 여객선 선원들의 급여 수준은 외항 벌크선 급여의 약 70%이며 선장, 기관장의 급여 수준은 기본급 660만 원에 항해수당 외지수당 등을 합하면 월정 약 700만 원 수준이다. 그러나 세월호 선장의 급여는 265만 원 정도라 언론에 보도되었는데 우수한 선원들 구인하기 지극히 어려운 급여 수준이다. 실질적인 선주였던 유병언 일가는 회사 돈 횡령으로 자녀들 외국 유학은 물론 저택마저 해외에 구비해 두었다고 언론에 보도되었다. 해운인들은 선원임금 착취하여 회사 돈 횡령, 자녀들 해외 유학 및 해외 저택 구매까지 해주면서 선원들 급여는 건설현장 잡부들보다 적었으니 선원 임금 정책/선원근로 감독관의 기능이 무엇인지 궁금하다. 과히 선원들의 자질 및 사기를 추측하고도 남는다.

## 3. '세월'호 사고 당시의 배경 및 원인 약술

아래에 인용한 날짜/시간/선속/운항상황 등은 해수부 발표내용 및 정보/자료 제공해 주신 분들의 고견이 녹아 있다. 본 내용은 해운업계 문외한 및 해운업계 초심자분들도 이해하기 쉽도록 가능한 한 기초부터 충실하게 서술한다.

여러분들의 '세월'호 사고 개요 파악을 쉽게 도와 드리고자 우선 '세월'호 항적도를 먼저 게시한다. '세월'호의 자동식별장치인 AIS에 찍힌 항적도는 실제로는 4/16일 08:48:37초에 사라졌다가 08:52:13초에 다시 나타났다. 3분 36초간 공백이었으나 아래의 그림 1-2에서 보다시피 이해를 돕고자 임의로 그려 넣었다고 한다.

<그림 1-2>세월호 전복 침몰 사고 당시의 AIS 항적도

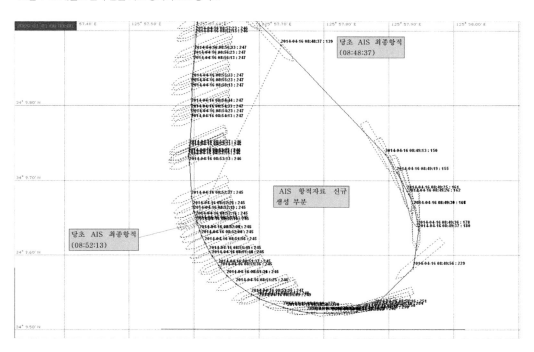

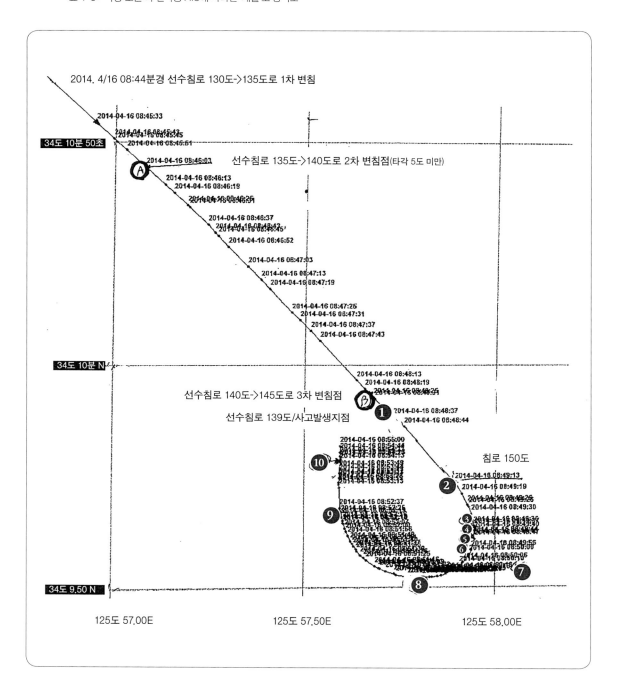

<表 1-9> 육상 또는 타 선박용 AIS에 나타난 '세월'호 사고 당시 항적도

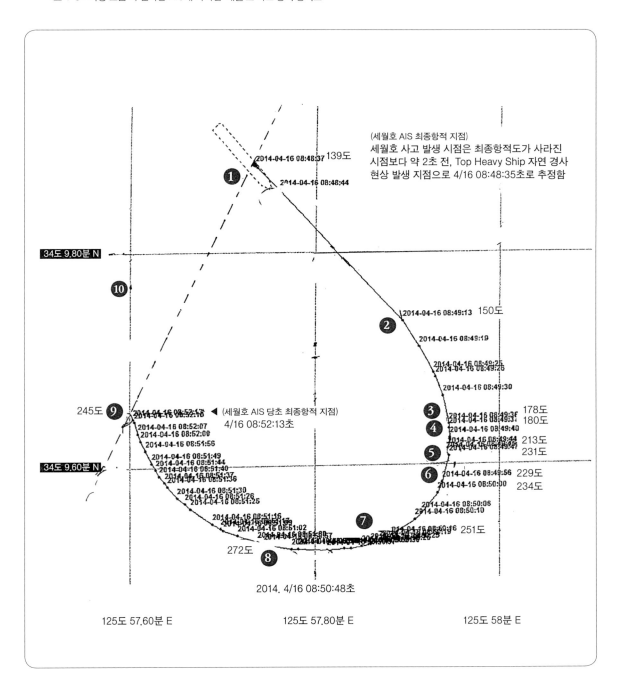

(세월호 AIS 최종항적 지점)
세월호 사고 발생 시점은 최종항적도가 사라진
시점보다 약 2초 전, Top Heavy Ship 자연 경사
현상 발생 지점으로 4/16 08:48:35초로 추정함

<表 1-10> 육상 또는 타 선박용 AIS에 나타난 '세월'호 사고 당시 항적도

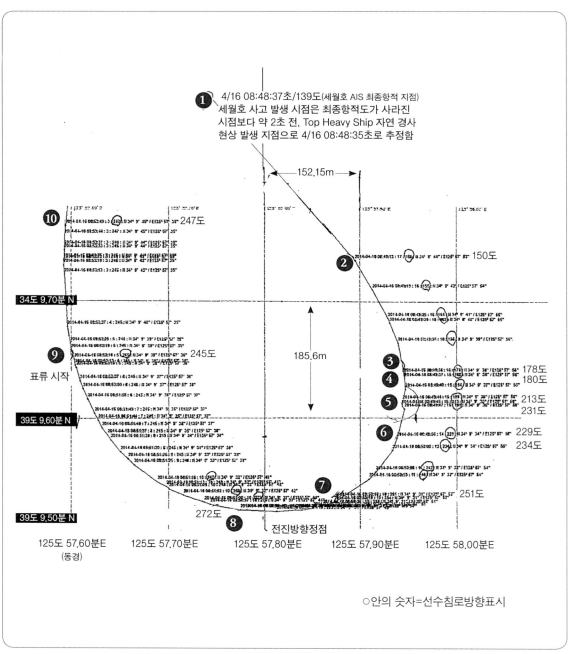

○안의 숫자=선수침로방향표시

**육상 및 타 선박용 AIS에 나타난 '세월'호 항적도<표 1-8>, <표 1-9>, <표 1-10>

1) 2014년 4월 15일 21:05분경 인천항을 출항하여 동년 4월 16일 8시 32분경 맹골 수도 북측입구에 도달하여 진 침로 133도 속력 약 19.4Knots로 좁은 수로에 진입했다.

2) 맹골 수도 남쪽 입구의 병풍도 변침점에 도달하기 이전에 선장의 당직자 준수 지시 사항(Bridge Standing order)에 의거 선수 침로5도 이내의 소각도 변침을 하되 조타수는 타각도를 5도 이내의 소각도로 조타를 시행하여 선체의 경사를 최대한 억제하도록 조타를 실시했다(선체 복원력이 나쁘다는 사실을 전임 선장부터 전 선원들이 알고 있었다는 증거임. 모든 선박들은 좌현 35도, 우현 35도, 합계 70도 범위에서 자유자재로 조타할 수 있도록 설계 및 제조되어 있다. 70도 범위 내에서 자유자재로 조타할 수가 없는 선박은 안전한 통상 선박이라 할 수 없다).

3) 08:44분경에 선수 침로 130도에서 135도로 1차 변침.

4) 08:46분경 A지점에서 선수침로를 135도에서 140도로 변침 지시하여 침로 140도로 변침 및 조타수는 타각을 5도 이내로 조작하여 서서히 침로를 5도 단위로 2차 변침. 조타수 증언에 의하면 우현 5도 타를 사용 후 MIDSHIP(미집=타각도 0 위치), 우현 5도, 미집, 이런 상태로 조타했다 하며 선체가 우현 측으로 쏠림 현상을 평소에 많이 느꼈다 한다. 이 쏠림 현상은 조타기 솔레노이드 밸브(Solenoid Valve) 이상과 연관이 있을 것이다.

5) 위와 같이 2회의 침로 소각도 변침 약 2분 후 ① 지점인 병풍도 변침 점에 이르러 3
등 항해사는 08:48:25초경 앞서와 동일하게 B 지점에서 145도로 우현 변침 지시. 당
직 조타수는 타각 5도 이내로 동일한 요령으로 조타했다고 진술하며 08:48:37초경
당초 세월호 AIS 항적도가 사라졌으므로 약 2초 전인 08:48:35초경 탑 헤비 쉽(Top
Heavy Ship)의 자연 경사 현상이 나타나면서 사고가 발생했으며 발전기의 전력 공급
을 상실했다. 이 시점 약 2초 전에 탑 헤비 쉽(Top Heavy Ship) 자연경사 현상이 발생
했다고 필자는 강력히 주장한다. 탑 헤비 쉽(Top Heavy Ship) 자연경사 현상이 약 2
초간에 발생되므로 엄밀히 사고 시각을 따지자면 2017년 4월 16일 08:48:35초경에
사고 발생하여 2초 동안에 자연경사 현상이 나타나면서 발전기용 윤활유 저압 안전
장치(L.O Low Pressure Trip)가 작동되고 교류(AC) 전력 공급이 중단되면서 세월호용
AIS 항적도가 사라졌다고 사료된다. 발전기가 전력 공급을 못 하게 되면 조타기 항
해 통신 장비류 및 선내 조명 등은 배터리 전원(DC)이 공급되면서 정상 작동해야 하
는데 AIS(선박 자동 식별장치)만 정상적으로 배터리 전원에 의거 작동하지 못한 것 같
음(배터리 배전반에 있는 AIS 전원 스위치가 꺼져 있었든지 배터리 전원을 교류로 변환시키는 기
능은 작동했으나 AIS의 성능 약화로 AIS만 작동 안 했을 가능성도 배제 못 함). 그 후 당직 조
타수는 08:49:00초 직전, 침로 143도 시점에 5도 타 각도로 좌현 타를 사용하여 우
회두 타력을 상쇄시킨 다음 침로를 145도로 견지하려고 시도했으나 선체가 계속 우

현 측으로 돌므로 좌현 15도까지 조타를 시도했다고 진술한다. 08:48:35초경에 탑 헤비 쉽(Top Heavy Ship) 최초 자연 경사 현상이 나타나고 1차로 약 2초 동안에 좌현 약 10도 이상으로 갑자기 선체가 경사지면서 고박하지 않은 그랜저급 미만의 승용차 약 30~40대가 좌현 측으로 처음에는 천천히 미끄러지면서 다른 화물들도 무너뜨리기 시작하여 도미노 현상을 일으켜 선체 경사도 10도 이상 좌현경사(20㎝ 바이 더 스턴/By the Stern=선미 측이 선수 측보다 20㎝ 더 해수에 잠긴상태)~19도 좌현 경사(80㎝ By the Stern/선미 측이 선수 측보다 80㎝ 더 해수에 잠긴 상태=선미 흘수 6.50m일 때: 우현 플로펠러가 수면상부로 노출되어 공 회전하는 시간이 주기관Maker 측에서 설계해둔 5~10초간 지속적으로 공회전 할 때에만 과속도 방지 장치가 작동되므로 5~10초간 선체가 경사진 각도를 선미 흘수 6.50m 정도일 때 선체 경사도 19도 정도임을 최악의 조건으로 추정한 것임) 시에 주기 과속도 안전 장치(Over Speed Trip) 작동으로 우현 주기관이 최저 운전 속도(Dead Slow Ahead)로 변환된다. 그 후 얼마 지나지 않아 선체가 계속 19도 경사를 넘어서 좌현 측으로 서서히 경사 진행 시에 좌현 주기관도 주기관용 L.O 저장 탱크 용량(20.59㎘) 대비 잔존유량이 7.5㎘로 탱크 용량의 36%에 그쳐 선체가 갑자기 19도 이상 좌현 경사 시에 윤활유 저압 안전 장치(L.O Low Pressure Trip) 작동으로 좌현 측 주기도 최저속 운전 상태(Dead Slow Ahead)로 돌변했다. → 탑 헤비 쉽(Top Heavy Ship) 자연선체 경사현상으로 고박하지 않고 출항 당시에 선적한 승용차 10대 포함 그랜저급 미만의 승용차 약 30~40대가 맨 먼저 무너지면서 다른 화물들의 고박율도 한국선급(KR) 승인 고박강도의 50%밖에 실시하지 않아 도미노 현상을 일으켰고 이때 침로 145도를 견지하지 못하고 08:49:13초에 침로 150도로 우회두해버렸으며(②지점) 08:49:47초경에는 좌현 선체에 강력한 충격력으로 화물이 부딪치면서 침로가 좌현 측으로 선수침로 213도에서 231도로 18도 정도 2초간 좌회전했다가 되돌아온다(⑤지점). 이때에 좌측으로 선체 경사현상이 진행되다가 갑자기 좌현 선체 외판에 충격력이 부가되는 순간 "쿵쾅" 하는 굉음과 함께 선체를 우회전시키려는 모먼트(Moment)가 좌현 측으로 넘어가든 모먼트(Moment)보다 약간 커서 반대 운동이 2초간 일어났으며 선체가 2초간 좌현 경사 운동을 멈추고 반대 측으로 운동하면서 수많은 사람들이 다친다. 선원 2명, 승객 4명의 뇌진탕 사고 발생하고, 선원 포함 탑승객 152명이 상병자로 등록되어 있다. 3기사는 기관 제어실(Engine Control Room) 의자에 앉아 있었는데 선체 충격으로 뒤로 넘어졌다가 일어나 약 5초 후에 기관실 선체 경사기(Clino Meter)를 보니 좌현 30도 경사였다고 진술하고 있다. 3기사의 이 법정 진술은 사실이다. 이는 달리던 버스가 갑자기 급브레이크를 밟으면 탑승객들이 관성 모먼트(Moment)에 의해 앞으로 넘어지는 것과 똑같은 현상이 나타난 것이다. 타효가 없어지면서 타가 작동하지 않자 조타수가 당황해서 "어, 타, 타가 안 돼요. 안 돼." 하면서 그 큰 덩치로 타 핸들을 몸으로 감싸고 있었다는 기관장의 진술이다. 주기관 2대가 모두 최저속 운전 상태(Dead Slow Ahead)로 되었으므로 프로펠러가 해수를 차 내는 힘이 갑자기 감소 했고 선장 지시로 기관장이 선교에서 2대의 주기를 운전 정지시켰으므로 타효(조타 기 효과)가 사라진다. 2014. 4/16 08:48:35초경에 사고가 발생한 것으로 추정된다(항적도 사라진 시점 2초 전). 운전 중이던 발전기도 이 시각에 윤활유 저압 장치(L.O. Low Pressure Trip)가 작동되어 전력공급이 중단된다(①지점). 발전기도 주기처럼 최저 속도 운전상태(Dead Slow Ahead Speed)로 운전 중이었을 것이나 인지 못 한다. 청주 여자 교도소에 3등 기관사를 면회 가서 확인 차 문의했더니 "모든 경보기가 한꺼번에 울고 있어 정신이 혼비백산했다."고 진술했다. 당시 여러 개의 경보기가 한꺼번에 울어 대므로 어느 경보기가 작동했는지 여부를 모른다는 진술이다.

6) 동남아 원목선을 장기간 승선한 베테랑 1항사, 선장 출신 2명의 경험담에 의하면, 보르네오 등 원목 선적지에서 출항 시점에 GM 약 30㎝로 출항, 필리핀 북단 부근에 3일 만에 도착하면 항해 중에 사용한 연료유, 청수 등의 소모로 GM이 약 26~27㎝로 되며 날씨, 조류의 영향으로 선체가 갑자기 조용한 바다(Calm Sea)에서는 5도 정도 경사, 거친 바다(Rough Sea)에서는 10~15도 정도로 선체가 자연경사된다 한다. 인천/군산 등 원목 하역지에 도착하면 GM이 약 22~23㎝ 정도가 된다고 한다. 상갑판

상(On Deck) 원목의 고박이 터져 무너질 경우 선체 경사도를 더욱 증가시켜 선체 전복의 위험이 상존하여 필자가 스틸 와이어(Steel Wire)보다 더 강한 체인 와이어(Chain Wire)를 공급해 주도록 지시했다. 덕분에 약 3년 반 동안 원목선 7척 담당 공무감독 업무 완료 후 도쿄 사무소 발령 시까지 무사고 운항을 했다.

원목선/탑 헤비 쉽(Top Heavy Ship) '자연경사현상'이라는 용어는 필자가 처음 사용하는 용어로서 GM이 아주 작아지게 되면 바람과 조류의 합성 힘 중 큰 쪽의 영향으로 선체가 갑자기 약 10도 전후로 약 2초간에 갑자기 꺾기는 현상을 말한다. 선체의 무게중심인 G(Gravity)점과 풍랑으로 선체가 좌우(Rolling)/전후(Pitching)로 움직일 때에 어느 한 점을 중심으로 롤링(Rolling)/피칭(Pitching)을 하는데 이 점을 M(Meta Center)점이라 하며 G점과 M점의 거리를 GM이라 한다. 선박의 안전에 가장 중요한 사항이며 통상은 M점이 G점보다 위에 위치하고 있어 선체가 기울면 원상복귀시키려는 복원력이 작용하는데 GM이 마이너스 상태로 G점이 M점보다 상부에 있으면 서서히 선체가 뒤집혀 전복한다.

'세월'호에는 우현 측 화물이 좌현 측으로 도미노 현상을 일으키며 쿵쾅 하는 순간에 이미 G점이 M점보다 1.1284m 이상 상부에 위치하여 선체 전복은 시간 문제였다. 국가 비상 사태 대책위원회가 소집되었어도 속수무책으로 당할 수밖에 없는 현실이었다. 즉 아무도 제어할 수 없는 불가항력적인 상황이었다. 인천항 출항 전에 안전한 GM이 되도록 1등 항해사 및 선장이 출항 전에 사전 조치를 취했어야 한다.

7) '세월'호의 경우 인천항을 출항하여 약 11시간 44분 경과한 사고 시점에 연료유 약 22.2톤 정도 소모, 청수/식량 등으로 약 45톤 정도 소모하게 되어 인천 출항 GM이 48.35㎝ 정도에서 43.36㎝ 정도로 악화되자 유동수 영향으로 GGo=20.9㎝ 정도로 산출되어 실제로 유동수 영향을 반영한 GoM은 22.46㎝ 정도로 선체가 바람, 조류의 영향으로 좌현 측으로 갑자기 기울었을 것이다. 그래서 출항 직전에 실은 승용차 10대 포함 그랜저급 미만 차량 30~40대는 고박을 하지 않았으므로 좌현 측으로 무

너지면서 나머지 고박 상태가 불량한 화물용 고박이 터지면서 도미노 현상을 일으켜 "쿵쾅" 하는 굉음을 내면서 선체 좌현 측 격벽에 부딪히게 되었을 것이다. 2,227톤의 화물 및 여객이 선적되었으므로 선체는 화물 이동 중에는 10도에서 30도를 향해 더욱 경사져 가다 좌현 선체 외판에 부딪히는 순간에는 NAV. A, B, 트윈(Twin) & C 갑판(Deck)에 선적된 여객/화물(834.108톤)의 모먼트(Moment)보다 D&E 갑판(Deck)에 선적된 화물량(1,393.352톤) 및 모먼트(Moment)가 더욱 커서 선체의 좌현 경사를 일시 정지시켰을 뿐만 아니라 D&E 갑판(Deck)에 선적되었던 화물 무게 및 모먼트(Moment)의 중심선이 종방향 무게중심점 LCG(Longitudinal Center Of Gravity)보다 다소 선수 쪽에 위치하고 있어(선체중심 Fame No.96/화물창 중심 Frame No.122.5) 선체를 18도 더욱 좌현 측으로 2초간 틀었으므로 상해자가 생존자 172명 중 152명이나 많이 생겼다(3기사 진술="쿵쾅" 하는 소리 듣고 5초 후에 선체 좌현 경사 30도임을 확인했다).

8) 4/16 08:48:37초경 발전기도 좌현 주기와 동일한 사유로 윤활유 저압 안전 장치(L.O Low Pressure Trip)가 작동되어 전력 공급 중단되었을 것이다. 배터리 전원으로 항해 기기류 및 선실 라이트(Light) 등에 직류(DC) 전력 또는 교류 변환기(AC Converte)에 의거, 전력공급되었을 것이나 AIS용 전원은 공급되지 않아 4/16일 08:48:37초부터 08:52:13초까지 세월호용 AIS 항적도가 사라졌다.

9) 선미 흘수가 선수 흘수보다 20㎝ 더 깊은(6.20m) 바이 더 스턴(By the Stern) 상태였다면 선체가 좌현 측으로 10도 정도에서, 선미흘수가 6.50m일 때에는 19도 사이에서 프로펠러가 수면상부로 노출되어 자동 세팅(Setting)해둔 5~10초 동안 지속적으로 수면 상부에 프로펠러가 노출될 경우에 해수저항 감소로 우현 엔진의 과속도 방지 안전 장치(Over Speed Trip)가 작동되어 최저 주기운전 속도(Dead Slow Ahead)로 운전하게 되었을 것이다(선체가 80㎝ 바이 더 스턴(By the Stern)이었다면 선체 경사도 약 19도에서 동일한 현상 대두됨 → 탑 헤비 쉽(Top Heavy Ship) 자연 경사현상으로 10도 선체가 좌현 경사

진 후 고박하지 않은 승용차량 30~40대가 미끄러지면서 무너져 선체 경사도가 점점 증가했는데 선체경사도 19도 정도이면 80㎝ 바이 더 스턴(By the Stern) 상태에 해당할 것이며 주기용 프로펠러가 수면 위로 나타나는 선체 경사 및 과속도 안전 장치가 작동한 선체각도가 좌현 10도 내지 19도 사이 정도에서 발생했을 것이라는 의미/통상 탑 헤비 쉽(Top Heavy Ship)들의 선수/선미 경사도 차이는 20㎝ 바이 더 스턴(By the Stern)임). 선체가 좌현 10도 이상 어느 각도까지 경사되었을 때 몇 초 후에 좌현 엔진용 윤활유 저장탱크(L.O. Sump Tank) 내에 있던 윤활유가 저장탱크 왼편 격벽에 부딪힌 다음 탱크(Tank) 천장을 따라서 우현 측으로 이동하게 되는데 이때 주기용 윤활유 펌프의 끝단에 공기가 흡입되어 좌현 주기관도 윤활유 저압 안전 장치(L.O Low Pressure Trip)가 작동되어 최저 운전 속도(Dead Slow Ahead)로 되었을 것이다(저장탱크 용량=20.59㎘, 사고 당시 잔존유는 7.5㎘뿐이었음). 그 결과로 당직 타수가 "어, 타가, 타가, 안 돼요. 안 돼."라고 고함을 쳤을 것임. 왜냐하면 주기관 2대 모두 프로펠러가 최저 운동속도 상태로 되었는데 선장 지시로 기관장이 곧 2대의 주기 운전을 정지시켰으므로 해수를 차내는 힘이 급격히 저하되므로 타가 효력을 발휘하지 못하게 됐다. 즉, 타효가 사라져 버리므로 조타 불능 상태가 되어 버렸다. 타 면적 불과 17.522㎡에 프로펠러에서 해수를 차내지 않으면 약 9,600톤의 선체에 부과되어있는 우회두 모먼트(Moment)와 좌현 측 주기관이 우현 측 주기관보다 몇 초간 전속력으로 운전되었다. 조타기 중심보다 왼편에 좌현 측 주기관용 프로펠러가 전속 항진하고 있었으므로 선체를 편심에 의한 우회전력이 몇 초간 작동했다. 또한 135도 북서 방향의 조류와 225도 방향에서 불어오는 바람의 힘 4종류의 힘 중 바람 이외에는 좌현 측에서 우현 측으로 밀므로 조타기가 이길 수가 없어 타효가 사라져 버렸다. 4/16일 08:49분 47초경 선체가 30도 정도 각도까지 좌현 경사될 때에 갑자기 좌현 선체 외판에 충격하중이 부과되면서 좌현 경사운동이 잠시 2초간 멈추고 우회두하던 선체가 좌현 측으로 2초간 18도 정도 거꾸로 움직일 정도로 심한 반작용 운동이 일어나게 되어(항적도상의 ⑤지점) 승객 홍 ○○ 씨의 몸이 날아서 바닷물에 빠지게 된 것이다. 달리는 버스의 운전수가 급브레이크를 밟은 것과 같은 현상이 발생했다. 여객실 좌현 갑판상에 있던 홍 ○○ 승객은 몸이 갑판 Bulwark/Guard Rail을 넘어서 선외로 날아가 버리는 장면을 최 ○○ 승객이 목격 진술했다. 당직을 마치고 본인 침실의 침대에서 취침 중이던 김규찬 기관수(Oiler)는 몸이 방바닥으로 내동댕이쳐지면서 벽에 부딪혀 상부 이빨이 깨지고 아랫입술이 찢어지는 사고를 당했다. 그 외에 외상, 찰과상, 뇌진탕(승객 중 4명) 등 상해자가 69명이나 발견됐다(2심 재판기록). 요리사 2명도 요리 중에 선체가 갑자기 기울자 손에 들고 있던 요리기구를 내던지지 못하고 요리대 밑바닥에 넘어져 뇌진탕으로 신음하며 살려 달라고 했으나 기관장 등 기관부 선원들이 지나가면서 구조하지 않았다는 진술이 있다. 우현 측 화물이 좌현 측으로 이동되어 선체가 좌현 30도로 경사된 상태에서는 GM이 1.1284m 이상 마이너스이므로 선체 무게중심 G점이 경심M점보다 1.1284m 이상 위에 위치하여 선체는 서서히 30도 이상으로 전복될 수밖에 없었다. 게다가 설상가상으로 No.1 C.F.O.(P) 탱크 & No.2 MDO(P) 탱크용 공기 통풍구(Air Vent)를 D-갑판(D-Deck) 밑바닥으로부터 60~70㎝ 높이에서 ㄱ자 형태로 꺾여서 선체 외판을 뚫고 대기 중에 기름탱크에서 유출되는 유증기를 배출하도록 설계되어 있는데 이 기름탱크용 공기 통풍구(Air Vent)를 통하여 해수가 다량 유입되기 시작했다. 유입량 및 선체경사의 과속화는 제3장 (7) 선박복원성 검토에서 상술한다.

### 2.1.3 윤활유(Total 6 EA)

| | Tank capacity | Remain | FR.No | 천공 |
|---|---|---|---|---|
| M/E L.O. Storage Tank | 14 | 3 | 49-51(독립탱크) 2층 | E/R(P) (B Type) |
| L.O Sump TK(P) | 20 | 7.5 | 52-59(55-59) | 선체(P) (B Type) |
| L.O Sump TK(S) | 20 | 7.5 | 52-59(55-59) | 선체(S) (B Type) |
| R/G L.O STTK(P) | 5 | 4 | 33-36 | 선체(P) (B Type) |
| R/G L.O STTK(S) | 5 | 4 | 33-36 | 선체(S) (B Type) |

| | | | | |
|---|---|---|---|---|
| L.O SETT. TK(S) | 13 | 3 | 33-36/2층 | E/R(S) (B Type) |
| Total | 79 | 39 | By ship's condition | |

1.IFO/DO 탱크 천공은 ACOD A Type(diameter 125㎜)

2. L.O 탱크 천공은 ACOD B Type(diameter 75㎜)

<표 1-11> 세월호 탱크용량 및 사고 당시 잔존유 현황(유류현황 Total 217㎘, 2014년 4월 16일 당시)

주기관 연료유 탱크(4EA)

| | Tank capacity | Remain | FR.No | 천공 |
|---|---|---|---|---|
| No 1 CFO PT 탱크 | 278㎘ | 52 | 97-111 | 선체(P) (A Type) |
| No 1 CFO S 탱크 | 278㎘ | 52 | 97-111 | 선체(S) (A Type) |
| CFO sett 탱크 | 21㎘ | 15 | 33-36 | E/R(P) (B Type) |
| CFO serv 탱크 | 21㎘ | 20 | 33-36 | E/R(S) (B Type) |
| Total | 583 | 139 | | |

발전기 연료유 탱크(Total 4EA)

| | Tank capacity | Remain | FR.No | 천공 |
|---|---|---|---|---|
| No 2 FO(A) PT 탱크 | 55.44 | 17 | 59-71 | 선체(P) (B Type) |
| No.2 F.O(A) ST 탱크 | 52.12 | 17 | 59-71 | 선체(S) (B Type) |
| A-oil serv 탱크 | 7 | 5 | 33-36 | E/R(P) (B Type) |
| A-oil sett(침전) 탱크 | 7 | 0 | 33-36 | E/R(S) (B Type) |
| Total | 114.56 | 39 | E/R | |

10) 선체경사가 심해지면서 08:49:13초에 침로 150도이던 것이 불과 26초 후 2014. 4/16 08:49:39초에 침로 184도가 된다. 145도~150도 때의 선체 전진타력과 풍력이

선체 우현 80도~75도로 선체에 부딪히므로 선체 우회두 속도가 느렸으나, 선장 지시로 기관장이 선교에서 주기 운전 정지로 선체 전진타력이 더욱 약해지면서 225도 방향에서 불어오는 풍력과 135도 방향에서 밀려오는 조류의 힘이 상쇄되므로 선체 우회두 힘이 더욱 선체를 빠른 속도로 우회전시켰다. 주기관 운전 정지로 우회두 회전 속도가 상대적으로 빨라졌다는 뜻이다. 여기에 더하여 더욱이 우현 주기관이 좌현 주기관보다 먼저 최저 운전 속도로 전환되었으므로 좌현 주기만 정상적인 전진 속도로 운전되고 우현 주기는 최저 운전 속도로 전환되어 있었던 기간에 선체 우회두 힘이 가중되었다.

더욱이 선체가 풍향이 225도 이상 우회두한 시점부터는 풍력과 조류가 모두 좌현 측에 미치므로 더더욱 빠른 각속도로 선체를 급우회전시켰을 것이다. 즉 선체우회 두력+9시 방향에서 좌현 수선하부를 미는 조류의 힘+11시 45분 방향으로 변한 풍력+좌현 주기관은 정상 운전 속도/우현 주기관은 기관 과속 안전 장치 작동으로 최저 운전 상태에 처해 있었던 짧은 기간이지만 선체를 우회전시키려는 편심력이 한때 작용했다. 그러므로 4가지의 힘이 모두 좌현 측에서 우현 측으로 밀게 되므로 AIS 항적도 ⑥ 지점, 08:49:56초(선수침로 229도) 이후로는 항적도에 나와 있는 대로 선체가 272도를 가리킬 때까지 급우선회를 하게 되었다는 것이다. 이러한 현상은 도크 마스터(Dock Master)로 근무했던 ⑩ 배정곤 선배가 술자리에서 조선 경험담을 이야기하던 중 신조선 시운전 중에 기관추진력, 선체의 회두력, 풍력, 조류의 합성 힘의 영향으로 선체가 갑자기 빠른 속도로 휙 돌아 버릴 때가 있어 접촉사고 날까 아찔했던 순간이 몇 번 있었다는 경험담을 들려주었다.


11) 08:49:40초에 위도 34도 09분 36.9초, 경도 125도 57분 56.5초 병풍도 북단에서 갑자기 화물이 붕괴되기 시작하여 08:49:47초경 "쿵쾅" 굉음을 내면서 2번째 좌현으로 30도 정도로 기울었고, 전술한 화물 고박 불량 및 고박하지 않은 승용차 30~40대가 미끄러지면서 도미노 현상을 일으켜 우현 측 화물이 좌현 측으로 이동함에

따라 GM이 약 1.1284m 이상 마이너스로 변화했고 설상가상으로 No.1 C.F.O.(P) 탱크와, No.2 MDO(P) 탱크용 공기 통풍구(Air Vent)로 해수가 침입하기 시작하면서 더욱 좌현 경사도가 심해졌다. 언론보도에 따르면 09:30분경 선체경사도 약 45도, 09:45분경 선체 경사도 약 62도, 10:17분경 선체 경사도 108.1도라고 보도했다. 필자가 베르누이의(BERNULLI'S) 공식에 의거 산출한, 주기/발전기용 두 기름탱크에 해수가 침입한 양과 선체경사도를 비교해 보면 거의 일치됨을 알 수 있을 것이다. 자문단 보고서 발췌에 의하면 08:49:40초경 경사가 급진전되면서 10:17분경에는 선체경사도 108.1도로 사고지점인 08:48:35초부터 선체경사도 좌현 108.1도 기우는 데 불과 약 88분 25초 소요되었으며 2중저 탱크(Double Bottom Tank)들 내부에 들어 있던 공기의 부양력으로 선수(Bulbous Bow)만 수면 위에 보이다가 공기 통풍구(Air Vent)를 통하여 해수가 나머지 탱크 내부로 진입하므로 약 3일 정도 경과 후 침몰하게 된 사고이다.

## 12) 조류 및 풍향/풍력

### (ㄱ) 사고 당일의 조류/간만 현황

아래의 조류/간만 정보는 부산 소재 국립해양조사원 해양관측과 해수 유동 관측관 김x권님의 제공 정보자료이다.

| No. | Date/Time | 조류방향 |
|---|---|---|
| 1 | 2014. 4/16 06:02 | 최강류 남동쪽 방향으로 3.89Knots<br>(7.2㎞/Hour≒2m/sec) |
| 2 | 2014. 4/16 08:38 | 전류 시/정체 시(밀물/썰물이 교체되는 정체기간/만조 시 및 간조 시) |
| 3 | 2014. 4/16 11:35 | 최강류 북서쪽 방향으로<br>3.10Knots(5.74㎞/hour≒1.59m/sec) |

\* <표 1-12> 상세조류/조석 예측자료: 다음페이지 참조

(ㄴ) 사고 발생 시각이 2014. 4/16일, 08:48:35초경부터이며 조류는 동일 08:38 전류시/정조시점부터 약 10분 35초 후에 사고가 발생했으므로 동일 11:35분 3.10Knots 최강류까지의 약 3시간 동안을 비례/배분해 보면 약 0.19Knots(3.1Knots÷180분×약 11분=0.1894Knots/hour) 북서쪽 방향의 조류를 약하게 받기 시작한 시점에 사고 발생했다(조류유속=0.0974m/sec 정도≒9.74㎝/초 정도).

(ㄷ) 풍향/풍속
남서풍(225도) 4~7m/sec. 정도의 미풍이었음.

(ㄹ) 사고 당시에 호수처럼 잔잔한 백파 한 점 없는 좋은 날씨 조건이었는데 화물이 왜 우현 측에서 좌현 측으로 무너져 내리면서 도미노 현상을 일으키며 쿵쾅하는 굉음을 내면서 좌현 선체에 부딪혔는지? 이 원인을 파헤치는 것이 세월호 사고 원인 파악의 첫 단초이다.

즉, 탑 헤비 쉽(Top Heavy Ship) 자연경사 현상을 이해하게 되면
'세월'호 참사 사고 원인이 술술 풀리게 된다.

# 세월호 사고해역 해양현황

## 1. 조류 예측자료

※ 맹골수도 조류설명
○ 본 해역은 진도(수품) 조석을 기준으로 했을 때 고조와 저조 때 가장 강한 유속을 나타냄
- 유속이 약한 전류시* : 진도(수품) 조석 고조와 저조 약 3시간 후(後)에 나타남

□ 조류예측 (맹골수도 기준)                    (단위 : 유속(m/s))

| 날짜 | 전류시 | 최강류<br>(유향, 유속) | 전류시 | 최강류<br>(유향, 유속) | 전류시 | 최강류<br>(유향, 유속) | 전류시 | 최강류<br>(유향, 유속) | 전류시 |
|---|---|---|---|---|---|---|---|---|---|
| 4. 16(수)<br>(-) 3. 17 | 03 : 12 | 06 : 02<br>(남동, 2.0) | 08 : 38 | 11 : 35<br>(북서, 1.7) | 15 : 03 | 18 : 15<br>(남동, 2.6) | 20 : 58 | 23 : 53<br>(북서, 2.0) | |
| 17 (목)<br>(-) 3. 18 | 04 : 02 | 06 : 48<br>(남동, 2.2) | 09 : 27 | 12 : 21<br>(북서, 1.6) | 15 : 46 | 18 : 58<br>(남동, 2.7) | 21 : 40 | | |

## 2. 조석 예측자료

• 진도(수품) 기준                                      (단위 : cm)

| 날짜 | 시 : 분 (조위) | 시 : 분 (조위) | 시 : 분 (조위) | 시 : 분 (조위) | 음력 |
|---|---|---|---|---|---|
| 4.16(목) | 06 : 01 ( 31) ▼ | 11 : 28 (322) ▲ | 18 : 06 ( -3) ▼ | 23 : 58 (357) ▲ | 3/17 |
| 17(화) | 06 : 38 ( 30) ▼ | 12 : 01 (320) ▲ | 18 : 42 ( -9) ▼ | | 3/18 |

• 서거차도 기준                                       (단위 : m)

| 날짜 | 시 : 분 (조위) | 시 : 분 (조위) | 시 : 분 (조위) | 시 : 분 (조위) | 음력 |
|---|---|---|---|---|---|
| 4.16(목) | 00 : 14 (3.3) ▲ | 06 : 34 (0.3) ▼ | 12 : 12 (3.0) ▲ | 18 : 38 (-0.1) ▼ | 3/17 |
| 17(금) | 00 : 49 (3.5) ▲ | 07 : 12 (0.3) ▼ | 12 : 45 (3.0) ▲ | 19 : 13 (-0.2) ▼ | 3/18 |

# 제2장

# 전복사고 원인 규명/발생 사건 순서별 기술

- 사고 발생 단계별로 순서에 따라 사고 원인을 기술해 보고자 한다 -

# 1. 인천항 출항 후 연료유, 주부식, 청수 소모 결과 GM 감소로 탑 헤비 쉽(Top Heavy Ship) 자연 경사 현상 발생

1) 3등 항해사를 청주여자교도소에서 면회 시에 확인한 결과 선체 중앙부 선체 흘수 (Draft)가 6m 10cm였다 하므로 한국선급이 승인해 준 흘수선(Draft) 6.26m+약 4cm(초 기 경사 시험 시 63톤 과소 산정+제1회 정기 검사 후 A 갑판 전시실에 대리석 37톤 추가로 100톤 ÷23톤/cm=약 4cm) 흘수선(Draft) 증가 요인이 있어 허용 흘수는 약 6.30m가 되어 인천 항 출항 전 3등 항해사가 목측한 6.10m 흘수선과의 차이 20cm에 해당하는 평형수 460톤(20cm×23톤/cm=460톤)만 1등 항해사가 평형수(Ballast Water)를 보충해 주었더라면 그만큼 GM이 커져서 탑 헤비 쉽(Top Heavy Ship) 자연경사 현상은 나타나지 않고 목 적지인 제주항까지 무사히 도착할 수가 있었을 것이다. 인터넷상에는 세월호가 흘수 (Draft)에 20cm 여유가 있었으므로 화물 과적이 아니라고 하는 청해진 선주 측 사람 의 주장이 있다고 하는데 이는 흘수 조건만 보고 주장한 것으로 사고 항차의 화물 +탑승객 무게=2,227톤이었으므로 한국선급이 승인해 준 1,078톤보다 1,149톤(2,227 톤-1,078톤=1,149톤)의 화물 및 승객 과적 상태였다.

필자가 1980년부터 1983년 3월까지 원목선 7척에 대한 수리업무인 선박 감독 업무 를 수행했는데 영업부서에서 선박별로 원목화물 적재량을 동형선박 간에 비교하면서 선장들께 어느 선박은 원목화물을 6,500CBM(Cubic Meter) 싣고 왔는데 귀선은 왜 적 게 싣고 오십니까? 동일한 조선소에서 건조한 자매선이지 않습니까?라고 추궁하니까 선장들 간에 서로 좋은 평가를 영업부서로부터 받으려고 원목 화물 적재지 출항 전 GM을 50cm부터 경쟁적으로 45cm, 40cm, 35cm, 30cm까지 화물창 및 갑판상(On Deck) 에 잔뜩 싣게 되었으며 보르네오 원목 적지 출항 후 약 3일간 항해를 하면 필리핀 섬 들 최북단에 도달하는데 이 무렵 바람과 조류의 영향으로 풍력/조류 합성 힘의 센 쪽 의 힘에 밀려서 선체가 약 10도 정도 경사지게 된다. 정박 중의 GM으로는 26~27cm 정 도에서 선체가 풍력+조류의 합성 힘의 강한 쪽에 밀려서 반대쪽으로 갑자기 넘어지면서 약 10도 전후로 선체가 비스듬히 누운 채로 항해하는 것이 가장 안정된 모습이라는 것이었다. 이러한 현상을 교수나 전문가들 사이에 알려져 있으나 길게 말로만 설명하고 있어 필자가 '세월'호 사고원인 분석하는 이 자리를 빌어서 '탑 헤비 쉽(Top Heavy Ship) 자연경사 현상'이라고 명명하게 되었다. 제3장 해난사고 과정 중 해운업계 및 국민들께서 궁금해 하는 사안별 설명, (7) 선박 복원성 검토에서 인천항 출항 전 및 사고 지점에서의 GM 산출 항목에서 GM 수치를 계산해서 설명해 드리기로 하고 여기서는 그 결과물만 가지고 설명드리고자 한다.

세월호의 인천 출항 시점 GM은 48.85㎝였고 한국선급이 승인해 준 화물 적재용 선적 메뉴얼(Loading Manual)상에는 GM은 1.42m, 사고 발생 지점에서의 GM은 43.36㎝, 유동수 영향을 고려한 GGo는 20.9㎝였으므로 사고 당시의 GoM=GM-GGo=43.36㎝-20.9㎝=22.46㎝가 산출된다. 부연설명을 드리자면 인천 출항 시점에는 GM=48.85㎝였으므로 사고 지점까지 무사히 운항해 왔으나 인천 출항 시간인 2014년 4월 15일 21:05분부터 사고 시점인 2014년 4월 16일 08:48:35초까지의 경과시간 11시간 43분 35초 동안에 사용된 연료유 약 22.2톤, 청수/음료수/식사 준비용 설거지 용수 등 약 45톤을 합치면 약 67.2톤이 된다(검경 합동 수사팀 자료에서 인용)

67.2톤÷23톤/㎝=약 2.92㎝가 되어 선체 흘수(Draft)는 출항 당시 3등 항해사가 눈으로 확인했다는 6.10m -2.92㎝=6.708m가 되어 선체가 가벼워 2.92㎝만큼 뜨게 되었다. 반면 GM은 약 6.34㎝ 작아져 사고 당시에는 GM이 43.36㎝였을 것이나 유동수에 의한 GM 감소분 GGo=20.9㎝이므로 사고 당시 GoM은 위에서 언급했듯이 22.46㎝였으므로 탑 헤비 쉽(Top Heavy Ship) 자연경사현상이 발생했다고 필자는 믿고 있다.

그렇지 않고서는 잔잔한 호수같이 조용한 바다 위를 약 17.5Knots의 빠른 속도로 항해하던 '세월'호가 갑자기 약 2초 사이에 선체가 10도보다 더 경사졌다고 3등 항해사가 진술하고 있음. 그 후에도 서서히 경사가 진행되더니 선체가 심하게 경사되어 버렸다고 3등 항해사가 2단계로 선체가 경사졌었다고 진술하고 있으며 처음 1단계 약 10도 정도 경사진 것이 바로 필자가 주장하는 탑 헤비 쉽(Top Heavy Ship) 자연 경사

현상이 '세월'호에도 대두되었다고 주장하는 바이다. 탑 헤비 쉽(Top Heavy Ship) 자연경사 현상은 '세월'호 AIS 항적도가 사라진 4/16 08:48:37초보다 약 2초 전인 4/16 08:48:35초에 발생되었으며 이 시간이 '세월'호 사고 발생 시점인 것이다('세월'호 전복침몰 사고 당시의 AIS 항적도 〈그림 1-2〉는 한국해양대학교 김세원 명예 교수께서 제공해 주셨다).

## 2. 그랜저급 미만 승용차량 고박 않아
   좌현 측으로 미끄러져 이동 시작

1) 당직 조타수의 진술서에 의하면 그랜저급 이상의 고급 승용차량만 앞뒤 각각 1개소씩만 고박했으며 그랜저급 미만의 승용차량 30~40대는 앞뒤 바퀴에 삼각 지주목만 고이고 한국선급(Korean Register Of Shipping: KR)이 승인해 준 화물 선적 매뉴얼(Cargo Loading Manual)에 나타난 화물 고박 도면에는 승용차는 앞뒤 4바퀴를, 대형 트럭들은 8바퀴를 모두 다 Wire로 단단히 고박하여 선체가 30도 이상 좌우/전후로 요동쳐도 견디도록 설계되어 있었으나 그랜저급 이상의 승용차량만 50%(앞뒤 바퀴 각 1개씩만 대각선으로) 고박했다 한다. 대형 트럭들도 앞뒤 8바퀴 중 앞뒤 4바퀴만 고박했으므로 KR이 승인해 준 고박율의 50% 고박을 했다.

2) 더욱이 그랜저급 미만의 승용차량 20~30대와 4/15일 21:00경 제주향 승용차 10대는 안개로 출항 대기 중인데도 하역 인부들이 퇴각하고 없는 상태에서 싣자 말자 차량 등 화물 출입용 램프를 올려 닫고 바로 출항했으므로 전혀 고박하지 않았다. 삼각형 나무 목쇄기는 차량 바퀴를 앞뒤 방향으로 움직이지 못하도록 방지하는 기능은 있지만, 선체가 좌우 방향으로 경사질 때에는 아무런 효과가 없이 미끄러지면서 무너져 내렸다. 차량들은 선체 선수/선미 방향으로 선적되므로 고박(Lashing)을 하지 않으면 좌우 방향으로는 무방비 상태였다. 4/16일 08:48:35초경 선체가 갑자기 좌현 측

으로 10도 이상 기울자 고박하지 않은 승용차량들이 미끄러지면서 서서히 좌현 측으로 움직이기 시작했을 것이다. 고박하지 않은 승용차량들이 미끄러져 내려가면서 50%만 고박해둔 그랜저급 이상 차량들과 50%만 고박한 화물 실은 대형 트럭들도 고박이 터지고 서서히 좌현 측으로 함께 미끄러져 내려가기 시작했을 것이다. 그러므로 3등 항해사가 증언했듯이 선체가 10도 이상 갑자기 기울더니 계속해서 서서히 경사도가 커지다가 더욱 크게 경사졌다고 진술/증언하고 있다. 우현 측 승용차량들이 좌현 측으로 미끄러져 내려가기 시작했으므로 탑 헤비 쉽(Top Heavy Ship) 자연경사 현상으로 갑자기 10도 정도 경사진 다음, 고박하지 않은 승용 차량들이 좌현 측으로 미끄러져 내려가기 시작했으므로 연쇄적으로 서서히 경사지기 시작했다는 3등 항해사의 진술/증언이 설득력이 있다. 3등 항해사가 두 번째로 더욱 크게 경사졌다고 말한 의미는 화물이 도미노 현상을 일으키면서 좌현 선체에 부딪친 순간에 약 30도 좌현 급경사 되었음을 뜻한다.

## 3. 탑 헤비 쉽(Top Heavy Ship) 자연경사 현상 발생, 발전기 윤활유 부족으로 전력 공급 중단

세월호 사고 당시의 항적 자료를 보면 발전기와 주기가 운전을 최저 운전 속도(Dead Slow Ahead Engine) 상태로 급락했다는 선속 자료 및 08:48:37초부터 08:52:13초까지 사이의 항적 자료도 발전기 전원공급 상실로 나타나지 않았다는 사실이 명확하게 나와있다(사고 당시 항적자료 〈표 2-1〉 참조).

아래의 사고 당시의 항적자료에서 보다시피 08:48분 항적자료 4개의 선속은 모두 다 17.5 Knots를 나타내고 있다. 다음 항적자료는 08:52분에 나타났으며 선속이 5.8Knots로 급락했던 것으로 나타나 있다. 즉 08:48:37초부터 08:52:13초 사이의 3분 36초간은 〈그림 1-2〉 세월호 자체의 항적도에서 항적도가 사라졌던 시간대임을 항적 자료에서도 확인

된다. 08:48:37초에 항적도가 사라지기 약 2초 전, 08:48:35초경에 탑 헤비 쉽(Top Heavy Ship) 자연 경사 현상의 사고가 발생했으며 운전 중이던 발전기가 윤활유 저압 안전 장치 작동으로 최저 운전(Dead Slow Engine) 속도로 급락하자 전력 공급이 차단되고 배터리 전원이 공급되었다. 발전기가 중단된 것을 발견한 2기사가 스탠 바이(Stand by) 상태에 있던 비상 발전기를 08:52:13초에 전력 공급 재개시켰다는 것을 항적도 및 항적자료가 증명해 주고 있다.

## \<표 2-1\> 항적자료

| | | | | | | | | |
|---|---|---|---|---|---|---|---|---|
| 440000400 SEWOL | Passenger ships | 10452 | 2014-04-16 8:44 | N 34°10.6752 | E125°56.7983000000004 | 135 | 18.4 | 137 |
| 440000400 SEWOL | Passenger ships | 10452 | 2014-04-16 8:44 | N 34°10.6569999999999 | E125°56.8191999999996 | 136 | 18.3 | 138 |
| 440000400 SEWOL | Passenger ships | 10452 | 2014-04-16 8:45 | N 34°10.6308 | E125°56.8487999999999 | 136 | 18.3 | 137 |
| 440000400 SEWOL | Passenger ships | 10452 | 2014-04-16 8:45 | N 34°10.544 | E125°56.9520000000003 | 135 | 18.3 | 136 |
| 440000400 SEWOL | Passenger ships | 10452 | 2014-04-16 8:45 | N 34°10.5080000000001 | E125°56.9970000000001 | 133 | 18.3 | 135 |
| 440000400 SEWOL | Passenger ships | 10452 | 2014-04-16 8:45 | N 34°10.5009999999999 | E125°57.0060000000004 | 133 | 18.3 | 135 |
| 440000400 SEWOL | Passenger ships | 10452 | 2014-04-16 8:45 | N 34°10.4820000000001 | E125°57.0310000000003 | 132 | 18.4 | 135 |
| 440000400 SEWOL | Passenger ships | 10452 | 2014-04-16 8:45 | N 34°10.4820000000001 | E125°57.0310000000003 | 132 | 18.4 | 135 |
| 440000400 SEWOL | Passenger ships | 10452 | 2014-04-16 8:46 | N 34°10.4440000000001 | E125°57.0810000000003 | 131 | 18.5 | 135 |
| 440000400 SEWOL | Passenger ships | 10452 | 2014-04-16 8:46 | N 34°10.3560000000002 | E125°57.1949999999998 | 135 | 18.4 | 140 |
| 440000400 SEWOL | Passenger ships | 10452 | 2014-04-16 8:46 | N 34°10.3 | E125°57.2620000000003 | 137 | 18.3 | 141 |
| 440000400 SEWOL | Passenger ships | 10452 | 2014-04-16 8:46 | N 34°10.2920000000002 | E125°57.2709999999998 | 137 | 18.2 | 141 |
| 440000400 SEWOL | Passenger ships | 10452 | 2014-04-16 8:46 | N 34°10.2679999999998 | E125°57.2969999999998 | 137 | 18.1 | 140 |
| 440000400 SEWOL | Passenger ships | 10452 | 2014-04-16 8:46 | N 34°10.2679999999998 | E125°57.2969999999998 | 137 | 18.1 | 140 |
| 440000400 SEWOL | Passenger ships | 10452 | 2014-04-16 8:47 | N 34°10.224 | E125°57.3479999999999 | 135 | 18.1 | 140 |
| 440000400 SEWOL | Passenger ships | 10452 | 2014-04-16 8:47 | N 34°10.1929999999999 | E125°57.3840000000001 | 135 | 18 | 141 |
| 440000400 SEWOL | Passenger ships | 10452 | 2014-04-16 8:47 | N 34°10.1730000000001 | E125°57.407 | 136 | 18 | 141 |
| 440000400 SEWOL | Passenger ships | 10452 | 2014-04-16 8:47 | N 34°10.1206999999999 | E125°57.4661 | 136 | 17.9 | 141 |
| 440000400 SEWOL | Passenger ships | 10452 | 2014-04-16 8:47 | N 34°10.1027999999999 | E125°57.4869000000004 | 136 | 17.8 | 140 |
| 440000400 SEWOL | Passenger ships | 10452 | 2014-04-16 8:47 | N 34°10.0776 | E125°57.5154000000001 | 135 | 17.7 | 140 |
| 440000400 SEWOL | Passenger ships | 10452 | 2014-04-16 8:47 | N 34°10.0561999999999 | E125°57.5396000000003 | 135 | 17.7 | 140 |
| 440000400 SEWOL | Passenger ships | 10452 | 2014-04-16 8:48 | N 34°9.9649999999997 | E125°57.637 | 137 | 17.5 | 141 |
| 440000400 SEWOL | Passenger ships | 10452 | 2014-04-16 8:48 | N 34°9.94500000000016 | E125°57.6589999999999 | 136 | 17.5 | 140 |
| 440000400 SEWOL | Passenger ships | 10452 | 2014-04-16 8:48 | N 34°9.9259999999996 | E125°57.6809999999998 | 136 | 17.5 | 140 |
| 440000400 SEWOL | Passenger ships | 10452 | 2014-04-16 8:48 | N 34°9.9219999999983 | E125°57.6849999999999 | 136 | 17.5 | 139 |
| 440000400 SEWOL | Passenger ships | 10452 | 2014-04-16 8:48 | N 34°9.88000000000014 | E125°57.7339999999998 | 135 | 17.5 | 139 |
| 440000400 SEWOL | Passenger ships | 10452 | 2014-04-16 8:52 | N 34°9.64500000000001 | E125°57.6039999999998 | 343 | 5.8 | 245 |
| 440000400 SEWOL | Passenger ships | 10452 | 2014-04-16 8:52 | N 34°9.65800000000002 | E125°57.5999999999996 | 347 | 5.4 | 245 |
| 440000400 SEWOL | Passenger ships | 10452 | 2014-04-16 8:52 | N 34°9.66399999999979 | E125°57.5989999999999 | 347 | 5.2 | 245 |
| 440000400 SEWOL | Passenger ships | 10452 | 2014-04-16 8:52 | N 34°9.67799999999983 | E125°57.5960000000003 | 351 | 4.9 | 245 |
| 440000400 SEWOL | Passenger ships | 10452 | 2014-04-16 8:53 | N 34°9.73099999999988 | E125°57.5920000000002 | 0 | 3.7 | 246 |
| 440000400 SEWOL | Passenger ships | 10452 | 2014-04-16 8:53 | N 34°9.73500000000001 | E125°57.5920000000008 | 0 | 3.7 | 246 |
| 440000400 SEWOL | Passenger ships | 10452 | 2014-04-16 8:53 | N 34°9.74599999999995 | E125°57.5930000000002 | 2 | 3.5 | 246 |
| 440000400 SEWOL | Passenger ships | 10452 | 2014-04-16 8:54 | N 34°9.7799999999998 | E125°57.5960000000003 | 2 | 2.9 | 247 |
| 440000400 SEWOL | Passenger ships | 10452 | 2014-04-16 8:54 | N 34°9.78700000000003 | E125°57.5970000000004 | 5 | 2.8 | 247 |
| 440000400 SEWOL | Passenger ships | 10452 | 2014-04-16 8:54 | N 34°9.79299999999981 | E125°57.5960000000003 | 3 | 2.6 | 247 |
| 440000400 SEWOL | Passenger ships | 10452 | 2014-04-16 8:54 | N 34°9.80100000000007 | E125°57.5960000000003 | 3 | 2.6 | 247 |
| 440000400 SEWOL | Passenger ships | 10452 | 2014-04-16 8:55 | N 34°9.82099999999988 | E125°57.5970000000004 | 4 | 2.4 | 247 |
| 440000400 SEWOL | Passenger ships | 10452 | 2014-04-16 8:55 | N 34°9.82800000000012 | E125°57.5970000000004 | 3 | 2.4 | 247 |
| 440000400 SEWOL | Passenger ships | 10452 | 2014-04-16 8:55 | N 34°9.83399999999989 | E125°57.5970000000004 | 4 | 2.4 | 247 |
| 440000400 SEWOL | Passenger ships | 10452 | 2014-04-16 8:56 | N 34°9.85799999999983 | E125°57.5999999999996 | 2 | 2.3 | 247 |
| 440000400 SEWOL | Passenger ships | 10452 | 2014-04-16 8:56 | N 34°9.86500000000007 | E125°57.5999999999996 | 4 | 2.1 | 247 |
| 440000400 SEWOL | Passenger ships | 10452 | 2014-04-16 8:56 | N 34°9.87199999999987 | E125°57.6019999999997 | 3 | 2.2 | 247 |
| 440000400 SEWOL | Passenger ships | 10452 | 2014-04-16 8:57 | N 34°9.89400000000018 | E125°57.6029999999997 | 3 | 2.1 | 246 |
| 440000400 SEWOL | Passenger ships | 10452 | 2014-04-16 8:57 | N 34°9.89799999999988 | E125°57.6029999999997 | 3 | 2.1 | 246 |
| 440000400 SEWOL | Passenger ships | 10452 | 2014-04-16 8:57 | N 34°9.91099999999989 | E125°57.6049999999999 | 3 | 1.9 | 246 |
| 440000400 SEWOL | Passenger ships | 10452 | 2014-04-16 8:58 | N 34°9.9269999999999 | E125°57.6069999999999 | 3 | 1.9 | 246 |
| 440000400 SEWOL | Passenger ships | 10452 | 2014-04-16 8:58 | N 34°9.93300000000019 | E125°57.6069999999999 | 2 | 1.9 | 246 |
| 440000400 SEWOL | Passenger ships | 10452 | 2014-04-16 8:58 | N 34°9.93799999999993 | E125°57.6069999999999 | 4 | 2 | 246 |
| 440000400 SEWOL | Passenger ships | 10452 | 2014-04-16 8:58 | N 34°9.94400000000013 | E125°57.6069999999999 | 2 | 1.9 | 246 |
| 440000400 SEWOL | Passenger ships | 10452 | 2014-04-16 8:58 | N 34°9.9499999999999 | E125°57.6069999999999 | 2 | 2 | 246 |
| 440000400 SEWOL | Passenger ships | 10452 | 2014-04-16 8:59 | N 34°9.96800000000007 | E125°57.6079999999999 | 2 | 1.9 | 246 |
| 440000400 SEWOL | Passenger ships | 10452 | 2014-04-16 9:00 | N 34°9.99400000000008 | E125°57.6079999999999 | 0 | 1.8 | 245 |
| 440000400 SEWOL | Passenger ships | 10452 | 2014-04-16 9:00 | N 34°10.0009999999999 | E125°57.6079999999999 | 0 | 1.8 | 245 |
| 440000400 SEWOL | Passenger ships | 10452 | 2014-04-16 9:00 | N 34°10.005 | E125°57.6079999999999 | 359 | 1.8 | 245 |
| 440000400 SEWOL | Passenger ships | 10452 | 2014-04-16 9:01 | N 34°10.0269999999999 | E125°57.6079999999999 | 358 | 1.9 | 244 |
| 440000400 SEWOL | Passenger ships | 10452 | 2014-04-16 9:01 | N 34°10.0320000000001 | E125°57.6079999999999 | 358 | 1.7 | 244 |
| 440000400 SEWOL | Passenger ships | 10452 | 2014-04-16 9:02 | N 34°10.057 | E125°57.6059999999998 | 357 | 1.7 | 245 |
| 440000400 SEWOL | Passenger ships | 10452 | 2014-04-16 9:02 | N 34°10.067 | E125°57.6059999999998 | 357 | 1.7 | 245 |
| 440000400 SEWOL | Passenger ships | 10452 | 2014-04-16 9:03 | N 34°10.0870000000002 | E125°57.6029999999997 | 356 | 1.7 | 245 |
| 440000400 SEWOL | Passenger ships | 10452 | 2014-04-16 9:03 | N 34°10.1029999999999 | E125°57.6019999999999 | 355 | 1.7 | 244 |
| 440000400 SEWOL | Passenger ships | 10452 | 2014-04-16 9:03 | N 34°10.107 | E125°57.6019999999997 | 355 | 1.7 | 244 |
| 440000400 SEWOL | Passenger ships | 10452 | 2014-04-16 9:04 | N 34°10.1120000000002 | E125°57.6019999999997 | 354 | 1.7 | 244 |
| 440000400 SEWOL | Passenger ships | 10452 | 2014-04-16 9:04 | N 34°10.1179999999999 | E125°57.6019999999999 | 354 | 1.7 | 244 |
| 440000400 SEWOL | Passenger ships | 10452 | 2014-04-16 9:05 | N 34°10.1429999999999 | E125°57.5999999999996 | 353 | 1.7 | 242 |
| 440000400 SEWOL | Passenger ships | 10452 | 2014-04-16 9:05 | N 34°10.1480000000001 | E125°57.5989999999996 | 353 | 1.7 | 242 |
| 440000400 SEWOL | Passenger ships | 10452 | 2014-04-16 9:06 | N 34°10.196 | E125°57.5920000000002 | 354 | 1.7 | 236 |
| 440000400 SEWOL | Passenger ships | 10452 | 2014-04-16 9:07 | N 34°10.2010000000001 | E125°57.5910000000002 | 354 | 1.7 | 235 |

1) 상기 1항에서 언급한 탑 헤비 쉽(Top Heavy Ship) 자연 경사 현상 발생으로 선체가 바람과 조류의 영향으로 바람은 225도 선체 우현 측에서 좌현 쪽으로 밀고, 조류는 0.19Knots 정도로 북서 방향으로 흐르기 시작했으므로 선체 수면하 부분은 좌현 측에서 우현 측으로 밀고 있어 선체에 우력 발생으로 자연스럽게 선체가 좌현 측으로 넘어지게 된 것이었다.

2) 주기관용 엔진 운전에 필요한 윤활유 저장 탱크 내에 보존하고 있던 윤활유량이 선체 인양차 입찰 조건 제시할 때에 해수부에서 제공되었는데 좌우현 엔진 모두 각각 7.5㎘였다. 윤활유 저장 탱크(L.O Sump Tank(P/S))의 용량은 20.59㎘이므로 각 엔진 운전용 윤활유량이 탱크 용량의 36%밖에 되지 않아 발전기 운전용 윤활유량도 제공된 자료는 없지만 주기관용 윤활유량이 탱크 용량의 36%밖에 되지 않았다는 사실을 미루어 볼 때 발전기용 윤활유 저장 탱크(L.O Sump Tanks)도 윤활유 보존량이 너무 적었던 것 같다.

선체가 탑 헤비 쉽(Top Heavy Ship) 자연 경사현상으로 갑자기 약 10도 정도 좌현 측으로 기울고 고박하지 않은 승용차량 30~40대가 미끄러져 좌현 측으로 무너지기 시작하여 선체경사도가 점점 커지게 되자 발전기 운전용 윤활유가 왼편으로 쏠리면서 윤활유 저장 탱크 좌현 벽에 부딪히고 나서 천장을 따라 이동 중, 발전기 L.O 펌프 흡입구 파이프 끝단이 공기에 노출되어 윤활유 대신 공기를 흡입하게 되어 윤활유 저압 안전 장치가 작동하면서 두 대의 발전기가 최저 운전 상태(Dead Slow Speed)로 변환되는 순간 08:48:37초경 교류(AC) 전류는 공급이 차단되고 대신에 비상 배터리 전원(DC)이 자동적으로 공급된다. 승객 거주 시설용 전력, 항해용 기기류(자이로 콤파스(Gyro Compass), AIS, 레이다(Radar) 등 항해용 기기류) 및 통신 설비에 비상 배터리 전력이 공급되며 동시에 준비상태(Stand by)에 있던 발전기는 자동적으로 약 15초 후에 기동 되도록 설계되어 있었는데 노후 선박으로 AIS 선박 자동 식별 장치에도 배터리 전력이 직류/교류 전원 변환기(DC/AC Converter)에 의거 전력이 공급되고 자동식별장치(Automatic Identification System: AIS)도 타 항해안전장비 및 통신장비/비상등 등과 마찬가지로 작동되었어야 하는데 AIS 자동식별 장치가 4/16일 08:48:37초부터 작동이 되지 않았으며 항적도가 이 시점부터 08:52:13초까지 3분 36초간 사라졌다. 세월호 전복침몰 사고 당시의 AIS 항적도 〈그림 1-2〉 도면에 그려져 있는 08:48:37초~08:52:13초 사이의 항적도는 실제로는 항적도가 사라지고 없는 것을 육상이나 타 선박에서 찍은 '세월'호의 항적 궤적을 보면서 그려 넣은 것이다(표 1-8, 1-9, 1-10. 육상 또는 타 선박에 나타난 '세월'호 항적도 참조). 발전기가 최저 속도로 운전되면서 교류 발전 전력이 공급되지 않으므로 선체가 갑자기 10도 이상으로 기울자 사고 발생을 직감한 선장 및 선원들이 선교(Bridge)로 올라왔으며 선체를 바로 세우려고 선장이 좌우 힐링 평행수 탱크(Heeling Ballast Tank)용 펌프를 기동시키려 시도했으나 실패했다. 발전기 전력 공급이 중단되면 각종 펌프 등 보조기기류들은 기동되지 않는다. 이는 발전기가 전력 공급을 하지 못하는 상태임을 증명하고 있다. 비상 배터리 전력으로 3분 36초간 다른 항해 장비들은 작동되었으나 자동식별장치(AIS)는 작동되지 않았다. 3분 36초 경과 후에 예비(S/B =Stand by) 발전기 또는 비상 발전기를 운전시켜 교류 전력이 다시 공급되자 자동식별장치(AIS) 항적도가 다시 작동하면서 세월호 자체의 AIS에 항적이 나타났다. AIS에만 배터리 전력이 공급되지 않은 것은 전문 메이커 측에서도 이해를 못 하는 부분이다. 배터리용 AIS 전원 스위치가 오프(Off) 상태로 되어 있어 전력 공급이 안 되었을 가능성이 가장 크며 다음으로는 20년이 넘은 노후선이므로 비상 배터리 전원이 공급될 때 AIS만 성능 열화로 작동 불능 상태였을 가능성도 배제할 수 없다.

## 4. 선체가 좌현 10도~19도 경사 시점에 우현 주기용 프로펠러가 수면 상부로 노출/우현 주기관 최저속도로 운전

1) 상기 3항에서 언급한 고박하지 않은 승용차량들이 좌현 측으로 미끄러져 내려가면서 , 그랜저급 이상 승용차량 및 8바퀴의 대형 트럭들도 각각 2바퀴, 4바퀴만 50% 고박 상태였으므로 미끄러져 내려오는 승용차량에 부딪치는 순간에 고박이 터지면서 함께 밀려 내려갔을 것이다.

2) 선미가 선수보다 20㎝ 더 깊게 해수에 잠겨 있었다면(선미 흘수 6.20m/선수 흘수 6.00m), 즉 전문 용어로 선체가 20㎝ 바이 더 스턴(By the Stern) 상태였다면 10도 정도에서, 선미흘수가 6.50m일 때에는 19도에서 프로펠러가 수면상부로 노출되어 자동 세팅(Setting)해둔 5~10초 동안 지속적으로 수면 상부에 프로펠러가 노출될 경우에 우현 측 주기는 최저속 상태(Dead Slow Ahead)로 회전하게 되었을 것이다. 선미가 선수 측보다 통상 여객선에서는 20㎝ 더 많이 해수에 잠기도록 1등 항해사가 화물 선적 시에 조정한다. 이는 선체를 추진하는 프로펠러가 충분히 수면 하부에 잠겨서 선체의 추진 효율을 높이도록 하고자 함이며 날씨가 거칠어져 황천이 되면 파도의 골이 깊어 지면서 프로펠러가 해수면 위로 노출하여 주기관의 운전 속도가 올라갔다 내려갔다 요동치면서 자칫 과속도 방지 안전 장치(Over Speed Trip)가 작동하여 주기관의 추진 장치가 최저속운전 상태로 하강할 위험성이 커진다. 이러한 위험성을 방지하고자 프로펠러가 해수면 상으로 노출되어 있는 시간이 5초내지 10초 이상 되어야 비로소 과속도 방지 안전 장치가 작동되도록 안전 장치를 주기관 제조회사에서 고려해 두었다. 그래서 프로펠러의 추진 효율을 높이고자 여객선 자동차 전용선 등 화물 및 승객들의 안정감을 중시하는 선박들은 통상 20~30㎝ 선수가 들리고 선미가 가라앉게끔(전문 용어로 바이 더 스턴(By the Stern)) 1등 항해사가 화물 및 승객 탑승 시에 조정을 하여 화물 선적 계획서를 작성한다. 일반 화물선들은 통상 50

㎝ 바이 더 스턴(By the Stern) 상태를 선호함. 세월호의 선수/선미 방향의 해수면 높이차(Trim)가 20㎝ 바이 더 스턴(By the Stern, 선미가 20㎝ 물에 더 잠김 상태) 상태였다면 우현 측 프로펠러 추진기는 선체경사도 10도 정도에서 프로펠러가 수면 상부로 돌출하게 된다. 이러한 선체 경사도가 10도~19도 중간 어느 위치 정도가 되고 우현 측 주기관용 프로펠러가 기관 메이커(Maker)에서 세팅(Setting)해둔 5초~10초 동안 지속적으로 해수면 상부에 프로펠러가 노출되면 해수의 저항력이 현저히 약화되므로 우현 주기관 과속도 방지 안전 장치(Over Speed Trip)가 작동하게 되어 우현 측 주기관은 최저 운전 속도(Dead Slow Ahead Engine)로 변환되어 버렸을 것이다. 우현 주기관이 최저속 운전상태로 전환되었을 때의 선체 경사도를 10도~19도 사이 어느 지점으로 피력한 이유가 상술한 기관 메이커(Maker)가 세팅(Setting)해 둔 5~10초간의 시차 때문이다.

## 5. 좌현 주기도 윤활유 저압 안전 장치(L.O Low Pressure Trip) 작동으로 인하여 최저 운전 속도(Dead Slow Ahead)로 전환

1) 반면 좌현 측 주기관은 선체가 좌현 측으로 기울어지기 시작했으므로 바다 깊숙이 내려가면서 윤활유 저압 안전 장치(L.O Low Pressure Trip)가 작동될 때까지는 홀로 전속력으로 운전하게 되어 우현 주기관 추진 속도와 좌현 주기관의 추진 속도에 현격한 차이가 발생하게 되어 선체를 더욱 우현 측으로 돌리려는 힘이 매우 커져 조타수가 조타기를 좌현 15도까지 사용했으나 선체가 좌현 측(원편)으로 되돌아오지 않았다고 진술하고 있다.

우현 측 주기관이 과속도 방지 안전 장치(Over Speed Trip)가 작동되면서 최저 운전 상태(Dead Slow Ahead)로 되고 난 다음 수 초 후에 발전기와 마찬가지로 좌현 기관에 공급되는 윤활유 저장 탱크(L.O Sump Tank)에 윤활유가 20.59㎘ 용량 대비 너무나 적은 36%인 7.5㎘밖에 보유하고 있지 않았기 때문에 선체 경사도가 갑자기 10도 경사지고 서서히 더욱 좌현 측으로 경사가 심해질 때에 윤활유가 윤활유 탱크 왼편 격벽에 부딪힌 다음 여력으로 90도 꺾여 탱크 천장을 따라서 우현 측으로 튕겨 되돌아오는 와중에 탱크 내 윤활유 보유량이 너무 적어 좌현 주기관에 윤활유를 공급하는 윤활유 펌프(L.O Pump)의 윤활유 흡입용 파이프(Pipe) 끝단 주위에 윤활유가 거의 없이 비산해 버렸으므로 공기를 흡입하게 되어 윤활유 저압 안전 장치(L.O Low Pressure Trip)가 작동한다. 2대의 발전기와 마찬가지로 다소 시차를 두고 발전기보다 더 늦게 또한 우현 측 주기관보다도 조금 뒤늦게 윤활유 저압 안전 장치(L.O Low Pressure Trip)가 작동하여 최저 운전 속도(Dead Slow Ahead Engine)로 변환되었을 것이다. 좌 우현 두 대의 주기관마저 최저 운전상태(Dead Slow Ahead)로 변환했으므로 선체의 추진 속도가 갑자기 떨어지면서 선체 추진 타력이 줄어들므로 선체는 지속적으로 좌현 측으로 경사각도가 더욱 커졌을 것이다.

2) 이쯤에서 선체에 미치는 힘을 분석해 보자.

(ㄱ) *침로 140도에서 145도로 우회두하고 있던 조타기에 의한 우회두력: 9,600톤(만재 배수톤)×8.993m/sec(17.5Knots×1,850m/Knot÷3,600sec/hour)×Sin 5º=약 86,333톤.m/sec.×0.0872=7,528.24톤.m/sec.

(ㄴ) *수 초간 우현 주기관은 과속도 방지 안전 장치가 작동하여 최저 운전상태 운전 속도였으나 좌현 측 주기관은 윤활유 저압 안전 장치가 작동되기 직전까지는 전속력으로 돌고 있었다. 그래서 좌현 측 주기관은 선체 중앙에서 약 4.9m 좌측으로 편심되어 있으므로 주기관의 설계마력 9,000마력의 큰 힘을 수 초 동안이라도 좌현 경사로 좌현 측 주기관은 수심이 깊은 곳에서 전속력으로 회전했으므로 선체를 우회두 시키는 데 큰 힘을 쏟아부었다.: 9,000마력×75kgf/m/sec÷1,000kgf/m/sec×90%(운전 출력)=607.5톤/sec.

그러므로 우회두 토르크힘은 607.5톤/sec×4.9m=2,976.75톤.m/sec이다.

(ㄷ) *또한 조류는 북서향(135도 방향)으로 바뀐 지 불과 약 11분 정도밖에 경과되지 않아 조류 속도는 0.19Knots에 불과했으나 선수 침로가 140도에서 145도로 변침 중에 사고가 발생했으므로 조류는 거의 11시 방향에서 좌현 측에서 우현 측 방향이되 선수 침로 진행방향에서 받기 시작했으나 선체가 갑자기 우회두해 버렸으므로 점점 조류의 영향을 많이 받는 쪽으로 변환되었다. 즉 선수침로가 바람 방향인 225도로 바뀌었을 때에는 좌현 측 정횡 90도 위치에서 조류를 받게 되었다. 약 136.8m(선체 길이)×6.1m(흘수/Draft)=834.48㎡(수선하부 면적) 그러므로 조류가 선체를 민 힘은 약 834.48㎡×0.0974m/sec(0.19Knots)×1.025(해수 비중)=83.31톤/sec. 바람과 조류의 방향이 90도를 이루므로 각각 Sin45º(0.7071)를 적용하여 83.31톤/sec×0.7071=58.91톤/sec

(ㄹ) *마지막으로 바람은 사고 발생 시점에는 4~7m/sec. 속도의 남서 미풍으로 225도 방향에서 45도 방향으로 불면서 선체의 거의 우현 정횡 방향(선체 우현85도 방향/거의 3시 방향)에서 불면서 조류와 90도로 되어 조류와 상쇄되는 힘으로 시작해서 사고 발생 후 08:49:56초에 선수침로가 223도였으며 풍향이 225도였으므로 바람을 선수 침로와 마주치면서 받다가 침로가 225도를 넘어 사고 발생 후 불과 1분 25초 후인 08:50:00초에는 선수 침로가 234도로 변환했으므로 바람까지도 좌현 측에서 받기 시작했다:

* 6.1m 흘수부터 C-갑판(C-Deck)까지의 면적: (13.72m-6.1m)×142.8m+C-Deck 이상면적:(24.5m-13.72m)×91m(길이)=약 2,069㎡. 그러므로 2,069㎡×5.5m/sec(평균풍속)×1.225kgf/㎡(공기의 비중량)=13.94톤/sec. 그러므로 13.94톤/sec×Sin45º(0.7071)=약 9.86톤/sec.

3) 사고 발생 후 당직 타수가 "타… 타가…. 안 돼요…. 안 돼."라고 고함을 지르면서 넓은 가슴으로 조타휠을 감싸고 있었다고 선교에 사고 당시 같이 있던 기관장이 진술했는데, 상술한 좌현 측에서 우현 측으로 작용한 우회두력 대비 타 면적 17.522㎡에 작용한 조타력을 비교해 보면 바로 알 수 있을 것이다. 조타력은 좌현 15도까지 사용했다고 조타수가 진술했으므로 타각 15도 때에 적용 선속은 항적도가 사라

진 08:48:37초/17.5Knots와 항적도가 다시 나타난 08:52:13초/5.8Knots의 평균치 11.65Knots 선속을 적용해서 산출해 본다: 17.522㎡×5.9868m/sec.(11.65Knots/hour x 1,850m ÷ 3,600sec.)×Sin15º(0.2588)×1.025(해수비중)=27.827톤/sec. 그러므로 2대의 주기관에서 발생하는 9,000마력 정격의 90~95% 상시 출력으로 프로펠러가 해수를 쳐 내어 타를 밀어 주지 않고 주기관의 운전이 최저속도 내지 운전 정지했을 경우 상기 2)항에서 언급한 4종류의 힘에 비하면 조타력이 너무 미미하여 타효를 잃어버렸다. 이로써 고등법원 및 대법원에서 조타기 고장이 사고 원인일 수 있다는 논리도 무색해진다. 조타기가 고착된 사고 발생의 경우에는 항적도가 거의 진원에 가까운 궤적을 남긴다. 세월호처럼 표주박 형태의 항적도는 평생 승선 생활을 한 선장들도 본 경험이 거의 없을 것이다. 세월호 사고 발생 시에 처음 보았을 것이다.

4) 4/16일 08:50:00 선수 침로가 234도로 바뀐 시점(사고 발생 후 1분25초 뒤) 이후부터는 상술한 4종류의 모든 힘이 선체 좌현 측에서 우현 측으로 미치고 있고 두 대의 주기관은 선장 명령에 의거해 기관장이 운전 정지했으므로 선체 저항/해수 마찰력에 의해 급속히 선속이 떨어진 상태였고 선체에 미치는 힘, 즉 조타기의 우회두력+좌현 주기관에 의한 편심 전속 추진력에 의한 힘+조류의 힘+풍력, 4종류의 힘이 모두 좌현 측에서 우현 측으로 작용하게 되어 선체는 아주 급속도로 휙 선회하게 되었을 것임을 항적도가 보여주고 있다. 그 결과물이 표주박 형태의 항적도이다.

5) 광주 지방법원에서 시행된 제1심 재판에서는 3등 항해사의 지시도 없었는데 당직 조타수가 조타기 키를 오른쪽으로 휙 돌려서 선체가 대각도로 우회전을 하게 되었다고 판결하여 15만 해기사와 선원들의 웃음거리가 된 적이 있었다. 2심 재판에서 1심 재판 결과는 진실이 아니라고 뒤집었지만 2심에서는 당직 조타수가 조타기를 좌현 측으로 5도~15도까지 사용했으나 조타기가 작동되지 않았다고 진술하자 고문단 석에 앉아 있던 해기사 한 분이 "그럼 조타기 고장이었나 보다."라고 법정에서 진술하여 2

심 재판 기록은 조타기 고장으로 표기되어 있다. 그런데 3등 항해사는 조타기 고장은 아니라고 증언하고 있으며 필자가 청주여자교도소 면회 가서 확인해 봐도 절대로 조타기 고장은 아니라는 진술이다. 조타기가 고장 나면 경보등과 경보음이 울리게 되어 있고 2대이므로 다른 조타기로 스위치 버튼만 누르면 간단히 조작할 수가 있다. 그러므로 조타기 고장은 아니다. 맹골수도를 통과할 지점부터 변침점인 병풍도까지는 조타기 2대를 병렬 운전했을 것이다.

3심 대법원 판결은 2심에서 조타기 고장이라고는 하나 확실한 증거가 없으며 미심쩍은 부분이 아직 남아있으므로 사고 원인 추적에 더욱 심혈을 기울여 줄 것을 당부하고 있어 대법원 판결이 나도록 해수부/검경 합동수사본부/검찰/해경 등 수사기관에서도 정확한 사고 원인 분석을 하지 못했다. KBS 1 유○우 PD께서 제 설명을 제3회 세월호 청문회에서 듣고 KBS 1 암실로 필자를 안내하여 4시간 여에 해당하는 유 PD의 질문에 필자가 전문적인 관점에서 사고 원인 분석한 내용을 촬영했다.


## 6. 화물 고박 불량으로 우현 화물이 좌현 측으로 이동 시작, 도미노 현상 발생

1) 인천항 출항 직전 4/15일 21:00경 제주행 승용차 10대를 선적하자마자 육상과 화물창 출입구 문인 램프 도어를 닫고 출항하게 되었으므로 승용차 10대는 전혀 화물 고박을 하지 않았다. 하역 인부들도 17:30경 퇴근하고 없었으므로 고박할 인부가 아무도 없었다. 또한 당직 조타수가 진술한 바에 의하면 그랜저급 이상의 승용차만 고박하고 나머지 약 20~30대는 고박을 하지 않았다고 한다. 앞에서 언급했듯이 탑 헤비쉽(Top Heavy Ship) 자연경사 현상으로 선체가 갑자기 좌현 10도 정도로 기울자 고박을 하지 않은 승용 차량들이 좌현 측으로 미끌어지기 시작했을 것이며 한국선급(KR)에서 승인해 준 화물 선적 메뉴얼에는 승용차량은 앞뒤 바퀴 4개를 모두 다 고박하

고 중량화물 차량들은 8바퀴 모두를 고박하도록 지정되어 있었으나 승용차는 앞뒤 대각선으로 2바퀴만 고박했고 중량물을 실은 대형 트럭들은 앞뒤 바퀴 4개소만 고박을 했다. 즉 선급이 정해준 고박 방법대로 고박하지 않고 50%만 고박을 했기 때문에 탑 헤비 쉽(Top Heavy Ship) 자연경사 현상이 일어나자 고박하지 않은 승용차량들이 미끄러지면서 우현 측에서 좌현 측으로 선체 경사진 방향으로 서서히 무너지기 시작했을 것이며 50%밖에 고박하지 않은 화물 및 승용차/중대형 화물 차량들도 고박하지 않은 승용차에 부딪혀 고박이 터지면서 우현 측 화물들이 좌현 측으로 미끄러지면서 이동하기 시작했으므로 선체경사도는 10도를 넘어서 서서히 화물 이동에 부응하는 속도로 빨라지기 시작했을 것이다.

2) 급기야 전 화물창 내의 우현 측 화물들이 좌현 측으로 이동되고 좌현 측에 실려 있던 화물들도 우현 측 화물에 떠밀려 동시에 도미노 현상을 일으키면서 좌현 선체 측으로 급속도로 치달았을 것이다. 이때의 선체 움직임을 3등 항해사가 적절하게 법정 진술하고 있는데 "처음 한 번 약 10도 이상 갑자기 선체가 좌현 측으로 경사지더니 서서히 선체경사가 진행되다가 빠른 속도로 재차 급경사 지게 되었다"라고 진술하고 있다. 2번에 걸쳐서 선체경사가 진행되었는데 1차로 갑자기 10도 이상 경사진 다음에 서서히 경사지다가 빠른 속도로 좌현 측으로 경사가 2회에 걸쳐서 연속적으로 선체가 기울었다고 진술하고 있다. 이러한 2회에 걸친 연속적인 선체 좌현 경사는 4/16일 08:48 35초부터 4/16 08:49분 47초 사이에 발생했으며 사고 발생 후 불과 1분 12초 만에 화물이 도미노 현상으로 급발전하면서 좌현 선체 외판에 부딪히게 되었다.

# 7. 화물 도미노 현상 발생으로 화물이 좌현 선체에 충돌, 굉음 발생, 선체 급좌회전했다가 우회두로 복귀

1) 2014년 4/16일 08:49:47초에 우회두하고 있던 선체에 쿵쾅 하는 굉음이 발생하면서 선체에 큰 충격이 가해졌는데 08:49:45초경에 선수침로가 213도였으나 화물 도미노 현상으로 좌현 측 선체 격벽에 화물이 부딪히면서 굉음을 낸 08:49:47초경에는 선수 침로가 231도로 2초 사이에 무려 선수 침로가 18도나 급변하면서 AIS 항적도상에 선체가 꺾인 항적이 ⑤지점에 돌출되어 있는 것이 〈표 1-9〉 및 〈표 1-10〉 육상 또는 타 선박용 AIS에 나타난 '세월'호 사고 당시 항적도에 나타나 보인다.

2) 그 후 08:49:56초에 선수 침로가 229도를 나타내고 있으며 08:50:00초에 비로소 234도를 나타내고 있다. 항적도상에 단이 져 돌출되어 보이는 ⑤지점이 도미노 현상을 일으키면서 우현 측에서 좌현 측 화물창 격벽에 화물이 굉음을 내면서 부딪친 시점이며 08:49:47초경이었다. 불과 2초 동안에 화물 충격력이 좌현 선체에 부딪히면서 흡수되고 나자 선수침로는 원래 우회두 하고 있던 항적을 도로 밟으면서 점차 우회두 속도가 빨라지기 시작하는 시점이었다.

3) 즉, 좌우현 화물이 좌현 선체에 부딪힌 힘 모먼트(Moment)의 크기는 우현 측 화물량 1,090.845톤×이동 거리 약 11m+좌현 측 화물량 1,090.845톤×이동거리 약 2.75m=14,999.12톤.m였음.
반면 선체의 우회두력의 크기는 상기 5항 2)-(ㄱ) 선수침로 140도에서 145도로 우회두력의 크기:7,528톤.m/sec.+상기 5항 2)-(ㄴ)우현주기 최저속 운전 중에 좌현 주기 전속력 운전에 기인한 편심 우회두력:2,976.75톤.m/sec.+조류의 힘: 58.91톤/sec+바람의 힘:9.86톤/sec=10,573.52톤.m/sec이므로 좌우현 화물이 좌현 외판에 부딪힌 힘/모먼트(Moment): 14,999.12톤.m를 약 2초 만에 선체가 밀리며 돌출 부분을 남기고, 선수

침로가 213도에서 231도로 18도 반대방향으로 돌았다가 흡수해 버리고 2초 뒤에는 원래의 항적대로 우회두를 지속하게 된 것이다.


## 8. 화물이 도미노 현상을 일으키며 좌현 선체에 부딪힌 순간 선체 30도 경사

1) 4/16일 08:49:47초경 화물이 도미노 현상을 일으키면서 좌현 선체에 부딪힌 순간 선수 침로는 앞에서 언급했듯이 213도에서 갑자기 2초 동안에 231도로 18도나 반대 측으로 급회전했으며 항적도가 윗측으로 돌출되어 보이는 것은 선체가 좌현 측으로 튕겨 나갔다는 것을 입증해 보여주고 있다. 화물이 엄청난 힘으로 좌현 선체 외판에 부딪혔다는 것을 뜻하며 이때의 충격으로 기관실 기관 제어실(Control room) 의자에 앉아 있던 3등 기관사는 의자와 함께 뒤로 벌렁 나자빠졌다가 정신을 차리고 기관 제어실 벽에 걸려 있는 선체경사도 계측장치인 클리노미터(Clino Meter)를 보았더니 선체가 30도 좌현 측으로 넘어져 있었다고 진술하고 있다. 즉 4/16일 08:49:52초경 선체 경사도는 약 30도 좌현 경사졌다는 것이 사실 진술로 인정되고 있다. 이때 기관실에서 당직 근무를 보고 있던 3등 기관사와 기관수(Oiler)는 화물이 좌현 선체 외판에 부딪히는 굉음을 들었다고 증언하고 있으나 선교(Bridge)에서 항해 당직을 서고 있던 3항사는 선체 충격 굉음은 듣지 못했다고 진술하고 이 순간에 몸을 가누지 못하고 선교 한 모퉁이에 처박히면서 졸도했다 한다. 2등 항해사가 3등 항해사를 발견하고 깨워서 선교 바깥쪽 윙 브릿지(Wing Bridge)에 앉아서 찬 바람을 쐬면서 정신을 차리라고 조언했다 한다.

2) 필자가 청주여자교도소에 면회 가서 3등 기관사에게 맨 먼저 운전 중이던 발전기 2대가 윤활유 저압 안전 장치(L.O Low Pressure Trip)가 작동하면서 교류 전력 공급을

중단했으므로 경보가 맨 먼저 울었을 것이며, 우현 주기에도 과속도 안전 장치(Over Speed Trip)가 작동했을 것이므로 경보음이 발생했을 것이고 잠시 후 좌현 주기도 발전기와 마찬가지로 윤활유 저압 안전 장치(L.O Low Pressure Trip)가 작동해서 경보음이 발생했을 것이다. 또한 우현 주기가 전속력으로 운전하다가 갑자기 과속도 안전 장치(Over Speed Trip)가 작동되면 우현 주기용 공기 과급기(Turbo Charger)에서 찌잉하는 서징(Surging) 소리를 들었을 텐데 기억이 나느냐고 3등 기관사에게 문의했더니 잠깐 사이에 너무나 많은 경보기가 작동하여 콘트롤 판넬(Control Pannel)상에 붉은 경보기가 대량 작동하고 있어 정신이 없었으므로 어느 기기용 경보기가 작동했는지 여부는 전혀 모를 정도였다고 청주여자교도소 면회 시에 답변했다.

## 9. 선원 및 승객들 뇌진탕, 졸도, 외상, 타박상 부상자들 속출

1) 08:48:35초경 선체가 탑 헤비 쉽(Top Heavy Ship) 자연경사 현상으로 좌현 10도 이상 급경사 했다가 08:49:47초경 좌현 30도 경사 위치로 되는 약 1분 12초간에는 우현 측 화물이 처음에는 서서히 무너지기 시작하여 끝 무렵에는 도미노 현상을 일으키면서 선체경사도 30도 시점에 화물이 좌현 외판에 부딪혔음을 상술했다. 화물이 좌현 선체에 부딪히는 순간에는 선체 무게중심G점을 중심으로 A, B, 트윈(C 갑판 내 2층) 갑판(Tween Deck) & C-갑판(C-Deck)에 선적된 사람/화물들은 선체를 지속적으로 좌경사시키려는 힘이고 반대로 D-갑판(D-Deck) & E-갑판(E-Deck)에 선적된 화물들은 G점을 중심으로 선체를 우경사시키려는 힘이 작용한다. 외판에 화물이 충격을 주는 순간 우경사 모먼트(Moment) 힘이 커서 선체 움직임이 2초간 정지되었다가 잠시 다소 우경사했다가 다시 우경사시키려는 힘이 소진/흡수되고 나면 원래 상태대로 좌경사를 시작했을 것이다.

2) 상기 1)항에서 언급한 선체를 좌경사/우경사시키려는 힘은 각 갑판(Deck)의 화물이 무너져 내려갈 때의 화물 이동에 의한 선체 좌우 방향으로의 이동 현상을 설명할 것이고 이번엔 선체가 선수미 방향의 선체 종축(LCG=Longitudinal Center Of Gravity) 중심점보다 화물의 중심점이 선수 측에 존재하여 선수 침로도 2초간 좌현 측으로 일순간 18도 틀었으므로 달리던 버스가 급제동으로 승객들이 모두 진행방향으로 엎어지는 현상과 동일한 현상이 출현하여 아래의 승객 상해자 152명이 발생했음(생존자 172명 중 152명=88.4%).

(ㄱ) 승객 홍 ○○ 씨는 갑판상에서 경치 구경 중 몸이 붕 떠서 가드 레일/불왝(Guard Rail/Bulwark) 선체외판을 넘어서 바닷속으로 빠지는 모습을 최 ○○씨가 목격했다고 진술함. (홍 ○○ 씨는 사망자 명단)/GM이 아주 적어지게 되자 선체가 탑 헤비 쉽(Top Heavy Ship) 자연경사현상으로 갑자기 10도로 경사지게 되었으며 화물이 무너지기 시작하면서 처음에는 서서히 우현 화물이 좌현 측으로 이동하기 시작하여 약 1분 12초 정도 지난 시점에는 선체경사도가 30도에 근접하면서 도미노 현상으로 좌현 외판에 부딪히게 되었음. 이때의 충격으로 상술했듯이 선체운동이 2초간 갑자기 반대 방향으로 치닫고 선수침로도 우현 선회 중에 2초간은 좌현 측으로 18도나 뒤틀리는 기현상이 일어났으므로 홍○○ 승객의 몸이 붕 떠서 선외로 날아가 바다물에 빠졌을 것임.

(ㄴ) 선원 김규찬 씨는 당직완료 후 본인 침실 침대에서 자고 있었는데 몸이 방바닥에 내동댕이 처진 다음 대굴대굴 굴러서 침실 벽에 부딪히는 순간에 위 치아가 부러지고 아랫입술이 찢어짐. 어깨와 등에도 상처 입음.

(ㄷ) 조리수 2명은 프라이 팬을 들고 요리를 만들고 있었는데 갑자기 선체가 급경사 시에 손에 잡은 프라이 팬을 내던지고 몸의 중심을 손을 뻗쳐서 잡았어야 되는데 직업 본능상 프라이 팬에 들어 있는 요리를 망가뜨릴까 봐 프라이 팬을 내던지지 못하고 손에 잡고 있는 채로 부엌에 넘어져 뇌진탕을 일으키게 됨. 기관장 이하 기관부 선원들이 목격했으나 구조되지 않아 사망자 명단에 들어 있음.

(ㄹ) 기타 외상, 찰과상, 뇌진탕 등으로 부상을 당한 승객이 69명이나 있음(뇌진탕 승객 4명).

(ㅁ) 나머지 승객 약 83명은 정신적으로 많이 놀란 나머지 정신/안정을 요하는 상해 자들임.


## 10. 화물 좌현 선체에 충돌 시점에 우현 측 화물이 좌현 측으로 이동되어 GoM이 마이너스 상태로 전락

1) 본 제목에 관한 GM 변화한 상태는 제3장 ⑺ 복원성 검토 항목에서 상세히 산출해 드리겠지만 여기서는 그 결과만 간략히 인용하여 사고 발생 현상만 전술해 드린 1항 에서부터 순차적으로 사고가 발생한 종류 및 순서를 기술해 주고 있다.

2) 사고 당시 선체 GM=0.4336m 상태에서 우현 화물이 좌현 중심으로 11m 이동되었 다고 전제하고 또한 좌현 화물도 우현 화물에 밀려서 좌현 측으로 5.5m 좌현 중 심에서 2.75m 더 좌현 측으로 밀려났다고 전제하여 산출해 보면 w×d=1,090.845 톤×11m+1,090.845톤×2.75m=14,999.10톤.m, 무게중심의 이동거리 $GG'=$ w×d/ $\Delta$=14,999.10톤.m÷9,599.60톤=1.562m 즉 선체 무게 중심 이동거리가 1.562m로 변했 으므로 G'M=GM- $GG'$=0.4336m-1.562m=마이너스 1.1284m가 되어 선체 무게 중심 점 G'점이 M점보다 1.1284m 위로 이동했다는 의미이므로 선체가 경사질수록 선체 복원력이 밀어 올리지만, 선체 전복력이 복원력보다 강하므로 선체는 서서히 전복될 수밖에 없었을 것이다.

3) 08:49:47초경 화물이 도미노 현상을 일으키며 좌현 선체에 쿵쾅하고 부딪칠 때 3등 기관사가 기관 통제실 의자에 앉아있다가 뒤로 나자빠졌다가 정신을 차리고 약 5초 뒤인 08:49:52초경 선체가 좌현 30도 경사져 있었다고 진술하고 있으니 이것이 명확

한 사고 발생 후 선체 경사도에 관한 진실(Fact)이다. 그 후 언론 보도를 보면 09:30 분경 선체경사도 약 45도, 09:45분경 선체경사도가 약 62도, 10:17분경 선체 경사도 108.1도라고 보도되었다.

4) KBS1 유 PD께서 제공해 주신 선체 경사도별 침수 예상 선체 경사도를 추정해 보고 자 한다.

(ㄱ) 현문(Pilot Door) 하단: 선체 경사도 14도에 도달하면 해수에 접함.

(ㄴ) 현문(Pilot Door) 상단: 선체 경사도 23도에 도달하면 현문 전체를 통하여 대량의 해수가 침입 가능하나 제4장 복원성 검토 시에 수학적으로 유체 역학에 의거, 산출 해 보여 드리겠지만 이 현문이 만약에 열려 있었다면 상술해 드린 선체 경사도보다 더욱 빠른 시간에 선체가 전복 침몰했을 것이다. 그러므로 이 현문은 확실하게 잠겨 져 있었다고 추정 가능하다.

(ㄷ) 차량 램프(Ramp) 하단: 선체 경사도 22도에 해수에 접함

(ㄹ) 차량 램프(Ramp) 상단: 선체경사도 42도에 해수에 잠김/차량 램프의 크기는 현 문(Pilot Door)보다 몇십 배로 크므로 만약에 수밀(Water Tight)이 되어 있지 않았다 면 차량 램프를 통하여 대량의 해수가 침입 가능하며, 2018년 4/16일 21:00 KBS1 뉴 스 시간에 특집 방송으로 방영된 영상을 보면 화물이 움직이기 시작한 초기 단계에 서 화물창으로 해수가 침입하는 것이 확인되고 있다. 차량 램프용 고무 팩킹의 수 밀도가 완벽하지 못하여 틈새로 해수가 누설되었다고밖에는 상상되지 않는다. 3항 사는 선체가 갑자기 10도 이상 첫 번째로 좌현 측으로 경사지고 서서히 좌현 경사 가 지속적으로 진행되다가 두 번째 또 급속도로 좌현 경사졌다고 진술하고 있다. 또 한 차량 램프용 고무 팩킹을 닫고 난 상태에서 틈새로 빛이 약간씩 보이는 부분이 있 었다고 진술한 선원들이 몇 명 있었다. 탑 헤비 쉽(Top Heavy Ship) 자연 경사현상으 로 약 10도 정도 좌현 경사진 다음 고박하지 않은 승용차량 30~40대가 좌현 측으로 무너지면서 다른 고박한 화물들의 고박이 터지면서 점점 좌현 측으로 무너져 내리

는 화물량이 많아지면서 서서히 좌현 경사가 진행되다가 도미노 현상을 일으키면서 08:49:47초경에는 좌현 선체에 화물이 쿵쾅하는 굉음을 내면서 무너졌다. 이때 3기사가 충격음을 듣고 약 5초 후에 선체 좌현 경사가 30도였다고 진술하고 있다. 전술한 KBS1 21:00 뉴스 특집으로 화물이 무너질 때 해수가 침입하는 장면이 보였으므로 선체가 22도 이상 좌현 경사되었을 때에 차량 램프용 문틈 사이를 통하여 해수가 침입한 것이라고 여겨짐.

(ㅁ) 통풍관(Air Ventilator) 하단: 선체경사도 48도에 해수에 접함.

(ㅂ) 통풍관(Air Ventilator) 상단: 선체경사도 51도에 해수에 접하게 되어 이 통풍관을 통하여 대량의 해수가 침입할 수가 있으며 통풍관이 위치한 C-갑판(C-Deck) 이하 위치로 해수가 삽시간에 퍼져 나가게 되었을 것이다. C-갑판(C-Deck)에 설치되어 있는 선외 출입문은 통상 운항 중에는 열려 있으므로 통풍관으로 해수가 침입하기 시작하면 빠른 속도로 선체경사도가 커지면서 동시에 C-갑판(C-Deck) 선외 출입문으로도 해수가 침입하기 시작했을 것이다.

| 일시 | 선체 경사도 | 사유 및 경사 소요시간 비교 분석 |
|---|---|---|
| 4/16 08:48:35 | 좌현 10도 | 탑 헤비 쉽(Top Heavy Ship) 자연 경사 현상- 약 2초 소요 |
| 4/16 08:49:52 | 좌현 30도 | 1분 17초간에 약 20도 경사/양현 화물 도미노 현상 |
| 4/16 09:30분경 | 좌현 약 45도 | 40분간에 약 15도 경사/우현 화물이 좌현으로 이동한 결과 선체 전복력이 복원력을 능가. |
| 4/16 09:45분경 | 좌현 약 62도 | 15분간에 약 17도 경사/통풍관으로 해수 침입 결과 |
| 4/16 10:17분경 | 좌현 108.1도 | 32분간 약 46도 경사/통풍관 및 각 갑판 출입문으로 해수 침입한 결과 |

(ㅅ) 상술한 시간대별 선체경사도를 분석해 보면 상기 해수 침입 경로를 이해하는 데 도움이 될 것이다.

이렇게 통풍관 및 A/B/C/트윈(Twin)/항해 선교갑판(Navigation Bridge Deck) 등 출

입구를 통하여 선실 내부 측으로 대량의 해수가 침입하기 시작했고 물의 특성상 해수는 낮은 곳으로 흘러가므로 D-갑판(D-Deck) 화물창을 거쳐서 E-갑판(E-Deck) 및 기관실로 쏟아져 흘러들어갔을 것이다.

이 무렵 선교에 있던 기관장이 기관 당직사관의 보고를 받고 기관부원 전원 기관실 밖으로 대피하라고 지시를 내렸다고 3등 항해사가 진술하고 있다. 그런 후에 기관장이 선교를 떠나 기관부원들과 복도에서 만났으며 요리사 2명이 뇌진탕으로 쓰러져 살려달라고 애원했는데도 기관장 및 기관부원들이 구조하지 않았다고 진술되어 있다.

그런 뒤 기관장을 필두로 기관부원들이 해경 구조정이 도착하자 제일 먼저 퇴선해 버렸다.

이런 관경을 본 선장 및 갑판부원들도 퇴선해 버렸다.


## 11. GM이 마이너스 상태이므로 선체 복원력이 견디지 못하고 선체가 서서히 뒤집히면서 선체 전복- 대량 사망자 사고 발생

1) 상술한 바와 같이 09:30분경 선체가 약 45도 경사졌으므로 해수가 침입하기 시작한 선체경사도 48도와는 불과 3도 차이이므로 3도÷(15도/40분=0.375도/분)=8분 정도 소요되었을 것이다. 즉 09:38분경부터 통풍관 및 C-갑판(C-Deck) 출입문을 통해서 대량의 해수가 침입하기 시작했을 것이다. 그 이전에는 선체 좌현 측으로 22도 이상 경사 시점부터 차량 램프 도어 고무 패킹(Door Rubber Packing)이 장기 노후 경화로 문이 닫혔어도 틈새로 불빛이 보였다는 선원들 진술도 있었고 지난 4/16일 KBS1 21:00 뉴스 특집으로 방영된 영상을 통해서도 화물이 무너지기 시작하는 초기 단계에서부터 D-갑판(D-Deck) 화물창으로 해수가 침입하는 광경을 방영했음. 이로 미루어 볼 때 차량램프용 문이 수밀이 완벽하지 못하여 선체가 22도 이상 경사져 해수면에 접할 때부터 해수는 조금씩 누설, 유입되었던 것 같다. 통상 차량램프용 문은 풍

우밀로 설계되므로 완벽하게 수밀이 되지는 않고 비바람에 물이 차량램프 문으로 침입하지 못하도록 막아 주는 기능이다.

2) 선체가 48도~51도 경사진 시점부터 C-갑판(C-Deck) 선미에 설치되어 있는 통풍관을 통하여 해수가 대량 침입하기 시작하면서 선체는 급속도로 더욱 기울어지고 선실 밑바닥인 기관실부터 해수가 범람하기 시작하여 급기야 승객들이 머문 A/B-갑판(Deck)도 해수가 범람했을 것이며 선체가 10시 17분경 108도 정도로 경사졌으므로 304명에 달하는 대형 해난 참사가 발생하게 되었다. 선장이 퇴선 명령만 내렸더라면 거의 모두 다 살렸을 텐데 많은 아쉬움이 남는다. 왜 선장이 적기에 퇴선 명령을 내리지 않았는지 알 수 없다.

3) '세월'호 해난 참사는 미연에 방지할 수 있는 예방 대책이 여럿 있었지만 아무도 막지 못했었다. 이러한 내용들은 제4장 '세월'호 해난참사에 대하여 아쉬웠던 점/미흡했던 점 및 향후 개선해야 될 사안들에서 상세히 짚어 보겠다.

4) 사고 발생 후 대응을 했다 한들 필자의 소견으로는 불가항력적인 요소이다. 왜냐하면 4/16일 08:48:35초에 탑 헤비 쉽(Top Heavy Ship) 자연경사 현상 발생으로 갑자기 2초 만에 선체가 10도 정도 경사졌다. 그 후 불과 1분 12초 뒤 08:49:47초에 우현화물 도미노 현상으로 좌현 측으로 붕괴되면서 좌현 선체에 쿵쾅하는 굉음을 내면서 갑자기 30도로 경사졌다. 우현 화물의 좌현 측으로 이동에 의해서 74.5도까지 경사지게 되므로 선체 전복 침몰 사고는 불가항력이었다. 선장이 승객 퇴선 명령만 내렸더라면 대부분의 인명사고는 막을 수 있었을 텐데 많이 아쉽다. 선장의 판단력이 몽롱한 상태가 아니고서는 이해가 되지 않는다.

다음 페이지부터 순차적으로 실려 있는 선체 경사도 설명이다.

<그림 2-1> 정상적인 선체 정립 도면

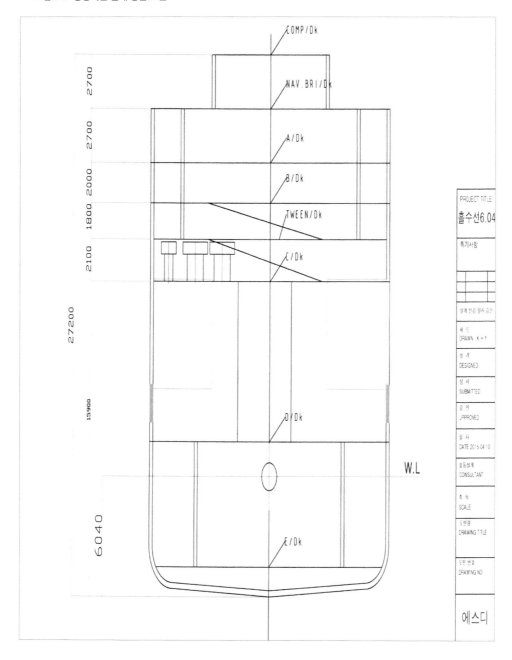

(2-1) 정상적인 선체 정립 도면

(2-2) 사고 발생(08:48:35초) 후 1분 12초 뒤(08:49:47초) 화물이 도미노 현상을 일으키면서 좌현 선체에 부딪힌 순간 5초 뒤(08:49:52초)의 선체경사도 30도의 도면(3등 기관사가 쿵쾅쾅음 듣고 의자에서 넘어졌다 정신 차리고 약 5초 뒤에 선체 좌현 30도 경사 목격 진술했다).

(2-3) 선박 도선사(Pilot) 출입 도어(Door) 현문 하단에 수면이 닿는 선체 경사도 14도/상단 23도 수선부(Water Line)를 그린 도면.

(2-4) 차량램프 하단 수면 닿는 선체 경사 각도 22도/차량램프 상단 42도 수선부(Water Line)를 그린 도면

(2-5) 통풍관 하단에 수면이 닿는 각도 48도/통풍관 상단 51도. 수선부(Water Line)를 그린 도면

(2-6) 우현 측 주기관용 프로펠러 끝단 수면 노출 각도:

- 20㎝ 바이 더 스턴(By the Stern, 선미가 선수보다 20㎝ 물속에 더 깊게 잠긴 상태/선미 흘수 6.20m): 10도

- 80㎝ 바이 더 스턴(By the Stern, 선미가 선수보다 80㎝ 물속에 더 깊게 잠긴 상태/선미 흘수 6.50m): 19도

<그림 2-2>

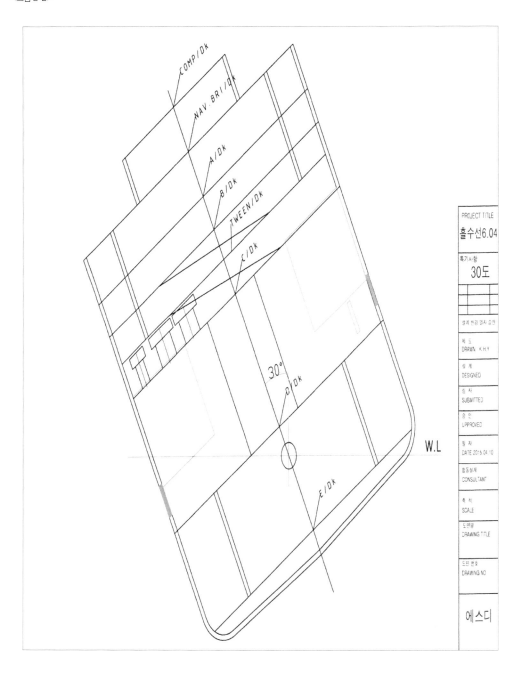

<그림 2-3>

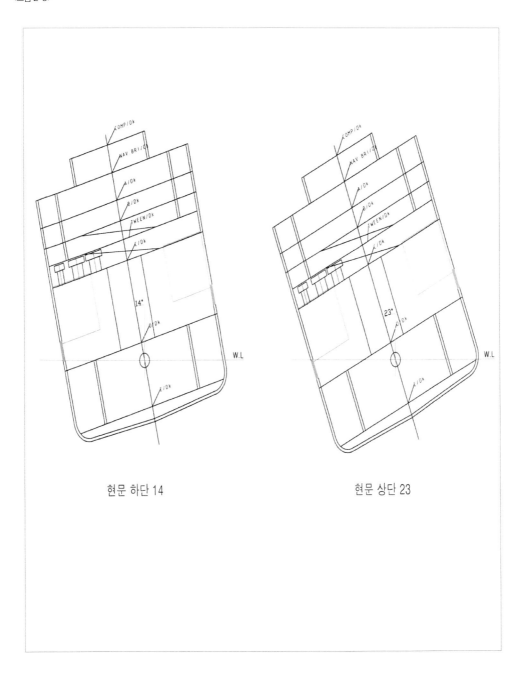

현문 하단 14

현문 상단 23

<그림 2-4>

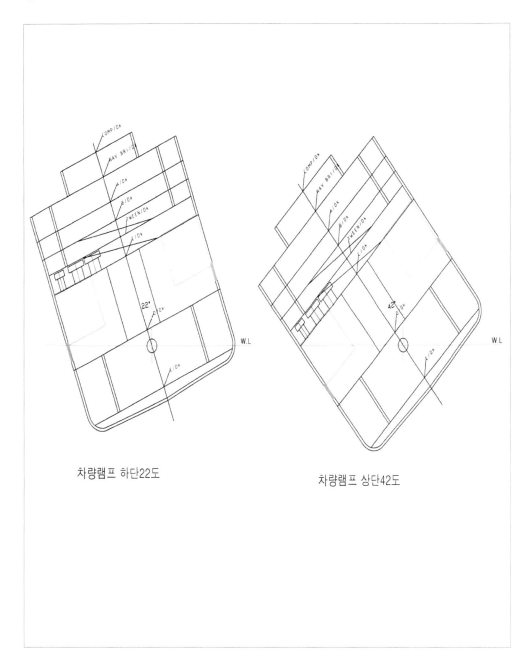

차량램프 하단22도              차량램프 상단42도

<그림 2-5>

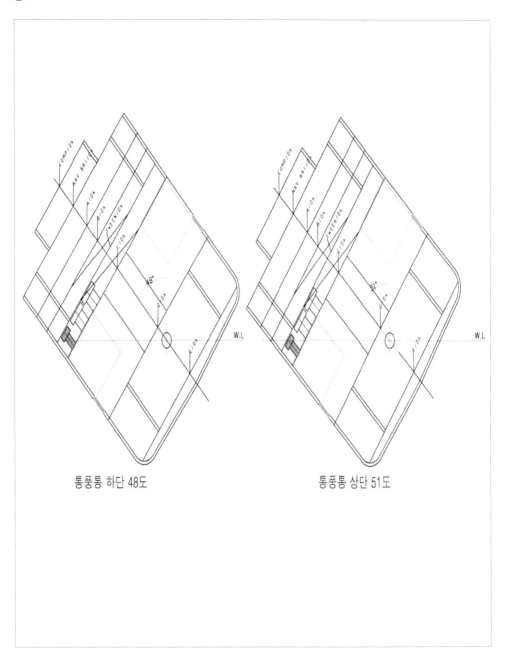

통풍통 하단 48도                                        통풍통 상단 51도

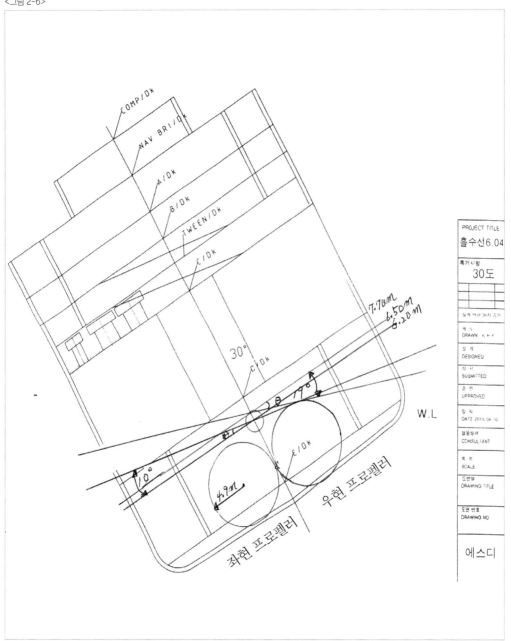

<그림 2-6>

<그림 2> 선체 정립 도면 및 경사도면들/프로펠러 수면상 노출 각도 도면

상술한 시간대별 선체 경사도와 해수 침입 경로를 이해할 수 있도록 선체 경사 도면들을 상기와 같이 첨부한다.

◉ 현재까지의 1심 결과 및 정부 측 진상 보고서는 당직 타수가 실수로 키를 대각도로 우회전 조타하여 선체 좌현 경사/우현 화물이 좌현 측으로 무너지면서 선체 급경사, 수밀 불량으로 침수/전복/침몰로 규정. 2심 및 3심에서는 자문단 조언을 받아들여 솔레노이드 밸브(Solenoid Valve) 고착으로 인한 조타기 고장이라고 판결하면서 3심에서는 조타기 고장이라는 확실한 증거가 없으므로 원인 규명이 더 필요하다는 쪽으로 최종 결론/판정을 했다.

◉ 필자는 인천 출항 시 GM이 약 48.35㎝ 정도로 불량한 상태에서 출항 → 사고 지점에 이르러 연료유 소모 약 22.2톤, 청수/식량소모량 등 약 45톤(검경합동 수사본부 발표 자료 인용)합계 약 67.2톤 소모되어 Draft는 약 2.92㎝ 감소, GM은 약 4.99㎝ 감소되어 사고 당시의 GM은 약 43.36 ㎝ 정도였을 것이나 유동수 영향을 감안하면 GGo=약 20.9㎝로 산출되므로 GoM=약 22.46㎝ 정도로 추정한다. 원목선에서 GoM 불량 시 자연적으로 발생하는 탑 헤비 쉽(Top Heavy Ship) 자연 경사 현상이 발생함 → 사고 당시의 선속이 약 17.5Knots였으므로 선체에 실려있는 사람, 승용차 컨테이너화물, 대형 트럭 등 모두 관성 모먼트(Moment)가 걸려 있는 상태에서 갑자기 탑 헤비 쉽(Top Heavy Ship) 자연경사현상이 GoM 22.46㎝ 정도에서 발생했으므로 선체가 갑자기 10도 전후로 급경사됨 → 운전 중이던 발전기가 제일 먼저 최저 운전 속도(Dead Slow Engine)로 전환/교류 전력 공급 중단/배터리 전원 공급 → 선체 좌현 경사로 4/15일 출항 직전에 선적한 승용차 10대 포함 그랜저급 미만의 승용차 30~40대는 화물 고박하지도 않은 상태로 출항해 버렸으므로 제일 먼저 초기 선체 10도 정도 자연경사 시에 좌현 측으로 무너졌을 것이며 KR 승인 화물 고박 요건의 50%밖에 화물 고박을 하지 않은 이전에 선적한 승용차/화물 트럭/컨테이너 등이 화물 도미노 현상으로 좌현 측으로 급속도로 무너짐 → 선체경사 좌현 약 10도(20㎝ 바이 더 스턴(By the Stern))~19도(선미홀수 6.50m일 때) 사이에서 자동 Setting해둔 5~10초 동안 지속적으로 수면 상부에 프로펠러가 노출될 경우에 우현 주기관 과속도 안전 장

치(Over Speed Trip) 작동으로 최저 운전 속도(Dead Slow Engine)로 전환 → 좌현 측 주기관은 몇 초 후 주기용 윤활유 저장 탱크(Sump Tank) 좌현 측 격벽에 윤활유 (L.O)가 부딪친 다음 탱크 천장을 타고 우측으로 되돌아오던 중 주기 윤활유펌프 끝단 파이프 부근에는 L.O가 거의 없어져 공기흡입 → 윤활유 저압 안전 장치(L.O Low Pressure Trip) 작동, 좌현 주기관도 최저 운전 속도(Dead Slow Engine)로 전환 → 선장 지시로 기관장이 주기관 2대 운전 정지시켜 조타기 타효 상실 → 08:52분경 선체속도 점점 저하 5.8Knots(사고 직전 17.5Knots) → 선수침로 225도 이상 선회지점 ⑥ 08:49:56초/침로 229도부터는 우현 측 주기관이 과속도 안전 장치(Over Speed Trip) 작동 시점부터 좌현 측 주기관이 윤활유 저압 안전 장치(L.O Low Pressure Trip)가 작동하여 각각 최저속도 운전상태(Dead Slow Ahead)로 전환된 시차만큼은 좌현 주기관이 정상적인 전속력(Full Ahead) 운전 속도로 편심 운전된 시간이 좀 더 우현 측 주기관보다 길므로 조타기와 좌현 주기관 간의 편심에 따른 선체 우회두력이 크게 미쳤을 것이다. 여기에 선체 침로를 140도에서 145도로 변침 시의 선체 우회두력+조류+풍력 4종류의 힘이 모두 다 좌현 측에서 우현 측으로 동일한 방향에서 밀므로 선체 우회두 속도 급증 후에 ⑧지점에서 전진 정점이 된 후로 272도로 침로가 바뀐 뒤 후진을 시작 → 선체경사도 42도 이상 되는 순간부터는 수선부(Water Line)가 차량램프 상단/C-갑판(C-Deck) 갑판상에 위치했음. C-갑판(C-Deck) 통풍관 상단은 선체 경사도 51도부터 해수 침입 시작했을 것이며 C-갑판(C-Deck) 화물창과 선미루 갑판(Poop Deck) 간 출입문이 화물차량 운전수들이 화물차 내에서 기거했으므로 출입문이 상시 열려 있었을 것이다. 또한 승객들도 경치 구경하러 선미루 갑판(Poop Deck)까지 내려옴. → 전술한 통풍관과 출입문을 통하여 다량의 해수가 선내로 침입 시작했을 것이며 → 통로를 따라 낮은 곳으로 난입하기 시작하여 급기야 선내 가장 낮은 곳에 위치한 기관실 내로도 해수가 폭포수처럼 쏟아져 흘러 들어갔을 것임 → 3항사 진술에 따르면 "기관장이 이상징후를 느끼고 기관실 선원들을 기관실 외로 긴급 대피시켰고 바로 선교에서 사라졌다"고 진술하고 있다. C-갑판(C-Deck) 출입문(선체 경사도 42도 이상) 및 통풍관(선체 경사도 51도 이상)으로 해수가 침입하기 시작하면 해수가 대량 난입하므로 여객 구역인 B-

갑판(B-Deck), A-갑판(A-Deck)도 09:45(선체 경사도 62도)~10:00경에는 이미 수면하에 놓이게 되었을 것임. → 08:48:35초경 사고 발생 시점부터 선체가 약 51도 경사진 09:18:28초경까지의 29분 53초, 약 30분간의 승객탈출 골든 타임(Golden Time)을 선장이 퇴선 명령을 하지 않아 놓쳤음. → 전쟁터에서 사령관 및 지휘관의 명령 없이 발포를 못 하듯 상선에서도 유사시에는 선장 지시 없이 어떤 행위도 할 수 없음/선원법상 징계 대상임. → 선체가 51도 경사 된 C-갑판(C-Deck) 출입문 및 통풍관으로 해수가 침입하기 시작하여 수분 정도 지나면 09:45분경 선체경사도 약 62도였으므로 승객들이 기거한 여객실인 B-갑판(B-Deck)/A-갑판(A-Deck)도 해수가 침입하게 되었을 것이며 → 선체는 102.5도를 향하여 계속 경사지다가 선체 경사도 48도를 넘어서는 순간부터 해수가 통풍관 및 C-갑판(C-Deck) 출입문을 통하여 침투하기 시작하면서 기하급수적으로 해수 침투량이 증가하여 D-갑판(D-Deck) 경유 선내 가장 낮은 장소인 E-갑판(E-Deck) 및 기관실에 해수가 폭포수처럼 침투하면서 선체경사 각도가 걷잡을 수 없이 증가하여 결국 전복/침몰의 결과로 나타나게 되었음.

제3장

해난 사고 과정 중 해운업계 전문가 및
국민들께서 궁금해하는 사안별 설명

# 1. 우현 측으로 기울지 않고, 좌현 측으로 선체가 기운 사유

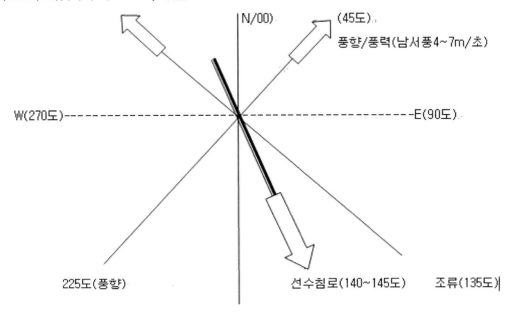

(315도)조류(북서 0.19knots/시간)

N/00)

(45도)
풍향/풍력(남서풍 4~7m/초)

W(270도)----------------E(90도)

225도(풍향)    선수침로(140~145도)    조류(135도)

※ 상기 도표에서 보다시피 선수침로가 140도에서 145도로 우회두하고 있는 도중에 바람은 선체 우현 측에서 좌현 측으로 밀고, 조류는 침로 역방향이기는 하나 약간 좌현 측에서 선체 수면 하부를 좌현 측에서 우현 측으로 밀고 있으므로 풍력/조류 간에 회전 우력이 생성되면서 자연스럽게 선체는 좌현 경사하게 된 것임. 3기사 진술: 쿵쾅 5초 후 선체 좌현 30도 경사

*4/16일 08:48:35초경 탑 헤비 쉽(Top Heavy Ship) 자연 경사현상이 발생했을 때 선체가 오른쪽으로 약 10도 정도 기울 것이냐 또는 왼편으로 약 10도 정도 기울 것이냐 하는 것은 선체에 미치는 외부의 힘에 기인하는데 선체의 수선 상부는 바람의 힘으로 오른쪽 방향 225도에서 45도 방향으로 불고 있었으며, 수선하부의 선체에는 조류가 좌측 135도 방향에서 315도 방향을 향해 북서쪽으로 0.19Knots 속도로 밀고 있었으므로 선체에 미치는 힘이 수선 하부는 조류에 의거 왼편에서 오른쪽으로, 수선 상부는 바람이 선체 오른편에서 왼편을 향하여 4~7m/Sec. 속도의 미풍으로 불고 있었으므로 선체가 우현 측에서 좌현 측으로 바람, 조류의 합성 우력으로 인하여 좌현 측으로 갑자기 약 2초 만에 탑 헤비 쉽(Top Heavy Ship) 자연 경사 현상으로 넘어졌다.

## 2. 2대의 발전기가 전력 공급 중단한 사유

1) GoM가 약 22.46cm에 근접하자 4/16일 08:48:35초경에 탑 헤비 쉽(Top Heavy Ship) 자연 경사 현상이 나타나면서 상기 1. 항에서 설명한 사유로 선체가 갑자기 2초 만에 좌현 측으로 넘어졌다.

2) 이때에 2대의 발전기가 운전 중이었는데 2대의 발전기용 윤활유가 적어 선체가 갑자기 좌현 측으로 10도 정도 기울자 발전기용 윤활유가 저장 탱크의 왼편으로 쏠렸다가 충격력으로 윤활유 탱크 격벽에 90도로 튕겨서 탱크 천장을 타고 오른편으로 이동했을 것이며 발전기용 윤활유 펌프 윤활유 흡입 파이프 끝단 부근에는 윤활유 부족으로 공기에 노출되어 윤활유 대신 공기를 흡입하게 되었을 것이다. 그 결과 윤활유 저압 안전 장치(L.O Low Pressure Trip)가 작동되면서 발전기를 보호하려 했을 것이므로 연료유를 줄여 최저속(Dead Slow Engine) 운전 속도로 발전기를 구동하면서 동시에 교류전력 공급을 차단했을 것이며 직류(DC)배터리 전원이 자동 접속되면서 항해/통신용 기기류, 조명등, 비상등 및 비상 기기류에 전원을 공급하게 되었을 것이다.

3) 여객선에는 발전기 전력 공급 불능 시에는 약 15초 간격으로 예비(Stand by) 발전기가 자동적으로 기동되어 전력 공급토록 설계되어 있으며 실패 시에는 비상용 발전기가 자동으로 약 15초 뒤에 재차 기동되도록 설계되어 있는데 '세월'호의 경우 예비(Stand by) 발전기 및 비상용 발전기가 자동적으로 기동되어 교류(AC) 전류를 공급해주지 못했던 것으로 판단된다. 왜냐하면 AIS 선박 자동 식별 장치가 08:48:37초부터 08:52:13초까지 3분36초 동안 작동하지 못했다.

## 3. 2대의 주기관이 운전 중 최저 운전 속도로 감속된 사유

GoM이 약 22.46㎝에 근접 → 탑 헤비 쉽(Top Heavy Ship) 자연경사 현상으로 약 10도 이상 선체 좌현경사 → 우현화물이 좌현 측으로 쏠리며 무너지기 시작 → 화물이 서서히 좌현 측으로 무너져 내리면서 선체 좌현 경사 더욱 커짐 → 이 한순간에 우현주기는 과속도 방지 장치(Over Speed Trip) 작동/ 좌현 주기는 윤활유 펌프 흡입 끝 단의 파이프로 공기 흡입, 윤활유 저압 안전 장치(L.O Low Pressure Trip) 작동 → 주기 운전 최저 운전 속도(Dead Slow Ahead) → 선장 지시로 기관장이 주기 운전 정지시킴 → 타효 사라짐 → 당직타수가 "타. 타가. 안 돼요, 안 돼."라고 외치며 키 핸들을 껴안고 있었음

1) 08:48분경 17.5Knots 이상의 선속으로 호수같이 잔잔한 바다 위를 항행 중이었으므로 육안으로는 선체 좌우/전후 움직임(Rolling/Pitching) 없이 선체가 미끄러져 가는 듯이 보일지 모르나 실제 바다 위에서는 아무리 잔잔한 바다라도 소각도의 선체 좌우/전후 움직임(Rolling/Pitching)이 상존하고 있다. 통상 GoM이 22.46㎝에 근접하는 순간 선체는 상술한 풍력/조류의 상승작용으로 좌현 측으로 탑 헤비 쉽(Top Heavy Ship) 자연 경사 현상이 나타나게 되어 선체는 갑자기 약 10도 정도 경사(1차 경사)지게 되었다.

2) 이때 우현 측 프로펠러는 선체 좌현 10도(20㎝ 바이 더 스턴(By the Stern))~19도 정도(선미 흘수 6.50m 때) 경사 시에 해수면 밖으로 노출되는 순간 과속도 방지 장치(Over Speed Trip)가 작동되어 최저 운전 속도(Dead Slow Ahead)로 운전했을 것이다(상기 제2장 첨부 도면 〈그림2〉 참조).

3) 탑 헤비 쉽(Top Heavy Ship) 자연경사현상으로 선체가 약 10도 정도 경사졌을 때 주기 윤활유 저장 탱크(L.O.Sump Tank) 내에 적재되어 있던 윤활유가 7.5㎘ 정도로 저장 탱크(Sump Tank) 용량(20.95㎘)의 36%밖에 없었으므로 탱크내부 좌현 쪽으로 쏠

리면서 충격 힘의 영향으로 탱크 상부 벽을 타고 우현 측으로 선회했을 것이다. 이때에 탱크 하부 측까지 뻗어 있던 윤활유 펌프 파이프 끝단이 공기에 노출되어 공기를 흡입했을 것이며 주기 2대 모두 윤활유 저압 안전 장치(L.O. Low Pressure Trip)가 작동되면서 운전은 최저 속도(우현 측 주기는 과속 방지 장치(Over Speed Trip)가 먼저 발생 후 윤활유 저압 안전 장치(L.O Low Pressure Trip)도 작용했을 것이다=주기 운전 최저 속도(Dead Slow Ahead))로 급감했다.

4) 약 10도 정도 선체가 기울 때에 선체 좌우 모멘트(Rolling Moment)가 부가되어 고박하지 않은 승용차(출항 임박하여 선적된 10대 포함 그랜저급 미만 승용차 30~40대) 화물들이 미끄러지기 시작하면서 고박(Lashing) 상태가 불량했던 자동차, 화물차량 및 컨테이너 화물들을 쳤고 08:49:47초경에는 도미노 현상을 일으키면서 쿵쾅 소리를 내며 좌현 선체에 부딪히면서 우현 측 화물들이 좌현 측으로 무너져 내려갔을 것이다.

이 한순간에 우현 측에 선적되어 있던 화물들이 좌현 측으로 미끄러지면서 충격 하중을 선체에 부과하게 되는데 정하중의 약 2배에 달함. 선적된 화물만의 무게가 약 2,181.69톤(화물+여객:2,227톤-여객 및 수하물의 무게 약 45.31톤=약 2181.69톤). 전수검사 결과 3,608톤이라는 모 신문사 자료도 있으나 필자의 전술한 객관적인 증거에 의거 화물량은 약 2,182톤이다. 우현 측의 최소한 1,091톤 정도가 미끄러져 무너지면서 약 2배의 동 하중으로 변하여 C/D Deck 좌현 측을 강타했을 것이다. 이때의 모멘트(Moment)를 대략 계산해 보면 화물중심은 프레임(Frame) No.122.5, 선체 중심은 프레임(Frame) No.96 부근이므로 프레임(Frame) 간격 26.5×0.7m/프레임(Frame) 간격(Space)=18.55m, 순 화물량은 약 2,182톤이므로 대략 2,182톤x18.55m=40,476.1톤.m 강력한 모멘트(Moment) 힘이 선체를 2초간 우회두 도중에 18도 좌회두시킨 힘이다. 한순간에 선체는 좌회전 힘과 우회전시키려는 힘이 서로 상쇄되고 우회전력이 더 컸으므로 잠시 2초간 멈칫하고 잠시 우회전한 뒤 좌현 30도 경사 시점에 멈추었다가 점차로 선체가 30도 이상 102.5도까지 2차로 서서히 복원력을 상쇄해 가면서 기울었을 것이다. 3기사가 진술한 대로 쿵쾅 소리 듣고 5초 후 약 30도 좌현 경사가 팩트이다. 이러한 현상이 08:49:47초경에 발생했다(08:48:35초 사건 발생 후 1분 12초 뒤).

5) 당직 조타수의 진술 내용: 선수침로가 145도를 넘어 08:49:15초경에는 침로가 150도로 변했으므로 "3항사가 좌현으로 키를 사용하라고 지시하기에 좌현 5도로 타각을 주었으나 조타기는 계속 우회두했고 다시 좌현으로 약 15도까지 키를 작동시켰으나 조타기는 계속 우회두했습니다.", "본선은 좌현으로 경사된 상태로 우회두했고, 본선이 순간적으로 약 30도 정도 심하게 경사되자 갑자기 선수갑판에 적재되어 있던 컨테이너가 좌현 측 해상으로 추락했습니다." → "본선이 경사지자 갑판부 선원들이 조타실로 올라왔고 평형수 버튼을 조작하는 등 조치를 취했으나 효과가 없었다"고 3항사 진술 → 우현 측의 주기관은 과속도 방지 장치(Over Speed Trip) & 그다음에 좌우현 주기관은 윤활유 저압 안전 장치(L.O Low Pressure Trip) 작동으로 최저속 운전 상태(Dead Slow Ahead)로 선속이 급감함 → 곧 선장 지시로 기관장이 2대의 주기를 운전 정지시켰다(선체의 추진력이 상실되는데 왜 선장께서 주기관을 정지시켰을까?).

6) 그렇게 주기 2대가 거의 동시에 운전정지해서 프로펠러가 고속으로 회전하면서 해수를 처 내지 못하게 되었으므로 조타수가 평소와 같이 소각도로 키를 써서 선수침로를 140도에서 145도로 우회두시키고 있는 와중에 주기 2대 모두 운전정지했으므로 타효가 없어졌다. 조타수가 키를 제대로 사용했었어도 145도 침로에서 의도한 대로 정침하지 못하고 선체 우회두 모먼트(Moment)의 영향으로 선속이 18~17, 17~16Knots 정도로 강할 때에는 침로 변경 속도가 서서히 느리게 우회두되지만 선속이 15Knots 이하로 떨어지고 주기운전이 정지된 상태에서 침로가 225도를 초과해서 우회전해 버리는 08:49:58초 이후부터는 9시 내지 9시 반 방향에서 조류를 받기 시작하고 풍력 또한 좌현에서 우현 쪽으로 11시~11시 반 방향에서 받게 되어 선체 우회두 힘(7,528.24톤. m/sec)+좌현 주기의 편심에 의한 선체 우회두력(2,976.75톤.m/sec)+조류(58.91톤/

sec)+풍력(9.86톤/sec) 4종류의 힘이 모두 다 좌현 측에서 우현 측으로 밀어부치므로 갑자기 선수 침로가 큰 선회 각속도로 우회두하고 272도를 가리키게 되었을 것임.그 결과 선체 항적도는 거의 진원이 아닌 표주박 형태로 나타나게 된다. 반면 타효는 27.827톤/sec 정도에 불과해 상술한 4종류의 힘을 감당할 수가 없다.

7) 선박 건조 후 시운전을 수없이 수행해 본 베테랑 도크 마스터 故 배정곤 씨(한국해양 대학교 21기생-65학번)의 설명을 들어보면 상술한 여건에서는 선속이 떨어지고 조류와 풍력이 순 방향으로 선체를 밀어주게 되면 갑자기 휙 돌아버린다는 것을 알 수 있다 한다. 한국해양대학교에서 용선론 등 강의를 했던 해운경영학박사 故 오학균 교수님 의 견해도 긴 선장경험을 바탕으로 GoM이 제로 내지 마이너스가 되지 않는 한 약 9,600톤이나 되는 거구의 선체가 잔잔한 바다에서 뒤집힐 이유가 없다는 것이다. 선 장 경험이 많은 두 분의 말대로 GoM이 매우 많이 불량하여 선체가 뒤집어지면서 대 형 참사를 불렀다는 데에 이의를 제기할 선장/항해사들은 없을 것이다.

GM만 한국 선급이 승인해 준 1.42M 정상 상태였다면 일 년 열두 달을 지속해서 하 드 포트(Hard Port, 35도 좌현), 하드 스타보드(Hard Stbd, 35도 우현) 운전을 계속해도 선 박은 절대로 전복되지 않도록 설계/건조되어 있으며 경사시험 등을 통하여 제반 검 사에 합격해야 선주 측에 인도된다.

8) '세월' 호 전복사고의 개요를 요약하자면 화물 과적 → 과적 화물량만큼 평형수 배 출하여 출항 전 검사를 통과(출항 전 한국해운조합의 선박검사원이 쌍안경으로 보니 선체 흘수(Draft) 6.20m였다 함)했을 것임(실제로는 3항사가 흘수(Draft)를 육안으로 부두 측에서 목격하고 6.10m였다고 진술하고 있음) → 인천 출항 후 약 11시간 44분 만에 사고 발생 했으므로 소모한 연료유량(약 28.31톤, 9,000마력 엔진 2대의 100% 추진 시의 연료유 소모 량/약 27.9톤-해양안전심판원추정치/약 22.2톤-검경 합동 수사본부 조사 보고치) 및 식수/조 리/샤워 목욕용 청수/식량소모량(인천/제주 항차 여객 100명당 약 10톤 소모 경험 실적이

있었다 하므로 승객 476명이었으므로 청수/식량소모량을 45톤으로 추정함). 합계 약 67.2톤(연료유 22.2톤+청수/식량 등 45톤=67.2톤)이 됨 → 세월호의 6.10m Draft(3항사 Draft 검사 결과)에서의 센티미터당 톤(Ton Per Centimeter)이 본선 사양서에 의하면 23톤이므로 67.2Ton÷23Ton Per Centimeter=2.92㎝로 산출됨. 즉 인천항 출항 당시의 홀수가 6.10m였다 하므로 사고시점인 4/16 08:48:35초경에는 세월호 홀수가 약 6.07m였을 것임. 사고지점의 GoM이 22.46㎝로 산출되므로 11시간 44분 전 인천항 출항 당시의 GM은 48.35㎝ 정도였을 것으로 추정됨(상세 산출 내역은 본 장의 (7)선박 복원성 검토에서 언급함). 여객선의 복원성 조건 중 가장 중요한 GoM, 액체의 이동방향(Free Surface Action)을 고려한 선박의 무게중심(G점)으로부터 경심인 메터 센터(Meta Center-M점)까지의 높이 값이 "출항하여 목적지 항 도착 시까지 최소한 0.15m 이상일 것."이라는 IMO및 선박안전법 조건을 충족하나, IMO A 749(18)& 3.2절(Clause) 요건들의 나머지 요소들은 충족하지 못하므로 인천 출항 시점부터 감항성 부족상태(본 건 관련한 상세 설명은 본 장 제(7) 선박 복원성 검토에서 언급)였다.

9) 문제는 하역업체가 실시한 화물 고박 상태만이라도 KR 승인한 100% 고박, 즉 승용차는 4바퀴 고박, 중량 화물차량은 8바퀴 고박만 했더라면 화물 붕괴가 없어 세월호가 10도 전후로 경사진 상태로 원목선들처럼 무사히 제주항에 입항했을 것이다. 또는 주기관이 작동되고 있었다면 병풍도나 동거차도에 임의 좌주시켜 일본의 M/V '아리아케(Ariake)'호처럼 무인도 임의 좌주로 승객 전원 무사할 수도 있었을 것이다. 하지만 화물 고박에 대한 책임 소재가 불분명하다. 또 주기를 0점 세팅(Zero Setting)하고 왜 재기동하지 않았는지 알 수가 없다. 사고 발생 직후 선장/기관장이 취해야 할 대응 조치로는 주기관 조정 레버(Main Engine Control Lever)를 0점 세팅(Zero Setting)한 다음 시동 공기조를 열어 좌현 주기관만이라도 재기동 시켜 선체에 타력을 유지하면서 가장 가까운 섬인 병풍도나 동거차도에 임의 좌주시켰더라면 선장/기관장은 일본의 동형선 M/V '아리아케(Ariake)'호 선장처럼 영웅 취급을 받을 수 있었을 것이다.

## 4. 사고 시점인 4/16 08:48:37초부터 4/16 08:52:13초까지 3분 36초간 AIS 항적도가 사라진 사유

1) 4/16일 08:48 분 37초에 침로 139도 선속 17.5Knots를 마지막으로 세월호 AIS 항적도는 사라짐.

2) 그 후 4/16일 08:52 분 13초까지 3분 36초간 항적도가 사라졌다. 08:52 분 13초 AIS 항적도가 다시 나타날 시점의 선수침로=245도, 선속은 5.8Knots였다(별첨 항적 자료참조).

3) 〈그림 1-2〉의 세월호용 AIS 항적도를 제외한〈표 1-8〉, 〈표 1-9〉, 〈표 1-10〉, 나머지 항적도들은 인근 타 선박/진도 VTS실 등 다른 선박/장소의 AIS에 나타난 세월호의 항적도이다. 세월호 AIS 항적도 원본을 한국해양대학교 김세원 교수로부터 입수/첨부한다(첫 번째 항적도 〈그림 1-2〉).

4) 발전기의 운전 정지한 시각은. 세월호 AIS 항적도가 사라진 08:48:37초일 것이다. "사고 발생 직후 선체를 바로 세우고자 선교에 설치되어 있는 힐링탱크(Heeling Tank) (P) 좌현 탱크 해수를 힐링탱크(Heeling Tank) (S) 우현 탱크로 이송을 선장이 시도했고 기관장이 기관을 정지하려고 기관 텔레그라프를 사용했으나 최저 속도 운전(Dead Slow) 상태이었기 때문에 선장이 기관을 정지한 것 같습니다. 배가 완전히 넘어가는 순간에 조타장치와 함께 기관 관련 경보도 작동했는데 누가 조치했는지 모르겠습니다"라고 3항사가 진술했는데 이는 "침로를 145도로 추가 변침 지시를 한 후 상황을 말씀해 주세요."라는 질문에 대한 3항사의 답변 내용이다.

질문: 조타수의 진술로는 타기가 정상적으로 작동되지 않았다고 하는데 이상이 없었나요?

3항사 답변: 선체가 전복되기 전에는 경보가 없었으나 선체가 완전 전복된 이후에 조타장치 경보가 작동되어 너무 시끄러워 제가 껐습니다.

질문: 조타기에 이상이 없었나요?

3항사 답변: 이상이 없었습니다.

질문: 본선이 경사되면서 어떤 조치를 취했나요?

당직 조타수 답변: 본선이 경사되자 갑판부 선원들이 조타실로 올라왔고 평형수 작동 버튼을 조작하는 등 조치를 취했으나 효과가 없자 선장이 기관을 정지하라고 지시했고 기관장이 정지했습니다. 기관을 정지하자 본선이 더 좌현으로 경사되면서 좌현 쪽 해상으로 쓰러졌습니다(선체 추진력 상실로 당연/선장이 좌현 주기 1대라도 재기동시켜서 선체에 추진 타력을 붙여 주지 않은 이유가 이해되지 않음-좌현 주기 1대라도 재기동시켜 병풍도나 동거차도 무인도에 임의 좌주 시켰더라면 얼마나 좋았을까? 수많은 아쉬움이 남는 부분임)

질문: 본선의 선체 좌우 요동 방지 장치(Stabilizer)는 어떤가요?

당직 조타수 답변: 인천대교를 벗어 난 후 작동시켰으며 조타실에서 기관실에 지시하여 기관실에서 작동시키고 있습니다.


5) 발전기: 〈3기사〉 비상발전기 OFF 시간은 09:15분이 맞다. 09:05분경 선장이 "발전기까지 꺼지면 안 돼." 해서 보니까 꺼져있어 "어, 불이 꺼졌네!" 하며 기관실로 달려감/09:18~21:카톡 내용-"전기 나감"(=비상전원중단을 의미) → 필자 추정: 08:48:37초 당초 AIS 최종 항적도가 사라진 시점에서부터 08:52:13초 당초 AIS 최종 항적도가 새로 나타난 시간 사이 운전 중이던 발전기는 운전 정지했을 것이며 2기사가 대기(Stand By) 상태에 있던 비상용 발전기를 기동하여 08:52분 13초에 전력공급 재개했을 것임(AIS 항적도 재차 나타나기 시작한 시각). 발전기가 어떤 사유로 전원공급을 못 하게 되면 비상 배터리 전원에 의해서도 AIS, 레이다(Radar), 조타기 등 항해용 기기류와 선실 내부 조명등 등은 작동되도록 설계되어 있는데 AIS가 작동되도록 배터리

DC 전력을 AIS 전원으로 변환시켜 주는 변환기(Converter)는 작동한 것 같은데 비상 배전반의 AIS용 스위치가 OFF 상태였거나 AIS가 노후하여 배터리 전력에 작동 못한 것 같다. 그리고 발전기 전원이 차단되었음에도 해난사고에 정신이 팔려 발전기가 최저속도 운전상태로 변환된 사실 자체를 인지 못 했던 것 같다. 주기는 08:48:37초경을 지나 몇 초 후에 과속도 방지 장치/윤활유 저압 안전 장치(Over Speed/L.O Low Pressure Trip)작동으로 최저속도 운전 상태(Dead Slow Ahead)로 회전속도가 급감하여 운전 중에 선체가 30도 정도로 심하게 경사져 갑판부 선원들이 선교에 모였으며 평형수 작동 버튼을 조작하여도 작동이 되지 않자 선장이 주기를 정지하라고 지시하여 기관장이 주기 2대의 운전을 정지했는데 이때가 08:49:47초경 쿵쾅 하는 굉음을 듣고 난 직후로서 3기사 진술대로 모든 경보기가 울고 있었기 때문에 과급기 서징(T/C Surging) 소리도 못 들을 정도로 경황이 없었으며 평형수 펌프도 작동이 되지 않았다는 3항사와 당직 조타수의 진술이 있으므로 발전기는 09:05분보다 훨씬 이전인 화물 도미노 현상으로 좌현 선체에 부딪힌 08:49:47초 전인 AIS 항적도가 사라진 08:48:37초경에 이미 운전 정지되었을 것으로 유추된다. 08:48:37초경 발전기가 윤활유 저압 안전 장치(L.O Low Pressure Trip)가 작동되어 최저속 운전(Dead Slow Ahead) 속도로 회전 속도가 급감하면서 전력 공급을 중단했을 것이다. 이때에 배터리 전원이 공급되었을 것이며 선실등(Lights), 항해등(Navigation Lights) 및 항해용 계기류에는 배터리 DC 전원이 공급되었을 것이나 AIS에는 배터리 배전반에 있는 AIS용 전원스위치(Switch)가 꺼져있었거나 직류/교류 변환기(DC/AC Converter) 또는 AIS가 노후 고장으로 밧데리 전원 사용 중에는 제 기능을 못 한 것 같다. 그 증거로 사고가 발생한 08:48:37초부터 AIS 항적도가 사라졌다가 08:52:13초에 AIS가 재가동되었기 때문이다. 4/15일 21:00경 선적한 승용차량 10대 및 그랜저급 미만의 승용차 20~30대, 합계 30~40대의 고박하지 않은 승용차량들이 탑 헤비 쉽(Top Heavy Ship) 자연 경사 현상으로 갑자기 10도 정도 좌현 측으로 기울자 미끄러져 좌현 측으로 움직여 갔을 것이며 고박율 50%밖에 안 되는 고박한 화물들도 고박이 터지면서 도미노 현상을 일으켜 우현 측 화물이 좌현 측으로 이동했다. 우현 측 화물 이동에 기인한 GoM 변화가 마이너스 1.1284m였으므로 선체가 전복 침몰되는 현상을 피할 수 있는 방도가 없어 불가항력이었다. 국가 재난대책본부가 가동되었더라도 해운/선박 전문가가 아무도 없어 속수무책이었을 것이다. 설상가상으로 좌현 연료유 탱크용 Air Vent로 해수가 침입하기 시작하여 GoM이 마이너스 1.1284m에 더욱 가중시켜 온 국민들이 TV를 통하여 보았듯이 서서히 전복/침몰했다.


## 5. 항적도가 거의 진원을 그리지 않고 표주박처럼 급속도로 우회전하게 된 사유

1) 주기관: 〈조기수〉 08:50분의 2~3분 후 양현 주기엔진 모두 꺼져 조용하다. 08:53분 주기를 껐으나 우현 기관은 미속 유지되다가 완전히 꺼진다(조기수의 주기 2대의 운전 정지한 시각이 당직 타수가 "타…. 타가…. 안 돼요, 안 돼."라고 외친 시각과 일치하지 않음)/이는 쾌속으로 운항하던 주기관이 운전정지해도 운전하던 관성이 있어 3~4분간 점점 회전 속도가 떨어지면서 프로펠러는 돌아갔을 것이다. 그러나 타효는 주기 운전 정지하면 거의 없어져 버릴 것이다.

2) 우현 엔진은 프로펠러가 해수면 상부로 선체 경사 시에 노출되어 과속도 방지 장치(Over Speed Trip)가 작동했을 것이므로 윤활유 저압 장치 및 과속도 방지 장치(Over Speed Trip) 두 가지가 모두 작동했을 것이다. 과속(Over Speed) 여파로 좌현 주기보다 오랫동안 돌고 있었을 것이다. 좌현 기관은 물속에 지속해서 잠겨 있었으므로 과속도 방지 장치(Over Speed Trip)는 작동되지 않았지만 전술해 드린 윤활유 저압 안전 장치(L.O. Low Pressure Trip))가 작동되어 최저속도(Dead Slow Ahead) 운전했을 것이다 → 08:48:35초경 선원들이 사고를 당하자 당황한 나머지 정확한 시간들을 기억하지

못하고 있는 것 같은데 당직 조타수의 경우 갑자기 조타용 키가 타효가 없어지므로 당황한 나머지 "타, 타가.", "안 돼요, 안 돼."라고 소리를 친 시점이 주기관 2대의 운전이 최저속도로 되고 08:49:13초경 선수 침로가 150도로 3항사 지시침로 145도를 넘긴 시각 부근이었을 것이다. 그렇지 않고서는 잔잔한 바다에서 멀쩡하게 잘 작동되던 조타기의 타효가 사라지면서 타가 듣지 않는 사고가 발생할 수 없다. 주기용 윤활유 저장 탱크(sump tank) 내 윤활유량은 통상 1등 기관사 또는 기관장이 최소한 80~85%를 유지하여 태풍, 악천후를 만나서 선체가 수일간 30~40도로 요동쳐도 공기가 윤활유 펌프 끝 단 파이프를 통하여 흡입되지 못하도록 상시 윤활유 소모량을 당직 때마다 계측(Sounding)하여 기록 유지한다(세월호의 경우 전술한 대로 주기용 윤활유 저장 탱크(sump tank) 용량 20.59㎘에 7.5㎘를 보유하고 있어 주기용 윤활유 저장 탱크(sump tank) 용량의 36% 유지. 너무 과소하여 윤활유 저압 안전 장치(Trip) 작동).

3) 검경 합동수사 본부 기록, 해양안전 심판원 기록 및 최근 입수한 전문가 자문단 보고서에 따르면, 항해 관련 승무원들이 사고 당시 키를 15도 이상 35도까지 우현 조타한 사유 때문에 대각도 선회했고 이로 인하여 좌현 급경사가 발생한 것이라고 공통되게 진술하고 있다. 그래서 당직 조타수가 키를 정상 작동한 동안에는 3항사의 지시대로 5도 이내의 소각도로 키를 끊어서 사용하여 원하는 침로 각도로 잘 운전해 왔으나 필자가 언급한 사유로 주기 운전 정지한 시점 이후, 즉 침로 142~145도 08:48:37초 조금 지나서부터 키가 듣지 않으므로 당황한 나머지 우현/좌현 대각도 여러 방향으로 키 핸들(Key Handle)을 돌려 보았을 것이다. 그러나 이미 주기운전이 정지된 시점에는 타면적 17.522㎡로는 어느 각도로 타를 사용해도 프로펠러가 해수를 차 내는 힘이 최저속도(Dead Slow Ahead)로 급감했으며 곧 선장 지시로 기관장이 2대의 주기를 운전 정지했으므로 타효가 사라져 버렸다. 약 9,600톤 무게(선체무게 6,213톤+적재재화톤수 3,386.6톤)의 거대한 선체에 140도에서 145도로 우선회 모먼트(Moment)가 걸려 우 선회 도중에 주기운전 최저 운전 속도(Dead Slow Ahead)로 변한

뒤, 정지했으므로 프로펠러에 전달되는 힘이 없어지고 프로펠러는 관성으로 회전하고 있을 뿐이므로 선속이 급격히 떨어지기 시작하면 타면적 17.522㎡에 미치는 타효만으로는 약 9,600톤 정도의 우회두 선체 모먼트(Moment)를 정지 내지 좌현 측으로 역전시킬 수 있는 물리적 힘이 역부족한 상태이다(상세 역학관계는 3장 (5) 항에서 산출 제시했음).

당직타수는 주기운전 정지되어 타효가 사라졌다는 사실을 모르고 있을 것이며 선장 등 모든 사람들이 타를 급격하게 사용하여 선체가 우회두하면서 좌경사가 심하여 선체가 전복에 이른 것으로 알고 있어 당직타수는 자기 자신의 조타 행동을 합리화하지도 못하고 있는 것 같다.


4) 앞에서 여러 번 언급했듯이 선수 침로가 225도를 넘어가 버린 시점부터는 기존의 선체 우회두 관성 모먼트(Moment, 7,528.24톤. m/sec.)+우현 주기관보다 좌현 주기관이 몇 초간 더 전속력으로 항진했으므로 선체 중심선에서 4.9m 좌현 편심력에 의거, 강력한 우회두력이 발생했을 것이다(2,976.75톤.m/sec).+북서방향(135도)으로 0.19Knots 정도로 도도하게 흐르는 좌현 90도~95도 각도의 조류(58.91톤/sec)+풍향/풍속까지도 11시~11시 반 각도로 좌현에서 우현 쪽으로 밀기 시작했으며(9.86톤/sec) 더욱이 선체가 추진력을 거의 잃어버린 상태이므로 조타기 좌현 15도 시의 타력 27.827톤/sec로는 선체를 좌회두시킬 수 없었을 것이다. 그 결과로 선체가 길쭉한 표주박 형태로 급선회하게 되었을 것이다.

| 시각 | 선수 침로각도/조류 및 풍력크기 | 비고 |
|---|---|---|
| 4/16 08:48:37초 | 139도 <사고 발생 시점/주기 발전기 최저속 운전/발전기 전기공급 중단 시점> | 세월호 AIS 항적도 사라진 시각 사고 발생 시점 약 2초 후/발전기 최저속 운전 상태로 전환 |
| 4/16 08:48:44초 | 140/7.26톤/sec&13.89톤/sec | 조류 135도/풍력 225도로 선수침로 기준 조류좌현 5도/풍력우현 85도로 풍력이 큼 |
| 4/16 08:49:13 | 150/21.56: 13.46톤/sec | 침로에 조류 15도 풍력 75도로 조류 힘이 약 1.6배 큼 |
| 4/16 08:49:19 | 158/32.55: 12.83톤/sec | 조류 23도/풍력 67도 조류 2.54배 큼 |
| 4.16 08:49:25 | 161/36.52: 12.53톤/sec | 조류 26도/풍력 64도 조류 2.9배 큼 |
| 4/16 08:49:26 | 162/37.82: 12.42톤/sec | 조류 27도/풍력 63도 조류 3배 큼 |
| 4/16 08:49:30 | 166/42.90: 11.95톤/sec | 조류 31도/풍력 59도 조류 3.6배 큼 |
| 4/16 08:49:36 | 178/56.82: 10.2톤/sec | 조류 43도/풍력 47도 조류 5.57배 큼 |
| 4/16 08:49:37 | 180/58.91: 9.86톤/sec | 조류 45도/풍력 45도 상쇄, 조류가 풍력보다 58.91톤 -9.86톤/sec 큼 |
| 4/16 08:49:40 | 184/ 62.87: 9.15 톤/sec | 조류 49도/풍력 41도 조류가 6.87배 |
| 4/16 08:49:44 | 199/74.88: 6.11 톤/sec | 조류 64도/풍력 26도 조류가 12.25배 큼 |
| 4/16 08:49:45 | 213/81.49: 2.90 톤/sec | 조류 78도/풍력 12도 조류가 28.1배 큼 |
| 4/16 08:49:47 | 231 <좌현외판에 화물 도미노 현상으로 충격, 쿵쾅 하는 굉음 발생 시점> | 45초/47초 사이에 선체 충격 하중이 미쳐 선수 좌현 18도 2초간 급반전 후 원래 침로 복귀 |
| 4/16 08:49:56 | 229 | 상기사유로 9초간 2도 변침 |
| 4/16 08:50:00 | 234/82.29: 2.18톤/sec | 조류 99도/풍력 -9도로 조류 및 풍력 모두 좌현에 미침 |
| 4/16 08:50:06 | 242/79.67: 4.08톤/sec | 조류 107도/풍력 -17도 " |
| 4/16 08:50:10 | 246/77.78: 5.00톤/sec | 조류 111도/풍력 -21도 " |
| 4/16 08:50:16 | 251/74.88: 6.11톤/sec | 조류 116도/풍력 -26도 " |
| 4/16 08:50:48 | 272/56.82: 10.36톤/sec | 선체 진행방향 정점 |
| | 침로 225도 이후 선수 140도 → 145도 우회두력 +우현 주기관보다 좌현 주기관이 몇 초간 더 전속력으로 항진했으며 편심력에 의거 강력한 우회두력이 부여됨+조류+풍력 모두 좌현에서 우현 측으로 작용하게 되어 선회각도 급선회하게 된 것임. 항적도 표주박 형태 | |

## 6. 거의 정북 방향으로 선체가 표류하게 된 사유

1) 2014 4/16 08:52:13초 위치 ⑨지점 이후의 선박 표류 방향과 속도를 보면 4.48Knots/hour 속력으로 정북쪽을 향해 표류하기 시작했는데 그 사유는 남서풍 4~7m/sec의 풍압이 수면 상부의 선체에 미치고 있기 때문이며 90도 각도를 이루는 상기 4)항 필자소견 및 아래의 Factor 도표 참조하시면 쉽게 이해될 것이다. 즉 조류의 북서 Factor(135도)와 풍압 Factor(45도)를 90도 각도로 삼각형으로 이은 새로운 Factor의 힘으로 선체는 정북 방향으로 4.48Knots/hour 속도로 표류하다가 전복 침몰된다. AIS 항적도상에 정북 방향으로 선체가 이동한 것으로 볼 때 NW 조류의 세기와 SW 바람의 세기가 거의 대등하게 선체에 작용한 것으로 아래 Factor 그림을 보면 이해될 것이다. 아래 〈Factor 그림〉 참조하라.

2) *선수침로 140~145도 시점: 조류는 선수에 5~10도로 좌현 역방향. 풍력은 80~85도로 우현 작용(조류보다 풍력의 힘이 다소 강하여 선체의 우회두 속도를 느리게 했을 것임).

3) 선수침로 180도 시점: 조류는 선수에 좌현 45도 역방향. 풍력도 45도 우현 역방향
   → 이전보다 선수 우회전 속도가 더욱 빨라졌을 것임. 조류가 풍력보다 약 6배 강하다.

4) 선수침로 225도 이후: 조류는 90도 좌현 정횡방향/풍력은 선수 정역방향이므로 선수침로 우회두 속도가 더더욱 크다.

5) 선수침로 272도 시점 조류는 선수에 좌현 137도 순방향/풍력은 47도 좌현 역방향으로 작용하여 선체가 거의 정북 방향으로 떠밀려 내려간다.

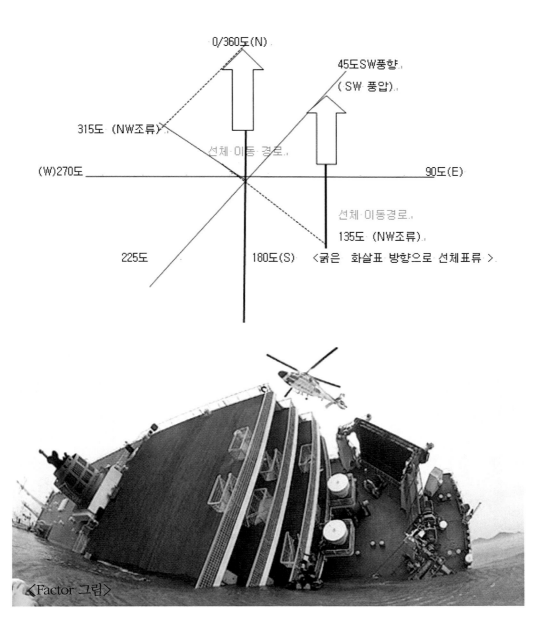

〈Factor 그림〉

6) "사고 당시 선교 조타실에 있던 기관장은 "선체가 좌현 급경사한 후 조타실에서 원
격 조정 장치로 양측 주기관을 정지시키고자 했으나 경황이 없어 좌현 측은 완전히
정지시키지 못했지만 곧 이를 발견하여 이마저 모두 정지시켰다."라고 전문가 자문

단. 보고서 발췌록에 명기되어 있으나 정확한 시각이 기재되어 있지 않고, 조기수는 "08:50분에서 2~3분 후 양현 엔진이 모두 꺼져 조용함. 08:53분 주기 껐으나 우현 기관은 미속 유지되다가 완전히 끔."이라고 진술한다. 또한 3기사의 진술내용이 진실에 가깝게 여겨진다. 즉 "쿵쾅 굉음은 GoM 불량으로 선체가 좌현 쪽으로 기울 때에 화물이 도미노 현상으로 좌현 쪽으로 무너져 내리면서 선체 좌현 외판(Shell)을 친 폭음이며 5초 후 약 30도 경사되었다."고 진술했는데 이러한 진술이 자연스러운 사고 현황을 말해주고 있다. 당직 조타수가 우왕좌왕하면서 "타. 타가…. 안 돼요. 안 돼." 라고 말한 시각은 08:48:37초경 최초로 선체 자연경사 현상이 대두되면서 선체가 갑자기 10도 정도로 좌현 측으로 경사되는 순간에 먼저 운전 중이던 발전기가 윤활유 저압 안전 장치(L.O. Low Pressure Trip) 작동으로 최저속 운전 상태로 전환되면서 교류전력 공급이 중단되고 비상 배터리 전원이 공급됨. 수초 후 선체 경사도가 10~19도 사이 어딘가에서 우현 주기는 과속도 방지 장치(Over Speed Trip)가 작동/몇 초 후에 좌현 주기는 우현 주기와 함께 윤활유 저압 안전 장치(L.O Low Pressure Trip)가 작동되어 연료급감/주기 회전수를 최저속 운전(Dead Slow Ahead Engine) 속도로 급감속시켰다. 그리고 좌현 측에서 평형수 이동을 우현 측으로 시도했으나 실패하자 선장 지시로 기관장이 최저 운전(Dead Slow Ahead) 속도로 회전 중이던 2대의 주기를 운전 정지시켰다. 이때 주기 2대 모두 윤활유 저압 안전 장치(Low Pressure Trip) 작동 및 우현주기 과속(Over Speed)으로 최저 운전 속도(Dead Slow Ahead) 운전상태였을 것이다. 선장의 지시로 기관장이 선교에서 주기를 정지시킨 것은 과속도 방지 장치(Over Speed Trip), 윤활유 저압 안전 장치(L.O Low Pressure Trip) 작동으로 2대의 주기가 최저속 운전 상태(Dead Slow Ahead)로 운전 중일 때에 운전 정지시켰을 것이다.

7) 기관장이 진술한 내용으로 "사고 발생 시점에 주기, 발전기, 펌프 등 기타 보기 모두 다 기관실 기기들은 이상 없이 작동했다"는 1심 기록이 보인다. 필자의 눈에는 면피성 발언으로 보이나 1심/2심/대법원 3심까지 아무도 기관장의 발언을 이상히 여긴

자가 없었다. 발전기 및 주기관의 안전 장치 작동으로 비정상적인 운전을 하고 있었다는 사실을 아무도 언급하지 않고 항해 부문과 화물 과적 등 갑판 부문만으로 원인 추적을 했으므로 진실된 사고 원인 분석이 불가능했던 것이다.

3항사/3기사의 진술내용과 당직조타수의 당황한 목소리는 자연스럽게 연계가 되나 기관장의 기관실 기기류 정상 및 주기관을 정지시켰다는 진술은 자연스럽지도 않고 무리하다는 생각이 든다.

주기 엔진이 꺼지는 소리를 듣고 놀라 선교(Bridge)에 있는 주기 원격 조정 장치 핸들을 선장 지시에 의거, 스톱(Stop) 위치로 내렸다고 표현하는 것이 맞을 것이다. 주기 운전이 정지한 뒤 선교에서 주기 0점 세팅(Zero Setting) 후 재기동 시도를 했는지 묻고 싶다. 선장이 주기관 운전 정지를 지시한 이유를 알 수 없다. 좌현 주기라도 지속적으로 운전되었다면 선체 추진 타력이 있으므로 선체 횡 경사도를 줄여주는 효과도 있다. 또한 선체가 경사 된 후에 1항사/선장과 함께 선체를 바로 세우고자 우현 측 평형수 탱크에 평행수 펌프(Ballast Pump)와 G.S 펌프(General Service pump)를 가동하여 해수/평형수를 주입하는 노력을 했다고 진술서에 나와 있는데 펌프 구동에 실패했다. 선교에 있는 좌현 힐링탱크(Heeling Tank)의 평형수(Ballast Water)를 우현 측 힐링탱크(Heeling Tank)로 이동시켜 선체를 바로 세우려고 시도했으나 실패했다는 법정 기록이 보인다. 왜 실패했을까? 08:49:47초경 쿵쾅 소리가 난 후 5초 뒤에 선체가 좌현 30도로 경사져 있었다고 진술했다. 3기사의 진술대로 기관실 내 콘트롤 패널(Control Pannel)에 있는 수많은 경보기가 작동하여 울어대므로 공기 과급기(Turbo Charger)의 찌잉 하는 서징(Surging) 소리도 듣지 못할 정도로 혼란스러운 상황하에서 모든 경보기가 작동하면서 리셋하기도 전에 힐링 펌프(Heeling Pump)를 기동하여 자동장치가 작동불능 상태였을 수가 있다. 더욱이 이 시간대에는 이미 08:48:37초경부터 주 발전기가 최저속(Dead Slow) 속도로 전력 공급 상실하고 배터리 전원에 의존하던 시간대이므로 펌프 작동 불가했을 것이다. 주기를 재기동하여 인근의 병풍도나 동거차도 무인도 섬에 임의 좌주라도 했더라면 모든 인명은 구할 수가 있었을 것이다.

일본 오키나와를 오가던 M/V '아리아케'호는 황천으로 화물 고박이 터지면서 선체가 심하게 기울어져 더 이상 항해가 불가능하다는 판단을 선장이 하고 인근 무인도에 임의 좌주시켜 모든 인명을 구조했다. 이 배는 '세월'호를 건조한 일본의 동일 조선소에서 신조한 동종 여객선이었다.

## 7. 선박 복원성 검토

선박 복원력 산출 이론 및 서식 등은 항해사/기관사 등 전문 해기사 출신들에게는 좋은 정보자료이나 일반인들께는 무미건조하고 어려우므로 굳이 내용을 이해하려고 애쓰지 말기를 권한다. 결과 수치만 읽으면서 사고 발생 경위 등 큰 줄기만 이해하면 족하다고 사려된다.

<표 3-1. 세월호 개조 전후 비교>

| | 구분 | 개조 이전 | 개조 이후 | 비고 | 사고 당시 자료 |
|---|---|---|---|---|---|
| 1 | 총 톤수(G/T) | 6,586톤 | 6,825톤 | 239톤 증가 | |
| 2 | 만재배수량 | 9.907톤 | 10,014톤 | 107톤 증가 | 9,599.60톤 |
| 3 | 경하중량 | 5,926톤 | 6,113 / 6,213톤 | 초기경사시험 시 63톤 과소 산정/ 사고 당시 6,213톤 | 제1회 정기검사 후 A갑판 전시실에 대리석 37톤 추가/6,213톤 |
| ,4 | 화물+여객 | 2,525톤 | 1,078톤 | 1,457톤 감소 | 2,227톤 |
| 5 | 선박 평형 수 적재량 | 370톤 | 1,703톤 | 1,333톤 증가 | 580톤 선적 |
| 6 | 연료유 | 548톤/74톤 | 560톤/56톤 | 사고항차 | 150.6톤 |
| 7 | 식량 등 | 170톤/ 166톤 | 170톤/166톤 | 사고항차 | 170톤/166톤 |

| 8 | 청수 | 368톤/74톤 | 290톤/29톤 | 사고항차 | 259톤 |
|---|---|---|---|---|---|
| 9 | 재화중량 | 3,981톤 상기 4, 5, 6, 7, 8항 합계 | 3,801톤 상기 4, 5, 6, 7, 8항 합계 | 배를 제외한 화물과 승객 등의 무게 감소 180톤 | 3,386.6톤 |
| 10 | 화물적재최대량 | 2,437톤 | 987톤 | 1,450톤 감소 TON/㎝=23톤 사고항차 순화물량: 약 2,181.69톤 화물 과적량: 1,149.09톤 | 여객무게91톤 (1,078톤-987톤) ÷956명(최대탑재인수)=1인당 95.19㎏(휴대품포함)/2,181.69톤 |
| 11 | 흘(Draft) | 6.26m | 6.26m/6.30m | 사고항차/인천 사고시점흘수 | 목측6.10m: 3/O 6.07m |
| 12 | 복원성(GoM) | 0.98m | 1.42m | 유동수영향: 인천출항 시GM 사고 GM/GoM | GGo=20.9 48.35㎝ 43.36㎝/22.46㎝ |
| 13 | 최대승선인원 | 840명 | 956명 | 116명 증가 | 사고항차 476명 (45.31톤) |
| 14 | 무게중심 | 11.27m | 11.78m+0.08m =11.86m | 0.51m 상승/ A갑판 대리석 공사 후 0.08m 상승 | 11.86m |

- 유동수의 영향:유동수 무게b'가 b'm 방향으로 작용/체적이 v인 유동수의 경사축에 대한 자유표면의 2차 모먼트(Moment)를 i라 하면 bm=i/v, GGo=GM 값의 감소량. GG'=i/V×φ/φ'
- 선체 경사의 수정: 중량 w(톤)를 d(m)만큼 횡방향으로 수평이동하면 GGo=w×d/Δ(m), Tanθ=w×d/Δ×GM
- 또 중심에서 횡 수평거리 d(m) 되는 곳에 중량 w(톤)를 적양하면 GG'=(±w)×d/Δ+(±w)(m) 이때의 선체경사는 tanθ=(±w)×d /{Δ +(±w)×GM

※ 단, Δ는 만재배수량(톤)임.

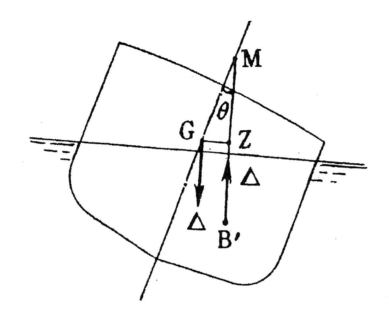

<그림 3-1> 선체 경사 시의 GM 및 Z, 부력 B'의 변화 도면

화물과적량 산출

- 사고 당시의 최대 재화중량=3,386.6톤(표 1 '세월'호 개조 전후 비교 자료 참조)

- 흘수여유량=6.30m-6.10m=0.20m(20cm)×23ton/cm=-460톤

- KR 자료 경하중량 6,113톤+초기경사 시험 시 과소산정 63톤 및 제1회 정기검사 후 A 갑판 전시실에 대리석 37톤 추가공사분을 합하여 총경하중량=6,213톤

- 사고항차 재화중량톤=3,386.6톤

- 사고항차 총선적화물승객량= X 톤=3,386.6톤-1,159.6톤(평형수, 연료유, 식량 등, 청수량)=2,227톤

- 순화물량=2,227톤-45.31톤(476명 탑승객 x 0.09519톤/인)=약 2,181.69톤

- 화물 과적량=평형수 배출량(1,703톤-580톤=1,123톤)+연료유/청수/식량 등 부족량 (1,020톤-579.6톤=440.4톤)-흘수 여유분(6.30m-6.10m=20cm, ∴ 20cm x 23톤/cm=-460톤)+ 승객 여유분: 91톤(956명분)-45.31톤(사고항차 탑승객 476명분)은 45.69톤= 1,149.09 톤/화물 과적량

- 총선적 화물량=(KR 승인한 화물+여객무게=1,078톤)-여객 및 수하물 무게(45.31톤)+화 물 과적량 (1,149톤)=약 2,181.69톤

∴ 화물+여객 무게=총선적 화물량+탑승객 및 휴대품 무게=2,181.69톤+45.31톤=2,227톤

<표 3-2> 각 갑판(Deck)별 화물량: 시물레이션 화물량/선체 인양 후 산출 화물량/필자 산출화물량

| Deck | 총무게/<br>정부자료<br>(Ton) | 품명(Item) | 수량 | 무게(Ton) | 선체 양육 후<br>산출무게 | 필자<br>산출 무게<br>(톤) |
|---|---|---|---|---|---|---|
| Navig | 2.76 | 선원(휴대품 포함) | 29명 | 95.19㎏ x 29<br>명=2.76톤 | 2.76톤 | 2.76 |
| A | 30.93 | 수학여행 학생 | 325명 | 95.16x325명<br>=30.93톤 | 30.93톤 | 30.93 |
| B | 11.61 | 일반 승객 | 122명 | 95.16x122명<br>=11.61톤 | 11.61톤 | 11.61 |
| Tween<br>Deck | 42.5/41.46 | 세단(Sedan car) | 24 | 33.7 | 차량 33대: 41.46 | 41.057 |
| | | RV | 1 | 1.4 | | |
| | | 소형차(Small car) | 8 | 7.4 | | |
| C | 794.5/<br>선수갑판:<br>406.389<br>화물칸:<br>348.562 | 컨테이너(container) | 45 | 202.5 | Cont.:70.97<br>화물:114.72 | 선수갑판<br>402.448<br>화물칸:<br>345.183 |
| | | 철재(Steel materials(86B/D)) | 1 | 135.0 | 철근: 138.13 | |
| | | 파이프(Pipe) & 샤시(chassi) | - | 27.8 | 28.609 | |
| | | H-빔(H-beam(95본)) | - | 54.0 | 53.96/선수 | |
| | | 1.0톤 트럭 | 18 | 43.1 | 차량 98대:<br>293.524 | |
| | | 2.5톤 트럭 | 1 | 3.3 | 차량화물12대 | |
| | | 5.0톤 트럭 | 12 | 171.4 | :53.20 | |
| | | 세단(Sedan car) | 31 | 47.4 | 컨테이너:1개 | |
| | | RV | 23 | 45.1 | 1.45 | |
| | | 소형차(Small car) | 10 | 10.8 | 컨테이너화물: | |
| | | 굴착기(excavator) | 1 | 13.1 | 1종:0.388 | |
| | | 구조차(Wreck car) | 1 | 41.0 | 화물칸 348.56 | |

| | | 목재(woods) | 1 | 63.3 | |
|---|---|---|---|---|---|
| D | 1,137.4<br>1,126.727 | 파이프(pipe) | 3 | 18.4 | 20.704 |
| | | 잡화 | - | 89.0 | 300.513 |
| | | 석재와 타일(Stone & tile) | 10 | 115.8 | |
| | | 컨테이너(container) | 7 | 31.5 | 11.66 |
| | | 철재(Steel materials) 153B/D | 2 | 270.0 | 272.576 |
| | | 트레일러(Trailer) | 3 | 150.0 | 차량 54대: |
| | | 빈 트레일러(Empty trailer) | 1 | 5.2 | 264.031 |
| | | 5톤 트럭 | 15 | 272.5 | 차량화물 19대 |
| | | 2.5톤 트럭 | 1 | 3.0 | 257.243 |
| | | 1톤 트럭 | 4 | 7.7 | 합계: |
| | | 세단(Sedan) | 1 | 1.5 | 1,126.727 |
| | | 굴착기(Excavator) | 2 | 11.4 | |
| | | 지게차(Forklift) | 1 | 4.1 | 1,115.803 |
| | | RV | 22 | 46.0 | |
| | | 18톤 트럭 | 1 | 41.6 | |
| | | 소형차 | 3 | 2.8 | |
| E | 311.7<br>280.267 | 컨테이너(Container) | 30 | 123.0 | 46.78 |
| | | 자루(type 1) | 20 | 115.9 | 컨테이너 화물<br>52.437 |
| | | 자루(type 2) | 4 | 11.6 | 사료/철좌대<br>80B/D: 128.65 |
| | | 잡화 | - | 25.2 | 52.4 |
| | | 목재(wood) | 2 | 29.0 | 277.549 |
| | | 석재와 타일(Stone & tile) | - | 7.0 | |
| 총여객<br>및<br>화물량 | 2,286.1<br>2,248.805 | | | 2,286.1톤<br>2,248.805톤 | 2,227톤 |

단, 필자가 산출한 각 갑판(Deck)별 화물량은 산출된 총화물량 2,227톤을 선체 양육 후 산출 무게에 관한 각 갑판(Deck)별 %를 곱하여 배분한 수치임.

## 1) 상술한 화물/승객 중량을 토대로 인천 출항 당시의 GM을 산출

상술해 드린 제반 여건을 고려하면서 2014년 4월 15일 19:05분경 세월호가 인천항을 출항 당시의 GM을 산출해 보고자 한다.

각 갑판별 실제 선적 예상 화물량

    (ㄱ) 항해 선교 갑판(Navigation Bridge Deck): 선원 29명×95.19kg=2.76톤(0.1239%)

    (ㄴ) A-갑판(Deck): 수학여행 학생 325명×95.19kg=30.94톤(1.3889%)

    (ㄷ) B-갑판(Deck): 일반승객/122명×95.19kg=11.61톤(0.5213%)

    (ㄹ) 트윈 갑판(C-갑판 내 2층 갑판): 차량33대/41.057톤(1.8436%)

    (ㅁ) C-갑판(Deck): 선수 갑판/402.448톤(18.0713%)+화물칸:345.183톤(15.4999%)

    (ㅂ) D-갑판(Deck): 1,115.803톤(50.1034%)

    (ㅅ) E-갑판(Deck): 277.549톤(12.4629%)

    (ㅇ) 기타 자료

    • 탑승객 476명 및 휴대품 무게(항해 선교 갑판(Navigation Bridge Deck)/A-갑판(Deck)/B-갑판(Deck)): 476명×95.19kg/명=45.31톤. 승객 무게 감소분=최대정원 956명의 무게(수화물 포함)91톤-45.31톤=45.69톤

    • 추가화물량: 평형수 부족분(1,123톤)+연료유 부족분(409.4톤)+청수 부족분(31톤)+여객 부족분(45.69톤)-홀수(Draft) 여유분 460톤=합계 약 1,149.09톤(화물 과적량)

    • 화물평균높이=9.386m(각 갑판(Deck)별 예상 선적 화물량의 비례로 산출한 각 갑판(Deck) 평균 값)

    • 평형수 평균높이=4.72m(각 평형수 탱크별 총평형수량 비례로 산출한 평형수 평균값)

- 연료유 평균높이=4.76m(각 연료유 탱크별 총연료유량 비례로 산출한 연료유 평균값)
- 청수 평균높이=2.3885m (각 청수 탱크별 총청수량 비례로 산출한 청수 평균값)
- 식량 등 평균높이=18.9m(B 갑판(Deck)에 냉장고 식당)
- 평형수 평균높이와 화물 평균높이와의 차이=9.386m-4.72m=4.675m
- 연료유 평균높이와 화물 평균높이의 차이=9.386m-4.76m=4.626m
- 청수 평균높이와 화물 평균높이의 차이=9.386m-2.3885m=6.9975m
- 여객 평균높이와 화물 평균높이와의 차이=9.386m-20.37m=-10.984m
- 식량 등 평균높이와 화물 평균높이와의 차이=9.386m-18.9m=-9.514m

(ㅈ) GM 감소분={1,123톤×4.675m+409.4톤×4.626m+31톤×6.9975m+2톤×(-9.514m)+45.69톤×(-10.984m)+460톤×4.72m}/9,599.60톤=약 0.9365m 감소

(ㅊ) 그러므로 인천 출항 시 GM=1.42m(KR 설계 GM)-0.9365m=0.4835m, 즉 48.35㎝로 추정됨

(ㅋ) 사고 지점까지 11시간 44분 항해에 소모된 연료유 약 22.2톤+청수, 식량 등 소모량 약 45톤을 감안한 복원력 변화=67.2톤×7.13m(무게중심 G, 11.86m-4.73m/청수, 연료유 평균높이)/9,599.6톤=0.0499m이므로 사고 지점에서의 GM=48.35㎝-4.99㎝,=43.36㎝로 예상됨. 유동수 영향 GGo=20.9㎝가 되어 GoM=약43.36㎝-20.9㎝=22.46㎝가 되어 탑 헤비 쉽(Top Heavy Ship) 자연경사현상이 나타난 것으로 추정됨

(ㅌ)유동수 영향에 의한 GM 값의 수정 보완:

- 한국해양대학교 제9기생(항해학과)으로 학장을 지내신 양시권 교수님과 한국해양대학교 제24기생(68학번/항해학과)으로 총장을 지내신 김순갑 교수님 공저인 『선박적하』 기본편 제2편 선박적하 총설 (3) 유동수의 영향 책자를 복사한 아래의 그림 2-4-17 참조.

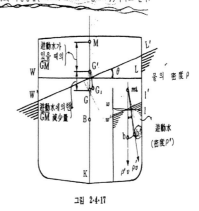

심 b는 b'로 이동하게 된다.

그런데 유동수의 무게는 b'를 통하여 b'm방향으로 작용하게 되므로, 유동수는 m점에 집중한 고체와 같은 영향을 선박에 미친다. 이 m점을 유동수의 가상중심(Virtual center of gravity)이라고 한다.

그림 2·4·17

체적이 $v$인 유동수의 경사축 $\phi$에 대한 자유표면의 2차 Moment를 $i$라 하면

$$bm = \frac{i}{v}$$

유동수의 중심이 b에서 m으로 상승함에 따라 선체의 중심 G는 $\overline{GG'}$만큼 상승한 것과 같이 된다. 이 상승량이 곧 GM값의 감소량이 된다.

선박의 배수용적을 $V$, 해수밀도를 $\rho$, 유동수의 용적을 $v$, 유동수의 밀도를 $\rho'$라 하면,

$$\overline{GG'} = \frac{v \times \rho' \times bm}{V \times \rho} = \frac{v \times \rho' \times \frac{i}{v}}{V \times \rho} = \frac{i}{V} \times \frac{\rho'}{\rho} \quad \cdots\cdots\cdots\cdots (4\cdot24)$$

유동수와 해수의 밀도가 같으면,

$$\overline{GG'} = \frac{i}{V} \quad \cdots\cdots\cdots\cdots\cdots\cdots\cdots (4\cdot24a)$$

여기에서 유의할 점은, 유동수에 의한 가상 중심의 상승량($\overline{GG'}$)은 유동수의 양에는 관계없고, 다만 자유표면의 관성 Moment에만 상관하고 있다는 것이다.

### (3) 유동수(遊動水)의 영향

청수, 해수, 기름 등의 액체가 Tank내에 충만되지 아니하여 자유 표면 (Free surface)이 있을 경우, 선박이 동요하면 Tank내의 액체도 유동하게 되고, Tank의 벽 및 Tank top plate를 충격하여 누설(漏洩)과 파손의 원인이 될 뿐만 아니라, 선박 전체의 중심을 상승시킨 것과 같은 복원력의 감소효과가 생긴다. 실제로 이러한 결과는 선박의 안전에 큰 영향을 미친다.

그림 2·4·17에서 보는 바와 같이, 선박의 수선이 WL에서 W'L'만큼 소각도 경사되면, 선내 Tank의 유동수의 수면도 wl에서 w'l'로 변화하게 된다. 따라서 wow' 부분이 lol' 부분으로 이동함으로써 물 전체의 중

- 무게중심이 유동수의 영향으로 이동한 거리 $GGo=v×bm/V=v×i/v/V=i/V×(\phi/\phi)$

(유동수와 해수가 약간 다르다고 보고 유동수의 밀도는 실제로는 평형수 580톤, 청수 259톤, 잔존유류 128㎘가 존재했음)-굳이 밀도를 반영한다면 해수=1.025, 청수=1.00 잔존유=0.95정도로 잔존유 218㎘×0.95=207톤무게임. $GGo=i/V×$밀도(유체밀도/해수밀도1.025)$=1/12×L×B^3/L×B×d×$(유체밀도/1.025) 공식으로 산출됨.

$V=L×B×d=9,599.6$톤(만재배수량)$÷1.025$(해수밀도)$=9,365.46㎥$

청수잔량=259톤-45톤=214톤은 유동수 영향(Free Surface Action)이 작용했을 것임.

- 청수 214톤에 의한 유동수 영향 산출=$1/12×9.687m×12.52㎡÷9,365.46㎥$(1.00÷1.025)= 0.165m

- 평형수 580톤에 의한 유동수영향 산출=$1/12×9.8m×7.837㎡÷9,365.46㎥×$(1.025÷1.025)=0.042m

- 잔존유 218㎘에 의한 유동수영향 산출=$1/12×6.10m×3.431㎡÷9,365.46㎥×$(0.95÷1.025)=0.002m

그러므로 유동수 영향(Free Surface Action)에 의한 GM 감소분 GGo=

0.165m+0.042m+0.002m=약 20.9㎝ 정도임.

- 사고 당시의 GoM=사고 당시 GM-유동수 영향에 기인한 GM 감소분 GGO=43.36㎝-20.9㎝=약 22.46㎝ 정도로 추정됨. 이 GoM 22.46㎝ 상태에 도달하자 탑 헤비 쉽(Top Heavy Ship) 자연 경사 현상이 나타나게 되어 갑자기 선체가 약 10도 정도로 사고 당시 선체에 미치는 3시 방향의 바람의 힘과 11시반 방향에서 선체 좌현 측에 미친 조류의 힘이 우력을 형성하여 선체를 좌현 측으로 급경사시켰을 것임.

이러한 탑 헤비 쉽(Top Heavy Ship) 자연 경사 현상을 이해하지 못하면 '세월'호 해난 참사 원인은 영원히 풀리지 않을 것이다.

## 2) 화물 과적량 산출

(ㄱ) 화물+여객과적: (KR이 승인해 준 화물 선적 매뉴얼(Cargo Loading Manual)상의 최대선적 화물+여객량=1,078톤. 실제 총선적량은 2,227톤임) 즉, 1,149톤 과적-평형수 배출(출항 전 흘수(Draft) 검사에 통과하기 위하여 KR이 승인해 준 1,703톤의 평형수량을 일부 선외로 배출해야만 KR이 승인한 흘수(Draft) 6.30m(경하중량이 KR이 승인해 준 6.113톤 보다 100톤이 증가했으므로 흘수(Draft)도 100톤/23TPC=약 4㎝ 증가)에 비슷한 흘수(Draft)인 6.10m로 출항 승인받고 출항). *KR 승인 흘수(Draft)=6.26m 대신 6.30m 적용, 전임 선장의 평형수량 진술 내용=580톤, 즉 *평형수 배출량=1,703톤-580톤=1,123톤 배출/화물 과적. *연료유+청수+식량 등 부족분=1,020톤-579.6톤=440.4톤/화물 과적, *탑승객 여유분: 91톤(956명 최대 탑재 정원수 및 휴대품의 무게)-45.31톤(사고항차 탑승객 476명의 휴대품 포함 무게)=45.69톤/화물과적, *2014 4/15일 21:05분경 출항 당시의 흘수(Draft)=6.10m(3항사가 진술/직접 목측)였으므로 Draft 20㎝ 더 여유가 있으므로 20㎝×23톤/㎝=-460톤이므로 **총과적 화물량=1,123톤+440.4톤+45.69톤-460톤=약 1,149톤 화물 과적 상태였음.

## 3) 총선적된 순수 화물량 산출

그러므로 ⊙ 총선적 화물량= 1,078톤(KR 승인 화물/승객량)+1,149톤(과적 화물량)=2,227톤으로 총 선적화물+승객량 산출됨/탑승객476명×0.09519톤=45.31톤. 그러므로 순수 화물량=2,227톤-45.31톤=약 2,181.69톤.

## 4) 탑 헤비 쉽(Top Heavy Ship)의 자연 경사 현상/사고 경위 리마인드(Remid) 목적

⊙ 원목선이 보르네오 원목 적지에서 GM=30㎝로 출항하여 항행 중 3일 정도 지나 필리핀 북단에 오면 GM이 26~27㎝ 정도에서 바람/조류의 방향에 따라 선체가 10도 정도로 순식간에 자연 경사됨. '세월'호도 원목선과 같이 GM이 취약한 상태에서 3항사의 진술 내용을 보면 3항사가 사고 당시 "초기 선체경사가 10도 이상 경사진 후 점

점 심해지다가 갑자기 확 심해졌다"고 두 차례에 걸쳐서 선체경사 현상이 나타났다고 진술하고 있음(원목선은 선폭이 17m/세월호는 선폭이 22m이므로 원목선의 자연경사 GM인 26㎝와 거의 비슷한 22.46㎝GoM에서 자연경사 현상이 대두). 즉 탑 헤비 쉽(Top Heavy Ship)(텐더 쉽(Tender Ship)/크랭크 쉽(Crank Ship)이란 전문용어) 자연 경사 현상이 여객선인 세월호에도 나타났음. 3항사가 진술한 내용 중에 "초기 횡경사각은 얼마 정도라고 생각하느냐?, 10도 이상은 되었다고 생각됩니다, 초기 경사 이후 기울기가 심해진 특정 시점은?, "초기 횡경사가 갑자기 나타나고 이후 점점 심해지더니 갑자기 확 심해졌습니다." 라고 조사관의 질문에 3항사가 진술했음.

이러한 탑 헤비 쉽(Top Heavy Ship) 자연 경사현상을 이해하지 못하면 '세월'호 사고 원인 분석은 미궁에 빠져버린다. 사고 발생 후 4년이 경과했지만 원인파악하고 상응하는 대비책을 제시하지 못하는 이유가 여기에 숨어 있다. 네덜란드 해운전문기관에 의뢰해도 선체 전복된 사실만 확인했다 한다. 네덜란드에 수십억 원의 비용만 지불하여 국고 손실/국민이 낸 세금만 축냈다.

사고 발생 후 초기 단계에서 검경합동 수사본부에서 필자가 산출한 GM과 거의 비슷한 GM 숫자까지는 산출해 냈으나 탑 헤비 쉽(Top Heavy Ship) 자연 경사현상을 설명하지 못하여 성과를 인정받지 못했다.


5) 화물의 도미노 현상/사고 경위 리마인드(Remid) 목적

4/15일 21:00경에 선적한 승용차 10대 포함 그랜저급 미만 30~40대는 고박하지 않은 상태였으므로 선체가 좌현 측으로 10도 정도로 꺾기는 순간에 미끄러지면서 50%밖에 고박하지 않은 다른 화물들의 고박이 끊어졌으며 특정한 시점에 심해진 것으로 생각하진 않는다. 고박 상태가 50%로 불량했던 승용차, 화물차량 및 컨테이너화물 고박용 와이어(Lashing Wire)가 끊기면서 도미노 현상을 일으켜 우현 측 화물이 좌현 측으로 우루루 쿵쾅 무너져 내려가면서 선체의 좌현 측 외판(Shell Plate)에 부딪히므로 쿵쾅 하는 굉음과 함께 선체가 30도 정도 각도까지 급경사 → 3등 기관사 진술=

쿵쾅 하는 소리가 들린 후 5초 뒤에 선체가 30도 좌현경사. 5초 전에 쿵쾅 하는 소리가 났을 때 3기사는 기관 제어실(Control room) 의자에 앉자 있었으나 몸을 가누지 못하고 넘어졌음 → 5초 뒤 선체 경사기인 클리노미터(Clino Meter)를 보니 선체가 좌현 30도로 경사져 있었다고 진술.

상기의 내용 중 선체가 30도까지 급경사한 현상을 슬로우 비디오로 찍었다는 가정하에 발생한 현상들을 천천히 전개해 보면 08:48:35초경에 선체 10도로 급경사 → 우현 측 화물이 서서히 좌현 측으로 무너지기 시작 → 08:48:37초에 발전기 전력 공급 중단됨. 그 후 연달아 주기관도 우현 주기는 선체경사도 10도~19도 정도에서 과속 방지 안전 장치 작동, 그 얼마 후에 좌현 주기는 윤활유 저압 방지 장치(L.O. Low Pressure Trip) 작동으로 최저 운전 속도(Dead Slow Ahead)로 감속됨 → 08:49:47초경 화물이 본격적으로 무너지면서 도미노 현상을 일으켜 좌현 외판에 심하게 쿵쾅 부딪치면서 2초간 선체 침로가 213도에서 231도로 18도 좌회두 한 다음 충격력이 사라지자 본래 궤도로 우회두 상태로 복귀(항적도 및 항적자료에 명확히 나와 있음).

(ㄱ) 운전 중이던 발전기는 GoM 불량으로 선체 좌현 10도 이상 급경사 시점에 윤활유 저압 안전 장치(L.O .Low Pressure Trip) 작동으로 전력 공급 상실했을 것이며 최저 운전 속도(Dead Slow Ahead)로 운전되면서 교류(AC) 전력 공급이 중단되고 DC 배터리 전력 공급이 시작됨.

(ㄴ) 선체가 10도(20㎝ 바이 더 스턴(By the Stern))~19도(80㎝ 바이 더 스턴(By the Stern)) 정도 좌현 경사되었을 때에 우현 측의 프로펠러는 수면 밖으로 노출되는 순간에 과속도 안전 장치(Over Speed Trip)가 작동되어 최저 운전 속도(Dead Slow Ahead)로 운전하게 되었을 것임.

(ㄷ) 좌현 프로펠러는 물속 깊숙이 들어가 주기관용 윤활유가 갑자기 선체가 10도 내지 30도 이상으로 경사 시점에 윤활유 저장 탱크(sump tank) 좌측 격벽에 윤활유가 부딪친 다음 90도로 반전하여 윤활유 저장 탱크(sump tank)의 천장을 따라서 우현 측으로 되돌아오는데 윤활유 저장 탱크(sump tank) 용량=20.59㎘/사고 당시 적재된

윤활유 재고량=7.5㎘로 윤활유량이 저장 탱크(sump tank) 용량의 약 36%에 불과하여 윤활유 흡입용 윤활유 펌프의 끝단에는 윤활유가 선체 10도 내지 30도 이상 급경사 시점에 좌현 측으로 쏠려 탱크의 좌현 벽에 부딪힌 다음 천장을 따라 비산해 버렸으므로 윤활유 부족으로 윤활유 저압 안전 장치(L.O Low Pressure Trip)가 작동되어 좌현 측 주기관마저도 최저 운전(Dead Slow Engine) 속도로 운전하게 됨.

(ㄹ) 주기관 2대가 모두 다 최저속 운전(Dead Slow Engine) 속도로 변해 버렸으며 곧 선장 지시로 기관장이 선교에서 주기를 운전정지시켜 버렸음 → 선교 당직 타수가 사고 직후 08:49:13초에 선수침로가 150도로 변경되어 있어 3항사가 선수침로를 140도에서 145도로 변침 지시했으므로 좌현 측으로 처음에는 5도, 그 뒤에는 15도 돌려서 145도로 맞추려 시도했으나 "… 타…. 타가…. 안 돼요, 안 돼."라고 비명을 지르게 되었을 것임. 주기관이 최저속 운전(Dead Slow Engine) 속도로 감속하여 프로펠러가 돌면서 해수를 차 내는 힘이 갑자기 급속도로 약해져 있는 상태에서 선장 지시로 기관장이 주기 2대를 완전히 운전 정지시켰으므로 타(Rudder)도 타효(조타 효과)를 잃게 됨.

(ㅁ) 08:48:35초경 선체가 10도 이상 급경사했다가 08:49:47초경 좌현 30도 경사 위치로 되는 약 1분 12초간에는 우현 측 화물이 처음에는 서서히 무너지기 시작하여 끝무렵에는 도미노 현상을 일으키면서 선체경사도 30도 시점에 화물이 좌현 외판에 부딪혔음을 나타냄.

6) 선체 우회전 모먼트(Moment) 힘 및 선수침로 좌회전 모먼트(Moment) 힘에 의거 대량의 사상자 발생, 사고 결과 리마인드(Remind) 목적

(ㄱ) 화물이 좌현 선체에 부딪히는 순간에는 선체 무게중심 G점을 중심으로 A, B, 트윈 갑판(Tween Deck) & C-갑판(C-Deck)에 선적된 사람, 화물들은 선체를 지속적으로 좌경사시키려는 힘이고 반대로 D-갑판(D-Deck) & E-갑판(E- Deck)에 선적된 화물들은 G점을 중심으로 선체를 우경사시키려는 힘이 작용하게 됨. 외판에 화물이 충

격 순간 우경사 모먼트(Moment) 힘이 5,443.38톤.m 더 커서 선체움직임이 좌회전하다가 2초간 정지 후 우회전되었을 것임. 우경사 모먼트(Moment) 5,443.38톤.m 힘이 사라진 뒤로는 좌현 경사가 지속(선체를 좌방향 또는 우방향으로 회전시키려는 힘에 대한 언급임).

(ㄴ)**선체가 종방향 무게 중심인 LCG(Longitudinal Center Of Gravity)를 중심(Frame No.96 부근)으로 선수 측에 화물 무게 중심(Frame No. 122.5 부근)이 존재하므로 좌현 선수침로도 2초간 좌현 측으로 약 41,310.85톤.m의 힘에 의거 일순간 18도 틀었으므로 상기에 언급한 2종류의 2초간의 강력한 힘에 의거 달리던 버스가 급제동으로 승객들이 모두 진행 방향으로 엎어지는 현상과 동일한 현상이 출현하여 아래의 승객 상해자 152명이 발생했음(생존자 172명 중 152명=88.4%).

ㄱ) 승객 홍 ○○ 씨가 갑판상에서 경치 구경 중 몸이 붕 떠서 가드 레일/불왁(Guard Rail/Bulwark) 선체 외판을 넘어서 바닷속으로 빠지는 모습을 최 ○○ 씨가 목격했다고 진술함(홍 ○○ 씨는 사망자 명단에 오름). GoM이 아주 적어지자 선체가 탑 헤비 쉽(Top Heavy Ship) 자연 경사 현상으로 갑자기 10도로 경사지게 되었으며 화물이 무너지기 시작하면서 처음에는 서서히 우현 화물이 좌현 측으로 이동하기 시작하여 약 1분 12초 정도 지난 시점부터는 선체경사도가 30도에 근접하면서 도미노 현상으로 좌현 외판에 부딪히게 되었음. 이때의 충격으로 상술했듯이 선체운동이 2초간 갑자기 반대 방향으로 치닫고 선수침로도 우현 선회 중에 2초간은 좌현 측으로 18도나 뒤틀리는 기현상이 일어났으므로 홍○○ 승객의 몸이 붕 떠서 선외로 날아갔을 것임.

ㄴ) 선원 김규찬 씨는 당직완료 후 본인 침실 침대에서 자고 있었는데 몸이 방바닥에 내동댕이 처진 다음 대굴대굴 굴러서 침실 벽에 부딪히는 순간에 위 치아가 부러지고 아랫입술이 찢어짐. 어깨와 등에도 상처 입음.

ㄷ) 조리수 2명은 프라이 팬을 들고 요리를 만들고 있었는데 갑자기 선체가 급경사 시에 손에 잡은 프라이 팬을 내던지고 몸의 중심을 손을 뻗쳐서 잡았어야 하는데 직업 본능상 프라이 팬에 들어 있는 요리를 망가뜨릴까 봐 프라이 팬을 내던지지 못하

고 손에 잡고 있는 채로 부엌에 넘어져 뇌진탕을 일으킴. 기관장 이하 기관부 선원들이 목격했으나 구조되지 않아 사망자 명단에 들어 있음.

ㄹ) 기타 외상, 찰과상, 뇌진탕 등으로 부상을 당한 승객이 69명이나 있음(뇌진탕 승객 4명.)

ㅁ) 나머지 승객 약 83명은 정신적으로 많이 놀란 나머지 정신, 안정을 요하는 상해자들임.

7) 화물 도미노 현상 발생 시의 선체 좌회전력/우회전력 산출

(ㄱ) **상술한 사실들이 선체가 1차경사 10도 정도 경사 후에 2차로 서서히 화물 무너짐 현상이 나타나기 시작하여 강력한 충격력으로 도미노 현상을 갑자기 1분 12초 사이에 30도 정도 경사 지점에서 선체 운동이 좌현 경사 운동이 멈추고 반대로 우현 경사 현상과 선체가 좌회두하는 기이한 현상이 2초간 항적도에 나타남. 역학적인 계산으로 아래와 같이 입증**

ㄱ) 선체가 탑 헤비 쉽(Top Heavy Ship) 자연 경사현상으로 갑자기 10도 경사진 다음 지속적으로 선체를 좌회전시키려는 힘의 계산:

(A) A, B 여객실에 탑승해 있던 탑승객들의 좌회전 모먼트(Moment)=45.31톤×8.51m=385.59톤.m (단, 선저(Keel)부터 A-갑판(A-Deck)/B-갑판(B-Deck) 높이:21.84m/18.90m의 평균높이=20.37m, 사고 당시의 G=11.86m이므로, G점과 A/B 갑판(Deck) 평균높이와의 차이=20.37m-11.86m=8.51m

(B) 탑승객 476명의 무게=476명×0.09519톤=45.31톤(화물+여객무게: 1,078톤-최대 화물적재량: 987톤=91톤∴91톤÷956명/최대 탑재 인원수=95.19kg/1인당/휴대품 포함한 무게)

(C) 트윈 갑판(Tween-Deck) 선적된 화물에 의한 좌회전 모먼트(Moment)=41.057톤×5.22m=214.32톤.m 단, Tween-Deck 화물량=2,181.69톤×1.8436%=41.057톤 추정, G점과 트윈 갑판(Tween Deck) 간 거리=17.08m-11.86m=5.22m

(D) C-갑판(C-Deck) 선적된 화물량에 의한 모먼트(Moment)=747.631톤×1.86m=1,390.59톤.m 단, C-갑판(C-Deck) 선적된 화물량=2,181.69톤×33.5712%=747.631톤 추정, G점과 C-

갑판(C-Deck) 간의 거리=13.72m-11.86m=1.86m

(E) D-갑판(D-Deck)에 선적된 화물량에 의한 모먼트(Moment)=1,115.803톤×(-4.16m)=-4,641.74톤.m 단, D-갑판(D-Deck) 선적된 화물량=2,181.69톤×50.1034%=1,115.803톤, G점과 D-갑판(D-Deck) 간의 거리=7.70m-11.86m=-4.16m

(F) E-갑판(E-Deck)에 선적된 화물량에 의한 모먼트(Moment)=277.549톤×(-10.06m)=-2,792.14톤.m 단, E-갑판(E-Deck)에 선적된 화물량=2,181.69톤×12.4629%=277.549톤, G점과 E-갑판(E-Deck) 간의 거리=1.8m-11.86m=-10.06m

(G) 그러므로 선체를 10도 자연경사 후 계속적으로 선체를 좌회전시키려는 힘=(A) + (C) + (D) + (E) + (F)=385.59톤.m+214.32톤.m+1,390.59톤.m-4,641.74톤.m-2,792.14톤.m=-5,443.38톤.m

(ㄴ) 즉 우현 측 화물이 좌현 측으로 미끄러져 내려가고 있는 동안에는 선체가 탑 헤비 쉽(Top Heavy Ship) 자연경사 현상으로 10도 정도 경사진 다음 우현 측 화물의 좌현 측 이동으로 점차 좌현 측으로 경사도가 심해지다가 약 30도 좌현 경사 시점에는 좌현 선체에 좌우현 화물들이 무너져 좌현 외판에 부딪히게 되었으며 이때의 충격 모먼트(Moment)는 상술한 (A) + (C) + (D) + (E) + (F)=약 -5,443.38톤.m가 되어 갑자기 선체를 우회전시키려는 힘이 더 강하므로 고속으로 달리던 버스를 운전수가 급브레이크를 밟은 경우와 같아, 홍 ○○ 승객이 선외로 날아서 바다에 빠져 숨지고 요리사 2명과 승객 4명이 뇌진탕 사고를 당하며 선원 김규찬 씨는 침대에서 자다가 굴러떨어져 윗니가 부러지고 아랫입술이 찢어지는 등 외상, 찰과상, 뇌진탕 등 부상을 입은 자가 69명이나 되고 정신장애 등 신고된 상해자 수가 83명으로, 총 172명 생존자 중 상해자가 152명에 이른다. 상술한 충격 모먼트(Moment) 힘은 선체를 좌우 방향으로 굴리려는 힘의 계산이었다.

8) 선수 침로를 2초간 좌회두 시킨 모먼트(Moment) 힘의 산출

(ㄱ) 아래에 산출하는 모먼트(Moment) 힘은 선수침로를 좌우 방향으로 돌리려는 힘

의 계산으로서 성격이 다른 힘의 산출 방식임을 숙지 바란다.

- 약 9,599.60톤의 선체가 약 17.5Knots 속도로 침로 140도에서 145도를 향하여 우회두 모먼트(Moment)가 걸려 있고 조류도 좌현 측에서 우현 측으로 밀고 있는데 우현 측 화물이 도미노 현상을 일으키며 좌현 선체 외판에 부딪힌 힘 모먼트(Moment)를 산출해 보면:

- 선체중심(Frame No. 96)과 화물창 중심(Frame No. 122.5)과의 차이=26.5프레임(Frame)×0.7m/프레임 스페이스(Frame Space)=18.55m ARM, 약 9,599.60톤의 선체가 우회두하고 있는 역방향인 좌측으로 선체를 미는 힘의 크기는 2,227톤 화물량×18.55m 거리 ARM=41,310.85톤.m로 산출됨. 41,310.85톤.m의 큰 힘의 모먼트(Moment)가 좌현 선체에 부딪히는 순간에 좌현 외판을 선체 중심보다 18.55m 선수 측에서 좌현 외판을 쳤으므로 선수 침로가 213도 우회두 도중에 2초간 231도로 좌회두하게 된 충격력임. 그래서 세월호 항적도 ⑤번 표시 부위가 좌측으로 단이 져 돌출부가 있음(우리나라 지도상에 나타난 경북 구룡포와 비슷하게 뾰족하게 튀어나와 있음).

  선체를 231도로 2초간 좌회두 시킨 힘은 2,227톤 화물 무게×18.55m(선체 중심과 화물 중심 간의 거리)=41,310.85톤.m에 상응하는 모먼트(Moment) 힘이다. 2초 이후에는 이 모먼트(Moment) 힘이 9,599.60톤×17.5Knots의 방대한 선체 조타에 의한 모먼트(Moment) 힘에 흡수된 후 원래의 213도 우회두 운동의 연속 운동이 진행되면서 선체는 계속해서 우회두 하게 된 것이었다.

9) 좌/우현 측 화물 이동에 기인한 모먼트(Moment) 힘의 산출

우현 측에 있던 화물을 선체 좌현 중심위치 거리인 11m만큼 이동해 놓았다고 가정 시의 정적 모먼트(Moment)의 힘을 산출해 본다(단, 좌현 측 화물의 이동은 우현 측 화물의 이동량과 별도로 계산/D-갑판(D-Deck)의 천장 높이는 7m이고 C-갑판(Deck)의 천장 높이는 2m, 트윈 갑판(Tween Deck)의 천장 높이는 3m이므로 승용차, 컨테이너, 중량물 화물 차량, 일반 화물

등 제반 우현 측 화물이 좌현 측 화물창 화물과 섞이면서 화물 고박 공간(Lashing Space) 및 천장 공간(Space)를 메우게 되었을 것이므로 우현 측 화물의 중심을 좌현 측 하물창 중앙부인 11m 위치로 이동, 좌현 측 화물은 좌현 5.5m 위치에서 2.75m 더 좌현 측으로 이동했다고 추정하여 계산치를 산출함).

(ㄱ) 트윈 갑판(Tween Deck), C-갑판(C-Deck), D-갑판(D-Deck) & E-갑판(E-Deck)에 선적된 화물량에 의한 모먼트(Moment) 힘=(우현화물1,090.85톤×11M=11,999.30톤.m)+(좌현 측 화물 1,090.85톤×2.75m=2,999.80톤.m)로 산출되어 총합계 14,999.10톤.m(단, 트윈 갑판(Tween Deck), C ,D&E 갑판(Deck) 화물량 합계=41.057톤+747.631톤+1,115.803톤+277.54톤=2,181.69톤. 우현 화물이 우현 창 중앙에서 좌현 창 중앙으로 이동한 거리=5.5m+5.5m=11m, 좌현 창 화물이 좌현 창 중앙 5.5m 위치에서 좌현 창 측 2.75m 위치로 이동했다고 전제함).


10) 화물 이동에 따른 무게중심 이동 거리 및 G'M 산출

(ㄱ) 화물창에 선적된 화물량에 의해 움직인 총 모먼트(Moment)의 힘=14,999.10톤.m

(ㄴ) 그러므로 무게중심의 이동거리 GG'= w×d/Δ=14,999.10톤.m÷9,599.60톤=1.562m

(ㄷ) 사고 발생 당시의 선체 GM=0.4336m 상태에서 무게 중심 이동 거리가 1.562m로 변했으므로 G'M=GM-GG'=0.4336m-1.562m=마이너스 1.1284m가 되어 선체는 서서히 전복될 수 밖에 없었을 것이다. G'M수치가 마이너스란 뜻은 G점이 M점보다 위에 있다는 의미이다.


11) 화물 이동에 따른 선체 경사도 산출.

중량 w(톤)을 d(m)만큼 횡 방향으로 수평 이동하면 선체의 경사는 $\tan\theta$=w×d/Δ. GM=(14,999.10톤.m)÷(9,599.60톤×0.4336m)=3.604 ∴ $\theta$=약 74.5도가 됨. 연료유탱크 만재 경사도 28도를 더하면 전체적인 선체 경사도는 74.5도+28도=102.5도까지 선체 자연경사. 즉 우현 측의 화물이 탑 헤비 쉽(Top Heavy Ship) 자연경사 현상으로 좌현 약

10도 정도 기울 때에 고박하지 않은 승용차 30~40대가 먼저 좌현 측으로 미끄러지기 시작했을 것이며 나머지 화물들도 KR 승인한 고박 비율의 50%밖에 고박하지 않았으므로 고박이 터지기 시작하면서 서서히 1분 12초간에 걸쳐서 우현 측 화물 전체가 좌현 측 방향으로 무너져 내렸음. 08:49:47초경 미끄러져 내려간 좌우현 혼합 화물이 좌현 선체에 부딪치는 순간의 선체 경사도는 약 30도였음을 3기사가 쿵쾅 소리를 듣고 난 후 5초 뒤에 목격했음. 그 후로도 G'M이 마이너스 1.1284m 정도이니까 지속적으로 서서히 선체가 좌현 **102.5도까지** 경사지면서 전복되어 갔을 것임. 거기에 더하여 첨언하자면 선체경사에 따라 해수면이 선체경사도 42도이면 C-Deck에 도달되고 선체경사도 48도 이상이면 통풍관을 통하여 선실 내부로 해수가 침입하기 시작하므로 선체경사도는 102.5도를 넘어 G점이 M점보다 1.1284m보다 더 높은 곳에 위치하므로 선체가 뒤집혀서 전복할 수밖에 달리 방법이 없었다.

## 12) MDO(P) & CFO(P) 기름탱크에 의한 G"M변화

상술한 바와 같이 GoM이 약 22.46㎝에서 탑 헤비 쉽(Top Heavy Ship) 자연경사현상이 일어났을 것이고 08:49:47초경 우현 측 화물이 도미노 현상을 일으키며 좌현 측으로 무너졌으므로 GG'=1.562m이므로 G'M은 이미 마이너스 1.1284m였기 때문에 MDO(P) & CFO(P) 기름탱크에 의한 G"M 변화는 논할 필요가 없다. 그래도 이론적으로 생각해 본다면 MDO(P) 탱크(Tank)에 해수가 22분 만에 충만하여 G'M이 2㎝ 상방향으로 이동하게 되었을 것이며 또한 주기용 C 연료유(Bunker) 좌현 탱크인 CFO (P) 탱크(Tank)에도 사고 발생 후 54분 만에 해수가 충만하게 되어 G'M이 19.78㎝ 정도 상방향으로 이동하게 되어 G"M이 마이너스 1.3462m가 되었을 것임.

상세 산출 근거를 다음과 같이 산출해 본다.

(ㄱ) 유체 역학의 기초 학문인 다니엘 베르누이의 법칙(Daniel Bernulli's Principle)을 이용한 도선사 출입문(Pilot Door)으로 해수 유입량

$$\therefore Q=AV$$

∴ Q=해수 유입량

∴ A=도선사 출입문(Pilot Door) 면적=0.91m폭x1.75m높이=1.5925㎡

∴ V=8.9425m/sec(단, 선체 30도 경사 시의 해수면에서 거리 4.08m에서의 유속

$V=\sqrt{2gh}=\sqrt{2\times9.8m/sec^2\times4.08m}$ = 8.9425m/sec.)

(ㄴ) 그러므로 Q=1.5925㎡×8.9425m/sec×3,600 sec=51,267.25㎥/Hour

(ㄷ) 즉 도선사 출입문(Pilot Door)이 열려 있었다면 10분에 8,544.5톤의 해수가 침입하므로 사고 발생 후 20분도 되기 전에 세월호는 전복 침몰했어야 한다. 그리고 세월호는 선장 경력도 많고 이 제주 항로에 운항 경력이 많아 도선사(Pilot) 없이 선장 자력 도선을 인정받았으므로 과거에 도선사가 출입하지 않았다.

(ㄹ) KBS1 T.V. 유○우 PD께서 확인한 세월호 CCTV를 검색 확인한 결과 사고 직전 약 7분 이후로는 녹화 기록이 없으나 도선사 출입문(Pilot Door) 부근의 CCTV 기록 영상으로 보면 닫혀 있었다고 함.

(ㅁ) 도선사 출입문(Pilot Door)보다 훨씬 큰 화물 출입용 램프 도어(Ramp Door)는 폭 7.7m×높이 5.6m=43.12㎡면적이다. 이 문을 폐쇄하면 문틈 사이로 빛이 조금씩 보였다는 선원들의 진술이 있었다. 2018년 4/16일 KBS1 21:00 뉴스 특집 방송으로 방영된 내용을 보았더니 화물들이 움직이면서 무너지기 시작하고 난 뒤 한참 뒤에 화물창 안으로 물이 흘러 내리는 영상이 잡혔다. 이 물이 화물창 안으로 들어올 수 있는 곳은 선체 경사도가 22도 이상이면 차량 램프 문틀에 해수가 닿고 선체 좌현 경사도 42도가 되면 차량 램프 전체가 수면하에 놓이게 된다. 차량 램프용 고무 팩킹(Rubber Packing)과 문틀 철재 코밍(Coaming) 접촉 부위가 밀착되지 않으면 문틈 틈새로 해수가 침입할 수가 있게 된다. 고무 팩킹이 장기 사용으로 노후 경화되어 차량 램프용 도어(Door)를 닫았을 때에 미세한 틈새가 다소 있었던 것으로 유추 해석된다. 그렇지 않고는 화물이 무너지기 시작하는 초기 단계에 화물창 안으로 해수가 침입할 장소가 없기 때문이다. 차량램프 문틈새를 1㎜로 추정하여 수면하 2.8m 지점에서의 해수 유입량을 산출해 보면

$\therefore$ Q=A×V=A×$\sqrt{2gh}$=(7.7m+5.6m)×2×0.001m×$\sqrt{2×9.8m/sec^2×2.8m}$

=0.0266㎡×7.4081m/sec.=0.1971㎥/sec

$\therefore$ 0.1971㎥/sec×3,600sec=709.40㎥/Hr

즉 1시간당 약 709.40㎥/Hr×1.025(해수 비중)=727.14톤/시간당으로 산출되나 문틈새 1㎜ 영역을 약 1% 정도로 추정 시 약 시간당 7.27톤 정도의 해수가 램프 도어(Door)를 통해서 D-갑판(D-Deck) 내부로 침입 가능하다. 이러한 침투량은 차량 램프 도어(Door)가 풍우밀 수준이라 하므로 많은 량은 아니다. C-갑판(C-Deck) 통풍관 및 C-갑판(C-Deck) 출입문을 통하여 선내로 침입하는 해수량에 비하면 무시 가능한 수치이다.

(ㅂ) 차량 램프용 문 틈새 이외에는 선체 내부로 해수가 침입할 장소가 없었을까?

• 주기관 연료유탱크 2개(P/S) 각각 278㎘ 용량에 잔존유는 52㎘씩 남아 있었다(해수부 선체 인양 자료 인용).

• 발전기 연료유탱크 2개(P/S) 각각 55.44㎘/52.12㎘ 용량에 각각 17㎘씩 잔존유가 남아 있었다(해수부 선체 인양자료 인용).

• 상기 언급한 연료유탱크 이외에도 12개의 평형수 탱크, 3개의 청수탱크용 및 4개의 보이드 스페이스(Void Space) 중 1개의 이중저 탱크가 있어 에어 벤트(Air Vent)가 존재하므로 합계 20개의 이중저(Double Bottom) 탱크가 있다. 그중 D-갑판(D-Deck)에 에어 벤트(Air Vent) 5개가 있으며 주기 좌현 연료유 탱크인 No.1 CFO (P) 탱크(Tank) & 발전기 좌현 연료유 탱크인 No.2 FO(A) (P) 탱크(Tank)용 에어 벤트(Air Vent) 2개는 기름탱크에서 유출되는 유증기를 선외로 배출하고자 선체 외판 밖 대기 쪽으로 연결되어 있다. 평형수/청수/보이드 스페이스(Void Space)용 에어 벤트(Air Vent)들은 D-갑판(D-Deck) 내부와 C-갑판(C-Deck) 내부 화물창 쪽에 갑판 바닥(Deck Bottom)에서 약 60~70㎝ 정도 선체 내부의 외판 가까운 쪽으로 배열되어 있다. 선체 외부로 유증기 배출 목적으로 개구한 좌현 측 CFO 탱크(Tank)와 F.O.(A), 즉 주기용 C 연료유 탱크와 발전기용 MDO(F.O.(A)) 탱크(Tank)는 각각 직경 약 100㎜/65㎜ 정도의 원형 파이프 형태임.

(ㅇ) 이 두 탱크의 용량이 278.71㎥+55.44㎥=334.15㎥이며 잔존유가 각각 52/17㎥ 있었으며 선체경사도 30도일 때 수면하 약 4.08m 위치에 있었으므로 이 두 개의 에어 벤트(Air Vent)로 유입된 해수=(334.15㎥-69㎥)×1.025=271.78톤의 무게가 추가됨으로 인해서 선체가 더욱 좌현 측으로 경사졌을 것인데 만(Full) 탱크로 해수 유입량을 채울 때까지 시간이 얼마나 걸렸는지 계산해 보자.

∴ Q=AV

∴ A1=πr2=3.14×0.05×0.05=0.00785㎡(CFO 좌현 탱크(port Tank)용 100Φ 에어 벤트(Air Vent) 면적/주기용)

∴ A2=πr2=3.14×0.0325×0.0325=0.003317㎡(F.O(A)/MDO 탱크(Tank)용 65Φ 에어 벤트(Air Vent) 면적/발전기용)

∴ Q1=0.00785㎡×V=0.00785㎡×$\sqrt{2\times9.8m/sec^2\times4.08m}$

=0.00758㎡×8.9425m/sec.=0.0702㎥/sec.

∴ 1시간당 유입량=0.0702㎥/sec×3,600sec=252.71㎥, CFO 탱크(Tank) 용량이 278.71㎥이므로 (278.71㎥-52㎥잔존유)÷252.71㎥/Hour=0.8971Hour=약 54분 만에 만 탱크 됨.

∴ Q2=0.003317㎡×V=0.003317㎡×$\sqrt{2\times9.8m/sec^2\times4.08m}$

=0.003317㎡×8.9425m/sec.=0.0297㎥/sec.

∴ 1시간당 유입해수량=0.0297㎥/sec×3,600sec=106.78㎥/hour, MDO 탱크용량이 55.44㎥(55.44㎥-17㎥잔존유)÷106.78㎥/hour=0.360hour×60분=약 22분 만에 만(Full) 탱크됨.

• 좌현 주기용 CFO 탱크에 유입된 해수량=278.71㎥-52㎥(잔존유)=226.71㎥×1.025= 232.38톤, 좌현 발전기용 MDO 탱크에 유입된 해수량=55.44㎥-17㎥(잔존유)=38.44㎥×1.025(해수 비중)=39.40톤

tanθ=w×d/Δ×GM=39.40톤×4.9m/9,599.6톤×0.4336m=0.0464=약 3도 추가로 경사됨.

즉 09:12분경 선체 경사도는 08:49:52초경 30도에서 충격하중의 힘으로 좌현 측으로 침로를 18도 뒤틀리고 동시에 선체를 약간 우회전시킨 다음 점점 좌현 102.5도를 향하여 경사가 진행 중에 좌현 경사도를 발전기용 MDO(P) 탱크에 해수가 충만하여 선체를 좌현 측으로 3도 더 경사시켰을 것이다. 반면 주기용 No.1 C.F.O. 탱크에 의한 선체 경사도를 산출해 보면 $\tan\theta = w \times d / \Delta.GM = 232.38톤 \times 8.4m / 9,599.6톤 \times 0.4336m = 0.4690$. 그러므로 $\theta$=약 25도가 된다.

그러므로 4/16 08:48:35초경 사고 발생 후 약 54분 뒤인 09:43분경에는 선체가 30도 경사 시점인 08:49:52초경부터 우현 측 화물의 이동만으로도 74.5도를 향하여 서서히 복원력을 이기면서 경사지고 있던 차제에 No.2 M.D.O. 탱크에 해수충만하여 추가로 3도 더 경사된 위에 No.1 C.F.O. 탱크에도 해수가 충만하게 되어 25도 더 추가로 경사되게 된다. 그러므로 시간이 경과하면서 선체 경사도는 우현화물의 좌현 측으로 이동에 따라 74.5도+MDO(P) 탱크(Tank)에 해수 충만하여 선체경사도 3도 추가+C.F.O(P) 탱크에 해수 충만하게 되어 25도 선체경사 추가되므로 총 102.5도 선체가 경사할 모먼트(Moment) 힘이 축적되어 있었다는 증명이다.

- 발전기용 No.2 F.O.T(MDO 탱크)(P)에도 39.40톤의 해수가 선체 30도 경사 후 22분 만에(4/16 09:12분경)만 탱크되었으므로 $GG'=w \times d/\Delta =39.40톤 \times 4.9m/9,599.6톤=0.02$

∴ 2㎝ GoM이 상방향으로 이동됨. 그러므로 4/16일 09:12분경에는 $G'M=-1.1284m-2㎝=-1.1484m$였을 것임.

이때에 주기용 CFO 탱크(Tank) 중심의 이동 거리 $GG'=w \times d/\Delta=232.38톤 \times 8.4m$(선체 중심에서 No.1 CFO 탱크(Tank) 중심 간 거리)/9,871톤=0.1978m=약 19.78㎝ 상방향으로 더욱 이동되어 4/16일 09:44분경 선체의 $G''M=-1.1484m-19.78㎝=-1.3462m$로 변경되었을 것임(그러므로 우현 측 화물이 좌현 측으로 11m 이동 시의 GM 변화 -1.1284m를 감안하면 최종 $G''M=-1.3462m$였을 것이다). 그 결과 선체는 G점이 M점보다 위에 있으므로 뒤집혀 전복/침몰의 결과에 도달할 수밖에 없었다. 더욱이 차량 램프용 도어(Door)로 해수가 소량이나마 침입하기 시작했고 선체 경사도 51도 이상에서는 통풍관 및 C-갑판

(C-Deck) 출입문으로도 해수가 침입하기 시작했으므로 G'M/G"M 등의 이론적인 산출이 무의미해져 버린다. 선체 경사도가 51도를 넘는 시점부터는 선실 내부로 해수가 범람하여 침입했으므로 상상을 초월하는 GM 변화가 생기기 때문이다.

- <그림 2>에서 보다시피 선체가 51도 이상 경사되는 시점부터는 C-갑판(C-Deck)에 설치되어 있는 통풍관(Ventilator)에 해수가 침입하기 시작하므로 이 통풍관이 관통하는 선내 구역에 해수가 들어와 걷잡을 수 없는 해수량이 대량 선실 내부로 선미 갑판(Poop Deck) 출입문을 통해서도 침입했을 것이므로 급속도로 해수가 선실 내 가장 낮은 곳인 기관실로 대량 흘러들어 갔을 것이다. 이에 기관장이 이상을 느끼고 기관부 선원들 모두 다 기관실 탈출 지시를 했다는 3항사의 진술이 있다. 기관부 선원들이 모두 다 기관실 밖 통로에 집결해 있다가 제일 먼저 기관장을 따라 퇴선했을 것이다. 선체가 전복되면서 선장이 사고 발생 시점부터 약 30분간의 골든 타임에 퇴선 명령을 내리지 않아 수없이 많은 인명을 잃었다.


## 8. 퇴선 명령 불이행에 대한 책임 소재

여론에 떠밀려 마녀사냥 식으로 선내 위계 질서를 잘 이해하지 못하는 판검사 분들께서 주위적 살인, 살인미수, 수난구호법 위반, 업무상 과실선박매몰 특가법 위반, 유기 치사상 등 범죄행위로 모든 선원들에게 책임을 묻고 있는데 해운/해기 전문인으로서 이해하기 힘들다.

세계 어느 나라 해운 선진국에서 발생한 여객선 재판 결과 중에 전 선원들에게 유죄로 감옥소에 보낸 사례가 없다.

1) 선장은 화물, 항해, 선체, 안전, 선원법상 선주 대리인 등의 총괄책임.

2) 1항사는 화물선적, GM 계산, 선박안전도모, 운항 당직 등 갑판부 실무책임자로서 화물선적, 평형수 통제, 선박의 안전한 GM 산출 등 책임.

3) 기관장은 주기, 발전기, 보일러, 기관실 보기 류 등 및 선내 갑판부 소속 모든 기기류의 고장 시 수리, 보급에 대한 기술자로서의 책임 및 기관부 총괄 책임이 있음.

4) 선교(Bridge)에 선장, 1항사 등 고급사관(Saloon Officer)이 올라오면 모든 당직사관의 지휘통솔 권한은 선장에게 귀속되며 나머지 1항사, 2항사, 3항사 및 하급선원들은 인명 안전과 선박의 안전을 도모하기 위하여 선장을 보필, 조언 및 지시사항 수행할 권한 및 의무가 있으나 퇴선 명령 발령 등 최종적인 결정은 선장 한 사람에게 귀속됨. 즉 항해사들/하급 선원들 중 승객들을 어떻게 조치해야 됩니까?라고 선장께 조언했으나 채택되지 않았다면 퇴선 명령 불이행에 대한 책임은 선장 몫이다.

5) 기관실 주기(1기사 소관), 발전기(2기사 소관), 보일러 및 보기류(3기사 소관) 등 제반 기기류에 대한 총괄 책임은 기관장에 있고 위급 시 제반 기기류의 운전/정지 등 지휘 명령권은 기관장에게 있음. 1기사, 2기사, 3기사 및 기관 부원들은 기관장을 보필, 조언할 수 있으며 기관장의 지시 사항을 수행할 책임이 있음/단, 주기관의 운전에 관한 지휘 권한은 선장에게 있음.

6) 여객부 소속 사무장, 사무사, 남승무원(Steward)/여승무원(Stewardess) 등 소속 선원들 중에서도 여객에 대한 조치는 어떻게 해야 됩니까?라고 질문했으나 채택되지 않았다면 퇴선 명령 불이행에 대한 책임은 선장 몫이다(2심 재판 판결문에 3층 객실 안내데스크에 근무하던 세월호 매니저, 박○○, 강○○로부터 선내 대기 중인 승객들에 대한 대피 등 추가 조치 요청을 수차례 받았음에도 선장은 대피 명령을 내리지 않았다. 대법원 판결문에서 선장은 1항사에게 퇴선 명령을 내렸다고 진술하고 있으나 황금의 탈출 시기를 놓쳐서 이행 방송을 들

은 자가 아무도 없었다고 기록되어 있었다).

7) 선원법에 규정된 선장의 직무

선장은 회사를 대리한 본선의 총괄 관리 책임자로서 선원법에서 정한 다음의 직무
를 수행할 책임과 권한이 있다.

- 선내 지휘 명령권(선원법 제6조)
- 해상직원 징계권(동법 제24조)
- 위험물에 대한 조치권(제25조)
- 행정기관에 대한 원조 요청권(제26조)
- 수장권(제17조)
- 출·입항 전 검사업무(제7조)
- 항해 성취의무(제8조)
- 재선 의무(제10조)
- 직접 지휘의무(제9조)
- 선박 위험 시의 조치의무(제11조)
- 선박 충돌 시의 조치 의무(제12조)
- 조난 선박 구조 의무(제13조)
- 이상 기상 등의 통보 의무(제14조)
- 비상 배치 및 훈련 의무(제15조)
- 항해의 안전 확보 의무(제16조)
- 유류품 처리 의무(제18조)
- 재외 국민 송환 의무(제19조)
- 서류 비치 의무(제20조)
- 선박 운항에 관한 대관청 보고 의무(제21조)
- 기타 선박의 안전운항, 인명안전 및 환경보호 등과 관련된 직무로 규정되어 있어

실로 제왕적인 권한이 부여되어 있다.

15~16세기경 황제나 제왕들이 선박에 승선해도 선장의 의자와 자리에는 앉지 못했다. 직위 고하를 막론하고 선박에 승선한 모든 사람들의 인명 안전을 선장이 도모하므로 황제라 하더라도 선장의 자리에 앉을 수가 없었다는 것이 국제 관례법으로 오늘날까지도 전수되어 오며 지켜지고 있다. 1970년대 진해에서 군함을 타고 박정희 대통령께서 부산까지 이동한 적이 있었다. 칠흑같이 어두운 한밤중에 박 대통령께서 선교에 올라오시어 불을 환하게 밝히고 항해를 하면 앞이 더 잘 보일 것이 아니냐는 질문에 함장이 설명하느라 고생했다는 일화가 해운업계에는 전해지고 있다. 선교가 어두워야 바깥 불빛이 잘 보인다는 항법을 이해시켜 드리는 데 애를 먹었다 한다. 그 박 대통령께서도 선장의 자리에는 앉지 못했고 이승만 대통령께서도 재직 중 승선 시 선장의 자리에 앉지 못했다. 이러한 것들이 선장의 고유 권한이다.

8) 세월호의 경우 선장이 내린 마지막 지시는 "구명조끼(Life Jacket)을 입고 현 위치에서 대기."였다. 그리고 여객실 당직사무사가 여러 번이나 '여객들에 대한 조치를 어떻게 할까요?'라고 무전기(Wakky Talky)로 질문을 해 오고 있었기 때문에 선교에 있는 선장 이하 모든 선원들이 다 들을 수 있었을 것이다. 선장의 합당한 직무상의 지시에 반하는 행동을 한 선원은 선원법 제24조에 의거 선장의 징계권에 의해 처벌받기 때문에 해난 사고 현장에서 선장의 지시에 반하는 행동을 감히 할 수가 없다. 그래서 필자는 선장, 1항사, 기관장 이외의 선원들은 충실히 선장의 지시를 따른 죄밖에 없다고 생각한다. 1심/2심/3심 재판 결과 전 선원들에게 징역형이 판결되었는데 역설적으로 말하자면, 선장의 지시를 어기고 항명하더라도 여객 구조에 나서지 않았으니 징역형에 처한다는 재판 결론이 된다. 즉 선장의 업무상 지시사항을 어기면 징계에 해당하므로 해난사고 발생 중에는 선장의 지시에 따라 일사불란하게 대응하는 것이 선원들의 몸에 밴 생리이다. 이러한 선원법에 규정된 선장의 권한/책임과 선원징계 법규를 감안하여 대법원 판결에서는 "10명의 도둑을 놓치더라도 단 한 명의 억울

한 사람을 만들지 말라"는 법조계의 명언이 지켜지기를 고대해 보았으나 내 희망사항이었다. 부산에서 들려온 입소문에 의하면 눈에 보이지 않는 선주 측 권력이 선원들 모두를 감옥에 가두어 일반인들과의 접촉을 당분간 여론이 잠잠해질 때까지 몇 년간이라도 격리하도록 힘을 쓰지 않았겠느냐는 추측과 입소문이 돈다.

해난 구조법에 규정된 승객 대피 의무는 선장의 명령이 있었을 때의 업무절차이지, 선장의 지시도 없이 선원 각자들이 솔선수범해서 승객들을 구조해야 한다는 강제규정이 아니다. 선원법은 세계 모든 국가에서 채택하여 사용 중이나 해난 구조법은 국내법으로는 규정되어 있어도 아직 우리나라는 IMO에 국회의 동의를 받아 비준 사실을 통보하지 못한 것으로 알고 있다. 즉 동일한 법규이나 선원법은 국내/외에 승인 통보된 지 오래되어 선원들이 다 알고 있으나 해난 구조법은 선원들도 잘 모른다. 전쟁터에서 사령관의 발포 명령이 없는데 총을 쏠 수가 없는 것과 같은 구조이다. 이북의 초계정이 우리 해역을 침범하여 참수리 357호를 정 조준하여 사격했으나 당시 대통령의 지시사항으로 발포 금지령 때문에 총 한 방 쏘아 보지도 못하고 정장(윤영하 소령)등 우리 해군 6명 전사, 19명이 부상당했다. 상선도 이에 준하여 선장의 지시 없이는 함부로 개인적인 행동을 할 수가 없다. 이러한 업무영역의 특수성이 법정에서 반영되기를 전 해운인들은 바랐으나 무위로 끝났다.


## 9. 인터넷상에 떠도는 잠수함에 받혔다는 헛소문에 대한 진상

수제의 건에 관하여 필자가 인터넷상에 들어가 확인해 보았더니 C-갑판(C-Deck) 선체 외부 갑판에 선적되어 있던 주황색의 컨테이너 화물들이 선체 경사도가 30도 이상 심해지자 고박이 끊어지면서 선외로 넘어져 바닷물 속에 뜨게 되었다. 육상 레이다 전파가 발사되어 물 위에 떠 있는 컨테이너 박스에 부딪치면서 전파 간섭 현상으로 커다란 주황색 물체 덩어리로 보였는데 이를 잠수함으로 오인한 해상 선박 및 잠수함의 실체에 대한 전문성이 결여

된 호사꾼들의 억측이었다. 바닷물 위에 떠다니던 컨테이너 박스에 해수가 침입하여 컨테이너 안에 들어 있던 화물과 해수가 침입하여 무게가 해수 비중보다 무거워지니까 주황색 물체가 물밑으로 사라졌으니 잠수함이 세월호를 떠받고 난 뒤 물 밑으로 사라진 것이 아니냐고 억측을 부린 해프닝이었다. 잠수함들은 세계 어느 나라 잠수함이든 전쟁 목적으로 상대방 적군에게 발각되지 않기 위하여 거의 모두가 다 검은색으로 잠수함체를 칠해 두었다. 오렌지 색깔로 칠한 잠수정을 필자는 본 적이 없다. 수면 위를 항행하는 선박과 물밑을 잠항하는 잠수함 중 접촉 사고가 발생하게 되면 어느 쪽이 더욱 위험할까?

수면상을 항해하는 선박들은 선체 밑바닥이 2중으로 되어 있어 잠수함 잠망경과 부딪쳐도 파공으로 파공부 공간에 해수가 침입할 뿐 침몰은 하지 않는 구조이다. 반면 잠수함은 잠망경이 부러지고 잠수정 선체에 금이 가면 해수가 침입하여 전멸할 위험성이 따른다. 그래서 수면상을 항해하는 선박과 충돌을 피하고자 잠수함 측에서 더욱 경계를 철저히 하고 잠항한다.


## 10. 인터넷상에 떠도는 출항 당시
   과적이 아니었다는 헛소문에 대한 진상

앞에서 여러 번 언급했듯이 세월호 인천항 출항 당시의 흘수는 3항사가 목격한 대로 6.10m였다. 반면 한국선급이 지정/승인해 준 흘수가 6.26m였으므로 16㎝의 여유가 있었으므로 과적이 아니라고 청해진 해운 측 직원이 주장하고 있다는 인터넷 기사를 보았다. 흘수만 보면 이 주장도 설득력이 있는 주장처럼 보이나 1,703톤의 평형수(Ballast Water)를 싣고 화물은 987톤만 싣는 조건부로 흘수가 6.26m 한국선급에서 승인해 준 것이지 평형수를 580톤만 싣고 화물 및 여객은 2,227톤을 실은 것으로 필자의 산출 근거에 의거 앞에서 밝혔듯이 한국선급이 승인해 준 화물 및 여객의 무게가 1,078톤이므로 2,227톤-1,078톤=1,149톤 과적한 상태로 인천항을 떠났다. 그러므로 인천항 출항 당시 과적이 아니었다는 주장은 궤변에 불과하다. 명확하게 평형수 배출로 화물 과적을 일상적으로 해왔다.

## 11. 화물 고박 상태가 세월호 해난참사에 끼친 영향

이러한 선체에 미친 제반 사항들을 분석해 본 결과, 화물 고박 상태만이라도 KR에서 규정한 대로 지켰더라면 10도 정도 선체가 좌현 경사진 상태로 제주항까지 충분히 운항할 수가 있어 304명의 귀한 생명을 해치지는 않았을 것이다.

필자가 약 3년간 동남아 원목선 7척 담당 감독업무를 했을 때 주 갑판(On Deck) 상부에 적재한 LOG(원목) 고박을 강한 앵커 체인(Anchor Chain)으로 Wire 대신에 선적해 주어 주 갑판 상부에 적재한 화물의 고박 파손을 방지해 준 결과 목적지인 군산항, 인천항에 무사히 약 10도 전후로 선체가 경사진 채로 안전항해를 할 수가 있었다. 그와 마찬가지로 세월호 승용차, 중량 운반차량, 일반화물 및 컨테이너 화물들의 고박만 KR이 승인해 준 대로 100% 실시했더라면 선체는 일차로 약 10도 정도 경사진 채로 목적지 제주항까지 무사히 항해할 수가 있었을 것이다.

1) 설령 화물 고박이 불량하여 화물이 도미노 현상을 일으키면서 우현 화물이 좌현 측으로 무너지면서 선체가 서서히 102.5도를 향하여 경사지더라도 주기 및 발전기용 L.O 저장 탱크(sump tank)에 윤활유가 충분히 80~85% 정도로 채워져 있어 좌현 주기와 발전기만 지속적으로 정상 운전을 했더라면 약 30분간의 골든 타임 중에 좌현 주기만으로 선체를 운항하여 가까운 병풍도나 동거차도에 임의 좌주를 시켰다면 일본의 자매선 M/V '아리아케'처럼 모든 탑승객들을 안전하게 구조할 수가 있었을 것이다. 그렇게만 되었더라면 선장/기관장은 영웅 취급을 받았을 것이다. 생각할수록 정말 안타까운 일이다.

# 12. 다큐멘터리 영화 '그날, 바다'에 대하여

닻(Anchor)을 내려서(Drop) 암초에 걸리게 하여 전복시키고 해경이 오기 전에 감아 들였다는 스토리였는데 해운업계 해기사 및 선원 출신들은 코웃음을 친다. 예술에는 흥미 유발을 위해 상상과 허구가 있다고 믿겠다. 영화는 영화라고 치부하고 말아야지 진실성 여부를 다툴 필요가 없다. 어느 선원도 사전에 고의적으로 배를 침몰시킬 의도를 가졌다는 객관적인 증거도 없고 선원들이 본인이 타고 있는 선박을 테러분자가 아니고서야 본인 생명이 걸린 선박을 침몰시킬 의도를 지녔다는 가정은 내 50년 해운업계 생활에 들어 본 적도 실제 상황으로 본 적도 없다. 영화는 영화답게 보고 흥미를 느꼈다면 흥행에 성공한 영화로만 평가하면 될 일이다. 사고 원인 분석은 해기사 출신들이 객관적인 역학적 자료로 푼다. 또한 항적도가 지그재그로 운항한 것을 수상히 여기던데 엄밀히 따져서 모든 선박들은 바람, 조류의 영향으로 지그재그로 움직인다. 조타수가 잠시 한눈을 팔거나 생각에 잠기면 지시한 항로를 조금 이탈할 수도 있다. 이탈했다가 지시받은 침로로 복귀하는 경우도 있는데 영화에서는 사고의 전조로서 이상하게 부각시키고 있었다. 모두 다 비전문가들의 눈에 비친 항법이다. 영화는 선박을 자동차와 같이 직선으로 운전하며, 핸들을 틀면 휙 바뀌는 것으로 생각하는 것 같았다.

<추신>: 마지막 원고 교정을 보고 있는 극히 최근에 T.V 뉴스 시간에 선체 좌우 요동 방지 장치(Stabilizer)가 휘고 긁힌 자국이 해난 사고의 원인일 수도 있다면서 방송되는 것을 보았는데 기우에 지나지 않는다. 세월호는 선체 좌우 요동 방지 장치를 인천대교 지나서부터 가동했으며 사고지점까지 수심이 최소한 15~40m로 선체 좌우 요동 방지 장치에 닿을 물체가 없으며, 만약 암초나 해저 및 수중 물체에 접촉했다면 두 동강이 나서 사라졌어야 한다. 약 9,600톤의 선체 무게에 약 20Knots에 달하는 추진력 상태에서 선체 좌우 요동 방지 장치가 다른 물체에 닿았다 하여 세월호 선체가 경사/전복될 정도로 선체 좌우 요동 방지 장치의 강도가 강하지 못하고 취약하다. 필자의 소견으로는 사고 발생 후 침몰 시에 해저에 닿으면서 접촉 시 긁힌 자국일 뿐일 것이다.

**제4장**

# 향후 대책

# 1. 영구 평형수 제도(Permanent Ballast System) 도입의 필요성

최근에 일본 조선소에서 건조된 자동차 전용선(Pure Car Carrier=PCC) 자료를 입수했는데 선체 중앙부 평형수 탱크의 좌우 양현에 INGOT 철재 원료를 1,010톤 영구 평형수 제도(Permanent Ballast System)를 도입하고 있었다.

그래서 A 선주사 측에 설계차량을 100% 선적한 상태하에서 평형수용 해수를 전혀 없이 순수한 영구 평형수(Permanent Ballast) 1,010톤만으로 항해를 할 때에 IMO 규정(Regulation)을 충족하는지 여부를 확인 요청했다.

결론은 IMO 요건을 거의 전부 충족하고 있었다. 즉 선주사 측에서 화물 과적을 못하도록 근본적인 대책을 선박 건조 시부터 설치하고 있었다. 이러한 선박의 경우 출항 전 점검 시에 홀수(Draft)와 화물 고박 상태만 점검해도 사고를 막을 수 있다.

그 사례 선박의 PC 로드 마스터(Load Master) 자료를 인용해 보여 드리겠다.

```
GRAND VEGA                                    From :
Voy. No :                                     To :

                    STOWAGE PLAN
```

| DECK | UNIT | CAR WEIGHT | WEIGHT (Mt) | LCG (m) | VCG (m) | TCG (m) |
|------|------|------------|-------------|---------|---------|---------|
| 1 | 29 | 783.00 | 783.00 | 94.450 | 3.680 | -0.283 |
| 2 | 0 | 0.00 | 0.00 | 93.640 | 6.090 | -0.301 |
| 3 | 52 | 1404.00 | 1404.00 | 99.290 | 8.680 | -0.414 |
| 4 | 0 | 0.00 | 0.00 | 103.140 | 11.530 | 0.030 |
| 5 | 170 | 2396.66 | 2396.66 | 86.930 | 14.850 | 0.080 |
| 6 | 0 | 0.00 | 0.00 | 87.500 | 18.200 | 0.290 |
| 7 | 443 | 974.60 | 974.60 | 90.000 | 20.960 | 0.110 |
| 8 | 530 | 689.00 | 689.00 | 90.120 | 23.770 | 0.379 |
| 9 | 396 | 871.20 | 871.20 | 92.940 | 26.180 | -0.052 |
| 10 | 580 | 754.00 | 754.00 | 96.720 | 28.850 | -0.180 |
| 11 | 576 | 748.80 | 748.80 | 97.320 | 31.315 | -0.210 |
| 12 | 586 | 761.80 | 761.80 | 97.050 | 33.780 | -0.091 |
| Total | 3362 | 9383.06 | 9383.06 | -3.044 | 19.312 | -0.069 |

```
                                    Date : 9/6/2016
                                    By :
```

GRAND VEGA
Voy. No :

From :
To :

# TANK PLAN

| COMPART NAME | WGT (Mt) | VOL. (%) | DEN. (S/G) | LCG (m) | KG (m) | TCG (m) | FSM (Mt-m) |
|---|---|---|---|---|---|---|---|
| NO.1 W.B.T. | 0.0 | 0.00 | 1.0250 | -80.680 | 0.000 | 0.000 | 0.0 |
| NO.2 W.B.T.(P) | 0.0 | 0.00 | 1.0250 | -60.220 | 0.000 | -0.320 | 0.0 |
| NO.2 W.B.T.(S) | 0.0 | 0.00 | 1.0250 | -60.220 | 0.000 | 0.320 | 0.0 |
| NO.3 W.B.T.(P) | 0.0 | 0.00 | 1.0250 | -39.400 | 0.000 | -0.950 | 0.0 |
| NO.3 W.B.T.(S) | 0.0 | 0.00 | 1.0250 | -39.420 | 0.000 | 0.940 | 0.0 |
| NO.4 W.B.T.(P) | 0.0 | 0.00 | 1.0250 | -17.700 | 0.030 | -2.060 | 0.0 |
| NO.4 W.B.T.(S) | 0.0 | 0.00 | 1.0250 | -17.700 | 0.000 | 0.890 | 0.0 |
| HEELING TANK (P) | 0.0 | 0.00 | 1.0250 | 7.690 | 0.740 | -11.370 | 0.0 |
| HEELING TANK (S) | 0.0 | 0.00 | 1.0250 | 7.750 | 0.740 | 11.370 | 0.0 |
| NO.5 W.B.T.(P) | 340.5 | 40.19 | 1.0250 | 9.850 | 0.854 | -5.955 | 2508.6 |
| NO.5 W.B.T.(S) | 669.4 | 100.00 | 1.0250 | 12.840 | 1.700 | 6.700 | 0.0 |
| NO.6 W.B.T.(P) | 0.0 | 0.00 | 1.0250 | 39.080 | 0.030 | -2.070 | 0.0 |
| NO.6 W.B.T.(S) | 0.0 | 0.00 | 1.0250 | 39.100 | 0.000 | 0.900 | 0.0 |
| A.P.T.(FWT FOAM) | 0.0 | 0.00 | 1.0000 | 86.100 | 7.270 | 0.000 | 0.0 |
| A.P.T.(P) | 0.0 | 0.00 | 1.0250 | 85.750 | 7.900 | -5.830 | 0.0 |
| A.P.T.(S) | 0.0 | 0.00 | 1.0250 | 85.750 | 7.900 | 5.850 | 0.0 |
| B.W.T. TOTAL | 1010.0 | 9.75 | | 11.832 | 1.415 | 2.433 | 2508.6 |
| NO.1 F.O.T.(P) | 440.1 | 90.00 | 0.9800 | -16.480 | 5.142 | -12.954 | 196.2 |
| NO.1 F.O.T.(S) | 440.5 | 90.00 | 0.9800 | -16.470 | 5.144 | 12.951 | 196.2 |
| NO.2 F.O.T.(P) | 921.8 | 90.00 | 0.9800 | 33.304 | 4.837 | -12.124 | 1134.9 |
| NO.2 F.O.T.(S) | 870.6 | 90.00 | 0.9800 | 32.338 | 4.780 | 12.172 | 873.8 |
| F.O.T. TOTAL | 2673.0 | 90.00 | | 16.590 | 4.919 | -0.215 | 2401.1 |
| D.O.T.(P) | 87.3 | 90.00 | 0.8500 | 56.660 | 5.772 | -10.998 | 174.9 |
| D.O.T.(S) | 88.6 | 90.00 | 0.8500 | 56.652 | 5.780 | 11.025 | 180.7 |
| D.O.T. TOTAL | 175.9 | 90.00 | | 56.656 | 5.776 | 0.096 | 355.6 |
| F.W.T.(P) | 233.2 | 100.00 | 1.0000 | 81.370 | 11.560 | -13.030 | 121.7 |
| D.W.T.(S) | 233.0 | 100.00 | 1.0000 | 81.370 | 11.560 | 13.030 | 121.7 |
| F.W.T. TOTAL | 466.2 | 100.00 | | 81.370 | 11.560 | -0.006 | 243.4 |

Date : 9/6/2016
By :

GRAND VEGA
Voy. No :

From :
To :

# LOADING CONDITION SUMMARY

| COMPART | WEIGHT(Mt) | DECK | COUNT(CAR/CONTAINER) | WEIGHT(Mt) |
|---|---|---|---|---|
| B.W. Tks | 1010.0 | 01 | 29 | 783.00 |
| F.O. Tks | 2673.0 | 02 | 0 | 0.00 |
| D.O. Tks | 175.9 | 03 | 52 | 1404.00 |
| L.O. Tks | 0.0 | 04 | 0 | 0.00 |
| F.W. Tks | 466.2 | 05 | 170 | 2396.66 |
| ETC Tks | 0.0 | 06 | 0 | 0.00 |
| CONSTANT | 418.4 | 07 | 443 | 974.60 |
| | | 08 | 530 | 689.00 |
| | | 09 | 396 | 871.20 |
| | | 10 | 580 | 754.00 |
| | | 11 | 576 | 748.80 |
| | | 12 | 586 | 761.80 |
| OTHERS TOTAL : | 4743.5 | DECK TOTAL : | 3362 / 0 | 9383.06 |

| | | | | | |
|---|---|---|---|---|---|
| DEAD WEIGHT | 14126.5 | Mt | | | |
| LIGHT WEIGHT | 16953.0 | Mt | | | |
| DISPLACEMENT | 31079.5 | Mt | | | |
| LCG | 9.882 | m | TKM | 17.130 | m |
| LCB | 5.947 | m | KG | 15.728 | m |
| MTC | 532.798 | Mt-m | GM | 1.402 | m |
| TPC | 49.931 | Mt/Cm | GGo | 0.177 | m |
| LCF | 11.604 | m | GoM | 1.224 | m |
| TCG | -0.010 | m | | | |
| SEA S/G | 1.0250 | | | | |
| | | | Vert. Moment | 488833.063 | Mt-m |
| | | | FS. Moment | 5508.716 | Mt-m |
| | | | Total Moment | 494341.781 | Mt-m |

DRAFT at Perpendiculars
Equiv.      8.857   m
FORE        7.571   m
MEAN        8.718   m
AFT         9.866   m

Trim                          2.295   m
1 deg. Heeling Moment       664.074   Mt-m
Heeling Angle                -0.470   deg.
Propeller immersion ratio   100.630   %

IMO A749(18)  Judgement : YES

Date : 9/6/2016
By :

GRAND VEGA
Voy. No :

From :
To :

# GZ TABLE & GRAPH

| <IMO A749(18) CRITERIA> | Available | Required | Check |
|---|---|---|---|
| Angle of Flooding (Af) | 56.426 deg | | |
| Initial GoM | 1.224 m | 0.150 m | YES |
| Angle at Maximum GoZ | 62.250 deg | 25.000 deg | YES |
| Maximum GoZ | 1.009 m | | |
| Goz at 30 Degree | 0.375 m | 0.200 m | YES |
| Area to 30 Degree | 0.136 m-rad | 0.055 m-rad | YES |
| Area to 40 Degree or Af | 0.198 m-rad | 0.090 m-rad | YES |
| Area 30-40 Degree or Af | 0.062 m-rad | 0.030 m-rad | YES |
| Minimum Allow. GoM | 1.224 m | 0.957 m | YES |

IMO A749(18) Judgement : YES

Righting Lever (GoZ) In METER

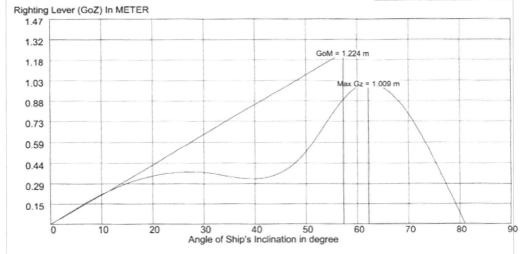

Date : 9/6/2016
Bv :

GRAND VEGA
Voy. No :

From :
To :

# WEATHER CRITERIA TABLE & GRAPH

| <IMO A 749(18) 3.2> | Available | Required |
|---|---|---|
| Steady wind Heeling Lever (Lw1) | 0.186 | |
| Gust Wind Heeling Lever (Lw2) | 0.280 | |
| Angle of Heel Under Action of Steady Wind ($\theta$0) | 7.638 | < 16 degrees |
| Angle of Roll to Windward to Wave Action ($\theta$1) | 15.854 | |
| Angle of Down Flooding or 50 deg or 0c ($\theta$2) | 50.000 | |
| Angle of Second Intercept Curves(lw2<->GZ) | 14.383 | |
| Dynamic Roll Area [A] | 0.093 | |
| Dynamic Stability area [B] | 0.052 | |
| Area [B] / Area [A] | 0.552 | > 1 |
| Rolling Period(Seconds) | 21.821 | |

<u>IMO A 749(18) 3.2 : No</u>

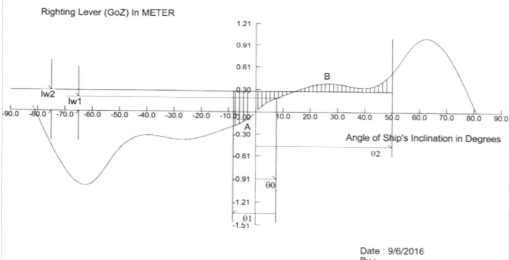

Date : 9/6/2016
By :

## SF/BM & GRAPH

| FR.NO | SHEAR FORCE | | | | | BENDING MOMENT | | | | | |
|---|---|---|---|---|---|---|---|---|---|---|---|
| | ACT. (Mt) | ALLOW(%) SEA | HB | ALLOW(Mt) SEA. | HB | ACT. (Mt-m) | ALLOW(%) SEA | HB | ALLOW(Mt-m) SEA MIN | SEA. | HB |
| 14.00 | 1407 | 34 | 33 | 4079 | 4265 | 10912 | 37 | 29 | 0 | 29429 | 36758 |
| 50.80 | 2189 | 53 | 45 | 4079 | 4827 | 76852 | 58 | 47 | 0 | 130524 | 163031 |
| 56.00 | 2073 | 50 | 42 | 4079 | 4906 | 85662 | 59 | 47 | 0 | 144797 | 180859 |
| 74.56 | 1394 | 34 | 27 | 4079 | 4982 | 111905 | 57 | 45 | 0 | 195786 | 244546 |
| 98.32 | 484 | 11 | 9 | 4079 | 5080 | 128764 | 65 | 49 | 0 | 195786 | 260799 |
| 122.08 | -185 | 4 | 3 | -4079 | -5116 | 131722 | 67 | 50 | 0 | 195786 | 260799 |
| 145.84 | -1190 | 29 | 23 | -4079 | -5108 | 119380 | 60 | 45 | 0 | 195786 | 260799 |
| 169.60 | -2124 | 52 | 41 | -4079 | -5101 | 87785 | 59 | 43 | 0 | 146839 | 202565 |
| 184.00 | -2256 | 55 | 44 | -4079 | -5096 | 62094 | 52 | 38 | 0 | 117169 | 161636 |
| 193.36 | -2147 | 52 | 42 | -4079 | -4999 | 45495 | 46 | 33 | 0 | 97893 | 135044 |
| 216.00 | -1244 | 30 | 26 | -4079 | -4764 | 13712 | 26 | 19 | 0 | 51248 | 70698 |
| 228.00 | -640 | 15 | 14 | -4079 | -4419 | 4572 | 17 | 12 | 0 | 26528 | 36596 |
| MAX | 2451.02 | 60 | 53 | 4079 | 4555 | 132180 | 67 | 50 | 0 | 195786 | 260799 |
| | ( FR : 33.00 ) | | | | | ( FR : 116.00 ) | | | | | |

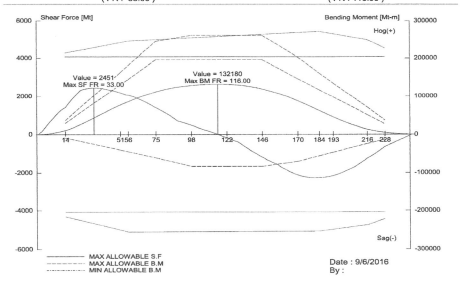

MAX ALLOWABLE S.F
MAX ALLOWABLE B.M
MIN ALLOWABLE B.M

Date : 9/6/2016
By :

(ㄱ) 상기 첫 번째 'Stowage Plan'에는 3,362대의 자동차 9,383.06톤을 적재상태 표기.

(ㄴ) 'Tank Plan'에는 제5좌현 평형수 탱크〈No.5 W.B.T(P)〉에 영구 평행수(Permanent Ballast) 340.5MT/제5 우현 평형수 탱크〈No.5 W.B.T(S)〉에 669.4MT, 합계 1,010톤의 영구 평형수(Permanent Ballast) 선적상태를 표기. 우현 측 영구 평형수 무게가 약 329톤 큰 것은 자동차 선적용 램프 도어(Ramp Door)의 무게 등 좌현 측과의 무게 밸런스를 맞추어 주기 위함이다.

(ㄷ) Loading Condition

(ㄹ) Loading Condition Summary에는 각종 데이터(Data)가 수록되어 있음. 특히 GM=1.402m, GGO=0.177m, GoM=1.224m 등 주요 자료를 표기. 맨 아래 IMO A749(18) Judgement: YES라고 판정하고 있음.

(ㅁ) GZ Table & Graph: IMO A 749(18) Criteria, Required, Check.

|  | Initial GoM 1.224m | 0.150m | YES |
| Angle Of Max. | GoM 62.250 deg. | 25.000deg. | YES |

기타 GoZ at 30 Degree, Area to 30 Degree, Area to 40 Degree or Af, Area to 30~40 Deg. or Af, Max. Allow. GoM 7가지 요소를 IMO 기준 대비 합격 여부를 점검해 본 결과 합격.

(ㅂ) 날씨 영역 표 및 그래프(Weather Criteria Table & Grapgh): 지속적으로 부는 바람의 영향하에서의 선수각도(Angle Of head under Action Of Steady wind): 16도 이하의 요건 충족.
동적인 복원성 영역〈Area(B)〉/동적인 좌우 흔들림 영역〈Area(A)〉=0.552 〉1보다 커야 하는 조건을 불충족/IMO A 749(18)3.2: No

(ㅅ) 전단력(SF: Sheering Force)/굽힘응력(BM: Bending 모먼트(Moment)) & Graph 내용을 상세히 보여준다.

(ㅇ) 결론적으로 평가해서 국제해사기구 제18차 정기총회 749번째 결의서 〈IMO A 749(18)〉에서 요구하는 7가지 요건은 충족하나 IMO A 749(18)3.2 요구조건

Area(B)/Area(A)=0.552로서 요건인 1 이상을 충족시키지 못함.

(ㅈ) 최근 약 6개월 전에 영구 평형수 제도(Permanent Ballast System)가 설치된 자동차 전용선(PCC선)에서 1항사가 실수로 1,113톤의 화물을 과적하게 되어 포르투갈/스페인 해역을 돌아서 영국으로 향하던 도중에 대서양에서 황천을 만나 화물이 무너졌으며 선체가 50도로 넘어가서 수밀 문들이 완벽하게 수밀 상태를 2일간 유지하여 해난구조(Salvage) 업체에 의뢰, 빈 연료유 탱크를 뚫고 해수를 채워서 선체를 바로 세워서 항해를 속개하여 선거(Dock) 수리했다 함. 영구 평형수 제도 (Permanent Ballast System)가 채택된 선박이라도 1항사가 실수로든 고의로든 화물을 과적하고 황천을 만나면 사고 유발된다는 교훈을 알려 줌. 즉 화물 과적으로 GoM이 불량해지면 사고 유발함.


## 2. 선폭의 2%에 해당되는 최소 안전 GoM 확보차 이중저(Double Bottom) 평형수 탱크의 시멘팅(Cementing) 처리 법제화

1) 선폭의 2%에 해당하는 GM 상태가 여객선에 있어서 선체 좌우 방향의 움직임(Rolling)/선체 전후 방향의 움직임(Pitching) 영향이 가장 적어서 승객들에게 뱃멀미를 억제하고 가장 편안한 항해를 즐길 수 있다고 조언하나 상기 (1)항에서와 같이 IMO A 749(18)을 적용해 보았더니 GoM 및 Angle at Max. GoZ & Area to 30 Degree 3종류의 요건만 충족할 뿐 나머지 요소 6가지는 충족시키지 못하므로 취소함.

2) 검토자료 참조.

```
GRAND VEGA                                               From :
Voy. No : 3.40 HEAVY MIXED GM-64.4cm & 20cm TRIM         To :

                        STOWAGE PLAN
```

| DECK | UNIT | CAR WEIGHT | WEIGHT (Mt) | LCG (m) | VCG (m) | TCG (m) |
|------|------|-----------|-------------|---------|---------|---------|
| 1 | 29 | 783.00 | 783.00 | 94.450 | 3.680 | -0.283 |
| 2 | 0 | 0.00 | 0.00 | 93.640 | 6.090 | -0.301 |
| 3 | 52 | 1404.00 | 1404.00 | 99.290 | 8.680 | -0.414 |
| 4 | 0 | 0.00 | 0.00 | 103.140 | 11.530 | 0.030 |
| 5 | 170 | 2396.66 | 2396.66 | 86.930 | 14.850 | 0.080 |
| 6 | 0 | 0.00 | 0.00 | 87.500 | 18.200 | 0.290 |
| 7 | 443 | 974.60 | 974.60 | 90.000 | 20.960 | 0.110 |
| 8 | 530 | 689.00 | 689.00 | 90.120 | 23.770 | 0.379 |
| 9 | 396 | 871.20 | 871.20 | 92.940 | 26.180 | -0.052 |
| 10 | 580 | 754.00 | 754.00 | 96.720 | 28.850 | -0.180 |
| 11 | 576 | 748.80 | 748.80 | 97.320 | 31.315 | -0.210 |
| 12 | 586 | 761.80 | 761.80 | 97.050 | 33.780 | -0.091 |
| Total | 3362 | 9383.06 | 9383.06 | -3.044 | 19.312 | -0.069 |

```
                                            Date : 9/6/2016
                                            By :
```

```
GRAND VEGA                                               From :
Voy. No : 3.40 HEAVY MIXED GM-64.4cm & 20cm TRIM         To :

                        TANK PLAN
```

| COMPART NAME | WGT (Mt) | VOL. (%) | DEN. (S/G) | LCG (m) | KG (m) | TCG (m) | FSM (Mt-m) |
|--------------|----------|----------|------------|---------|--------|---------|------------|
| NO.1 W.B.T. | 806.0 | 100.00 | 1.0250 | -80.390 | 9.580 | 0.000 | 0.0 |
| NO.2 W.B.T.(P) | 143.5 | 15.80 | 1.0250 | -60.790 | 1.612 | -1.384 | 158.5 |
| NO.2 W.B.T.(S) | 143.5 | 15.83 | 1.0250 | -60.790 | 1.612 | 1.384 | 158.5 |
| NO.3 W.B.T.(P) | 0.0 | 0.00 | 1.0250 | -39.400 | 0.000 | -0.950 | 0.0 |
| NO.3 W.B.T.(S) | 0.0 | 0.00 | 1.0250 | -39.420 | 0.000 | 0.940 | 0.0 |
| NO.4 W.B.T.(P) | 0.0 | 0.00 | 1.0250 | -17.700 | 0.030 | -2.060 | 0.0 |
| NO.4 W.B.T.(S) | 0.0 | 0.00 | 1.0250 | -17.700 | 0.000 | 0.890 | 0.0 |
| HEELING TANK (P) | 0.0 | 0.00 | 1.0250 | 7.690 | 0.740 | -11.370 | 0.0 |
| HEELING TANK (S) | 0.0 | 0.00 | 1.0250 | 7.750 | 0.740 | 11.370 | 0.0 |
| NO.5 W.B.T.(P) | 144.1 | 17.00 | 1.0250 | 9.829 | 0.512 | -5.348 | 2373.5 |
| NO.5 W.B.T.(S) | 441.8 | 66.00 | 1.0250 | 12.924 | 1.233 | 6.598 | 2307.2 |
| NO.6 W.B.T.(P) | 0.0 | 0.00 | 1.0250 | 39.080 | 0.030 | -2.070 | 0.0 |
| NO.6 W.B.T.(S) | 0.0 | 0.00 | 1.0250 | 39.100 | 0.030 | 0.900 | 0.0 |
| A.P.T.(FWT FOAM) | 0.0 | 0.00 | 1.0000 | 86.100 | 7.270 | 0.000 | 0.0 |
| A.P.T.(P) | 0.0 | 0.00 | 1.0250 | 85.750 | 7.900 | -5.830 | 0.0 |
| A.P.T.(S) | 0.0 | 0.00 | 1.0250 | 85.750 | 7.900 | 5.850 | 0.0 |
| B.W.T. TOTAL | 1677.9 | 16.20 | | -44.720 | 5.240 | 1.278 | 4997.8 |
| NO.1 F.O.T.(P) | 0.0 | 0.00 | 0.9800 | -6.420 | 0.940 | -11.340 | 0.0 |
| NO.1 F.O.T.(S) | 0.0 | 0.00 | 0.9800 | -6.380 | 0.940 | 11.340 | 0.0 |
| NO.2 F.O.T.(P) | 375.4 | 36.65 | 0.9800 | 33.574 | 3.226 | -10.979 | 1134.9 |
| NO.2 F.O.T.(S) | 375.3 | 38.80 | 0.9800 | 33.371 | 3.232 | 11.031 | 873.8 |
| F.O.T. TOTAL | 750.7 | 25.28 | | 33.472 | 3.229 | 0.025 | 2008.7 |
| D.O.T.(P) | 48.5 | 50.00 | 0.8500 | 56.201 | 5.256 | -10.591 | 174.9 |
| D.O.T.(S) | 49.2 | 50.00 | 0.8500 | 56.214 | 5.267 | 10.601 | 180.7 |
| D.O.T. TOTAL | 97.7 | 50.00 | | 56.208 | 5.262 | 0.085 | 355.6 |
| F.W.T (P) | 116.6 | 50.00 | 1.0000 | 81.236 | 10.171 | -12.776 | 121.7 |
| D.W.T (S) | 116.5 | 50.00 | 1.0000 | 81.236 | 10.170 | 12.776 | 121.7 |
| F.W.T. TOTAL | 233.1 | 50.00 | | 81.236 | 10.171 | -0.006 | 243.4 |

```
                                            Date . 9/6/2016
                                            By .
```

GRAND VEGA
Voy. No : 3.40 HEAVY MIXED GM-64.4cm & 20cm TRIM

From :
To :

# LOADING CONDITION SUMMARY

| COMPART | WEIGHT(Mt) | DECK | COUNT(CAR/CONTAINER) | WEIGHT(Mt) |
|---|---|---|---|---|
| B.W. Tks | 1677.9 | 01 | 29 | 783.00 |
| F.O. Tks | 750.7 | 02 | 0 | 0.00 |
| D.O. Tks | 97.7 | 03 | 52 | 1404.00 |
| L.O. Tks | 0.0 | 04 | 0 | 0.00 |
| F.W. Tks | 233.1 | 05 | 170 | 2396.66 |
| ETC Tks | 0.0 | 06 | 0 | 0.00 |
| CONSTANT | 418.4 | 07 | 443 | 974.60 |
| | | 08 | 530 | 689.00 |
| | | 09 | 396 | 871.20 |
| | | 10 | 580 | 754.00 |
| | | 11 | 576 | 748.80 |
| | | 12 | 586 | 761.80 |
| OTHERS TOTAL : | 3177.8 | DECK TOTAL : | 3362 / 0 | 9383.06 |

| | | |
|---|---|---|
| DEAD WEIGHT | 12560.9 | Mt |
| LIGHT WEIGHT | 16953.0 | Mt |
| DISPLACEMENT | 29513.9 | Mt |

| | | | | | |
|---|---|---|---|---|---|
| LCG | 6.013 | m | TKM | 17.230 | m |
| LCB | 5.660 | m | KG | 16.330 | m |
| MTC | 503.249 | Mt-m | GM | 0.900 | m |
| TPC | 48.900 | Mt/Cm | GGo | 0.258 | m |
| LCF | 10.830 | m | GoM | 0.643 | m |
| TCG | -0.001 | m | | | |

SEA S/G    1.0250

| | | |
|---|---|---|
| Vert. Moment | 481951.563 | Mt-m |
| FS. Moment | 7605.502 | Mt-m |
| Total Moment | 489557.063 | Mt-m |

DRAFT          at Perpendiculars
| | | |
|---|---|---|
| Equiv. | 8.540 | m |
| FORE | 8.425 | m |
| MEAN | 8.528 | m |
| AFT | 8.632 | m |

| | | |
|---|---|---|
| Trim | 0.207 | m |
| 1 deg. Heeling Moment | 331.019 | Mt-m |
| Heeling Angle | -0.115 | deg. |
| Propeller immersion ratio | 81.643 | % |

IMO A749(18)  Judgement : NO

Date : 9/6/2016
By :

GRAND VEGA
Voy. No : 3.40 HEAVY MIXED GM-64.4cm & 20cm TRIM

From :
To :

# GZ TABLE & GRAPH

| <IMO A749(18) CRITERIA> | Available | Required | Check |
|---|---|---|---|
| Angle of Flooding (Af) | 57.500 deg | | |
| Initial GoM | 0.643 m | 0.150 m | YES |
| Angle at Maximum GoZ | 62.250 deg | 25.000 deg | YES |
| Maximum GoZ | 0.405 m | | |
| Goz at 30 Degree | 0.054 m | 0.200 m | NO |
| Area to 30 Degree | 0.055 m-rad | 0.055 m-rad | YES |
| Area to 40 Degree or Af | 0.050 m-rad | 0.090 m-rad | NO |
| Area 30-40 Degree or Af | -0.005 m-rad | 0.030 m-rad | NO |
| Minimum Allow. GoM | 0.643 m | 1.110 m | NO |

IMO A749(18) Judgement : NO

Righting Lever (GoZ) In METER

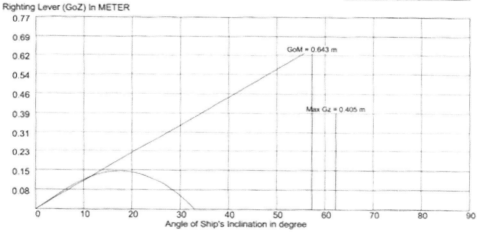

Date : 9/6/2016
By :

GRAND VEGA
Voy. No : 3.40 HEAVY MIXED GM-64.4cm & 20cm TRIM

From :
To :

# WEATHER CRITERIA TABLE & GRAPH

| <IMO A 749(18) 3.2> | Available | Required |
|---|---|---|
| Steady wind Heeling Lever (Lw1) | 0.198 | |
| Gust Wind Heeling Lever (Lw2) | 0.298 | |
| Angle of Heel Under Action of Steady Wind ($\theta0$) | 55.147 | < 16 degrees |
| Angle of Roll to Windward to Wave Action ($\theta1$) | 16.215 | |
| Angle of Down Flooding or 50 deg or 0c ($\theta2$) | 50.000 | |
| Angle of Second Intercept Curves(lw2<->GZ) | 57.384 | |
| Dynamic Roll Area [A] | -0.138 | |
| Dynamic Stability area [B] | 0.022 | |
| Area [B] / Area [A] | -0.156 | > 1 |
| Rolling Period(Seconds) | 30.368 | |

IMO A 749(18) 3.2 : No

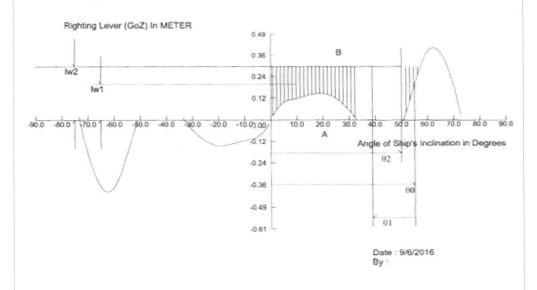

Date : 9/6/2016
By :

GRAND VEGA
Voy. No : 3.40 HEAVY MIXED GM-64.4cm & 20cm TRIM

From :
To :

## SF/BM & GRAPH

| FR.NO | SHEAR FORCE | | | | | BENDING MOMENT | | | | | |
|---|---|---|---|---|---|---|---|---|---|---|---|
| | ACT. (Mt) | ALLOW(%) | | ALLOW(Mt) | | ACT. (Mt-m) | ALLOW(%) | | ALLOW(Mt-m) | | |
| | | SEA | HB | SEA. | HB | | SEA | HB | SEA MIN | SEA. | HB |
| 14.00 | 1687 | 41 | 39 | 4079 | 4265 | 12458 | 42 | 33 | 0 | 29429 | 36758 |
| 50.80 | 2998 | 73 | 62 | 4079 | 4827 | 92984 | 71 | 57 | 0 | 130524 | 163031 |
| 56.00 | 2925 | 71 | 59 | 4079 | 4906 | 105280 | 72 | 58 | 0 | 144797 | 180859 |
| 74.56 | 2162 | 53 | 43 | 4079 | 4982 | 143673 | 73 | 58 | 0 | 195786 | 244546 |
| 98.32 | 873 | 21 | 17 | 4079 | 5080 | 172486 | 88 | 66 | 0 | 195786 | 260799 |
| 122.08 | -30 | 0 | 0 | -4079 | -5116 | 179704 | 91 | 68 | 0 | 195786 | 260799 |
| 145.84 | -1629 | 39 | 31 | -4079 | -5108 | 165780 | 84 | 63 | 0 | 195786 | 260799 |
| 169.60 | -2919 | 71 | 57 | -4079 | -5101 | 120982 | 82 | 59 | 0 | 146839 | 202565 |
| 184.00 | -3129 | 76 | 61 | -4079 | -5096 | 85703 | 73 | 53 | 0 | 117169 | 161636 |
| 193.36 | -2961 | 72 | 59 | -4079 | -4999 | 62809 | 64 | 46 | 0 | 97893 | 135044 |
| 216.00 | -2007 | 49 | 42 | -4079 | -4764 | 16909 | 32 | 23 | 0 | 51248 | 70698 |
| 228.00 | -629 | 15 | 14 | -4079 | -4419 | 4545 | 17 | 12 | 0 | 26528 | 36596 |
| MAX | -3128.86 | 76 | 61 | -4079 | -5096 | 179713 | 91 | 68 | 0 | 195786 | 260799 |
| | ( FR : 183.00 ) | | | | | ( FR : 121.00 ) | | | | | |

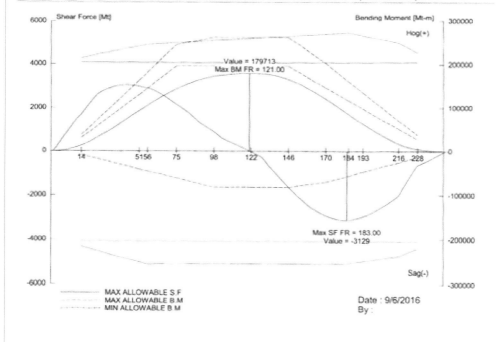

3) 선폭의 2% GoM 제도 도입은 상기 자료에서 보다시피 IMO 요건 3종류는 충족시키나 나머지 6종류는 충족시키지 못하므로 검토 대상에서 배제 요함.

4) 그러나 (1)항의 영구 평형수 제도(Permanent Ballast System)에 필요로 하는 GM을 충족하는 상태하에서 선속에 가장 효과적이라는 선수 측보다 선미 측이 20cm 해수에 더 잠긴 상태(20cm 바이 더 스턴(By the Stern)로 선체를 유지하는 데 필요한 탱크별 평형수 대신에 동일 무게의 시멘팅(Cementing)을 하여 (1)항에 대체하는 방법으로 교체하면 선체의 수명을 현저하게 연장 가능함. 시멘트(Cement) 가루가 알칼리 성분이어서 건조 시 시멘팅(Cementing)을 평형수 탱크 안에 해수 대신 시공해 두면 선체 부식을 막아주어 선령 30년이 넘어도 선체 마모율이 5% 미만일 것임 → 필자가 시멘트 캐리어(Cement Carrier)에서 직접 경험한 바임.

## 3. 모든 여객선에 로드 마스터(Load Master) 기기를 설치하여 상시 GM의 변화를 읽을 수 있도록 함

1) 항로별 채산성, 선박의 크기 등을 감안하여 해수부에서 선주 비용과 정부 보조금 지급 제도 등을 폭넓게 검토하여 열악한 1항사들의 GM 계산 능력, 출항 시간에 쫓겨 GM도 모르고 세월호와 같이 출항하는 우를 범하지 않도록 정부 측의 지원 내지는 융자금 알선 지도 등 모든 방법을 동원하여 전 여객선에 로드 마스터(Load Master) 설치 법제화가 긴요하다.

2) 상기 조건에도 불구하고 채산성이 없는 항로에 낙도 도서민들의 편의 제공 목적으로 정부에서 현재에도 운항비용을 제공해 주고 있는 낙도 도서민들 수송용 여객선은 100% 정부에서 지원 구매/설치.

3) 필자가 주장하는 여객선에 있어서 가장 안락한 GM인 선폭의 2%에 도달하면 1차 경보 시스템 작동 → 1항사가 평형수 보충 GM확보.

4) GM이 탑 헤비 쉽(Top Heavy Ship) 자연경사 현상이 나타나는 GoM 20~30cm까지는 절대로 접근 금지-목적지항 도착 시의 GM 조건임. 2차 경보 시스템 작동. 현행 선박 안전법 및 IMO 규정(Regulation)에 규정된 출항 시부터 목적지항에 도달 시까지 최소 GM 15cm에서 3차 경보. 이때에 가장 중요한 것이 화물 고박 상태임. 선급이 지정해 준 화물 고박 시스템을 항상 100% 고박했는지 입출항 점검관이 반드시 점검 후 합격 시 출항 허가=세월호의 경우에도 화물 고박을 KR이 승인해 준 대로 100%(승용차는 4바퀴/대형 화물차량은 8바퀴) 고박했더라면 필자가 감독했던 동남아 원목선처럼 약 10도 전후로 선체가 경사진 상태로 제주항 입항 가능했을 것임.

5) 로드 마스터(Load Master)를 여객선에는 의무적으로 설치해야만 1항사 중 GM 계산도 제대로 못 하거나 출항 시간이 임박하여 1시간 이내에 거의 대부분 GM 계산이 안 되는 등 1항사의 능력에 따라 여러 변수가 많으므로 로드 마스터(Load Master) 설치를 법제화/의무화 시키면 상시 GM 수치를 읽을 수 있어 화물 과적/GM 불량으로 인한 재래식 사고는 막을 수가 있겠다.

6) 입출항 점검관이 필수적으로 GM, 흘수 및 화물 고박상태 확인 후 입출항 승인.

## 4. 컨테이너 고정용 락 콘(Lock Cone)을 오토 트위스트 락 콘(Auto Twist Lock Cone)으로 대체

1) 하역회사가 컨테이너 화물을 선체에 용접되어 있는 4코너(Corner)에 선적과 동시에 자동적으로 잠금(Locking) 되는 기기임.

2) 세월호 사고 당시 상갑판에 선적되었던 컨테이너 화물들이 선체경사도 약 30도 이상 시점에 선외로 터져 나갔음. 이때에 선체 경사면을 따라서 굴러가므로 선체를 더욱 가파르게 넘어지게 하는 효과가 있음.

3) 하역 인부들이 실수로 꽉 조이지 않을 개연성이 있으므로 4코너(corner)에 컨테이너 화물을 맞추어 끼우기만 하면 자동적으로 잠기는 오토 트위스트 락 콘(Auto Twist Lock Cone)을 법제화 취부. 항간에 인터넷상에 '세월호 X'라는 동영상이 인기 절정이던데 주황색 물체가 계속 세월호 선체 주위를 맴돌므로 잠수함에 받쳐서 세월호 사고가 발생한 것처럼 의구심을 증폭시켜 마치 현실인 양 묘사해 필자에게 해기사들의 문의가 올 정도임.

이는 레이다(Radar)에 주황색 컨테이너가 선외로 넘어져 나가서 레이다(Radar)/AIS(Automatic Identification System/자동 식별 장치) 전파의 반사파에 의해 커다란 물체처럼 보일 뿐임. 잠수함이라면 해수면 하부에 있어 전파에 잡히지도 않고 주황색칠을 한 잠수함은 전 세계에 있다는 소리를 50년간 해운업계 종사기간 중 들어본 적이 없음. 해운업계 문외한들이 호기심에 국민들을 현혹시키지 말기를 바란다. 잠수함은 적군에게 먼저 발각되지 않으려고 어느 나라 할 것 없이 모두 다 검정색임. 해면 상부의 선박과 잠수함의 접촉사고를 잠수함 측에서 더욱 무서워한다는 사실을 알면 이해가 될 것임. 잠수함은 받치면 함체에 금이 가서 물이 새어 들어와 침몰 질식사를 면할 길이 없어 잠수함이 소너(Sonar)로 해면상의 선박들과 접촉하지 않도록 더욱 경계

주의하면서 잠항을 하게 되어 있음. 반면에 선박은 2중저 탱크가 찢어지거나 파공되어 해수가 침입하나 선저가 여러 구획으로 구성되어 있어 선저 파공된 탱크만 침수될 뿐 침몰 등 대형 사고로는 발전하지 않아 잠수함보다는 위험성이 훨씬 적음.

## 5. 여객선 입출항 검사관은 해수부가 직접관리 또는 여객선사와 완전히 독립된 기관/통제 ***여객선 출항 점검관의 업무 수행자는 해수부 소속 검사관이 수행해야

1) 여객선 출항 전에는 한국해운조합 등 민간 기업 검사원이 아닌 해수부 소속 검사관이 여객선에 입회하여 아래에 예시한 '여객선 출항전 선박 안전 점검 체크 리스트(Check List)'에 의거 허용치(흘수선, GM, 평형수량, 승용 차량 수, 화물 차량 수 및 화물량, 컨테이너 수량/무게, 여객정원 등, 적색글씨체) 기재량과 실제 선적량 비교, 화물 고박 장치에 대한 선급 승인 방법대로 고박(Lashing)했는지 여부 확인 후 임검 검사관 란에 사인. 또한 목적지 항구에 도착한 다음 해수부 임검 검사관이 승선, 고박 해지 여부 확인 후 고박 풀고 하역 개시토록 정례화하게 되면 입항 전에 미리 고박을 푼 상태에서 입항하자마자 하역개시 하는 폐습을 타파해야 안전이 확보될 것임. 본 건은 선박안전 기술 공단에 해수부에서 위탁했다 함.

2) 선박 안전 기술 공단 소속 여객선 입출항 임검 검사원들 대상으로 본 교재에 따른 부단한 전문가 기술 교육이 긴요함.

# 여객선 출항전 선박 안전 점검 CHECK LIST

| 선명 | | 항차 No. | | 날짜 | |
|---|---|---|---|---|---|
| 출항지 | | 입항지 | | 소요시간 | |
| 선수측 흘수 | m    cm | 선미측 흘수 | m    cm | 총 평형수 적재량 | m³ |
| 허용 흘수선(중앙) | m    cm | 출항 흘수(중앙) | m    cm | 도착지예상흘수(중앙) | m   cm |
| 허용 GM | cm | 출항 GM | cm | 도착지 예상 GM | cm |
| 영구 평형수 탱크 No. & 용량 | /    m³ | 출항전 영구 평형수 탱크 No. & 적재량 | /    m³ | | |
| 허용 승용차수 | 대 | 출항 승용차수 | 대 | 4바퀴 고박상태 | |
| 허용 화물차수/ kg | 대 kg | 출항 화물차수/ kg | 대 kg | 4바퀴 고박상태 | |
| 허용 컨테이너수 | TEU kg | 출항 컨테이너수 | TEU kg | 4Corner 고박상태 및 Lashing Rod 고박상태 | |
| 여객정원 | 명 | 출항 승객수 | 명 | 구명 Jacket 착용법, 동영상/ video 방영 및 승무원 시범 | YES, NO |

| 여객접수 마감시간 : 시   분 (출항 2시간전) | | 승용차/ 화물 마감시간 : 시   분 (출항 2시간전) | |
|---|---|---|---|
| 여객구역별 안내원 지정, 구명 JACKET 착용법 시범, 퇴선위치 및 깃발(색깔 식별)을 여객에 제시 퇴선법 설명여부 | | | YES, NO |
| 변침점 지정여부 및 변침시, 입출항시, 협수로 통과시, 어선/ 어장 밀집지역 통항시 선장께 사전 보고 및 선장/ 선교에 위치하여 직접 운항지시 여부 확인 | | | YES, NO |
| 입항지 선박 검사관이 입회하여 컨테이너, 승용차, 화물 차량등의 고박상태 점검 | | YES, NO | 검사관 SIGN |

상기와 같이 출항전 선박 안전점검 CHECK LIST를

작성 보고 드리며 M/V "     "호 여객선의 출항전

선박 안전점검을 신청하오니 점검하신 후 출항승인 선처 바랍니다.

20 .     .     .

선장 : _____      Signature : _____

선박명판 :

| 입검 FSI 선박검사관 관등성명 | | | 날인 | |
|---|---|---|---|---|

KJSM-206(1/2014.06.12)             KANGJIN SHIP MANAGEMENT CO., LTD

# 6. ***해난사고 발생 시 지휘 통솔 조직의
## 전문성 확보 및 간부 요원들의 지휘 통솔 요령 매뉴얼(Manual)화

중앙재난대책본부 요원 및 해경/해수부 요원들에 대한 재난 대비 지휘 통솔 요령 매뉴얼(Manual) 제작하여 법정교육 의무화 및 지휘 통솔능력 우수자 승진 우선권 부여.

1) 세월호 사건 당시의 체계 잡히지 않은 우왕좌왕하는 모습 근절.

2) 선종별 선체구조도 교육수강, 특히 여객선의 여객실 위치 및 출입구 위치의 확인 등.

3) 헬리콥터 또는 쾌속정으로 조난 선박에 제일 먼저 도착한 해경대원이 최우선적으로 선장면담 후 승객 안전 조치 협의 시행.

4) 책임과 권한을 명확히 정할 필요성이 긴요함. 세월호 해난사고 당시를 예로 들자면, 현장 지휘통솔 책임자는 진도 VTS 실장이 현장 지휘권을 가져야 함 → 목포해양 항만청 소속 안전 담당관 → 목포해양 항만청차장/청장 → 해수부 해사안전담당 국장 → 차관 → 해수부장관 → 중앙재난대책 본부에 보고 → 대통령께 결과 보고. 이러한 업무 라인(Line)에 승선 근무를 최소한 3년 이상 하여 현장 지휘통솔이 가능한 관리가 몇 분이나 있을지 궁금하다. 해운 정책 라인(Line)에는 행시출신들뿐이라는 것은 부산 해운업계의 상식임. 행시 출신들은 행정 자치부 정책 라인(Line) 요직을, 삼군 사관학교 출신들이 국방부 정책 요직을, 사법고시 출신들이 법원 검찰청, 법제처 등 정책 요직을, 맡고 있듯이 해수부에는 상선/어선 승선 경험이 많은 해운 전문인, 선장/기관장, 1등 항해사, 1등 기관사 출신들이 해운/수산 정책 라인(Line)에 포진하고 있어야 OECD 국가의 체면에 맞을 것이다.

5) 해난사고가 발생 → 해경이 현장에 헬리콥터로 사고 현장에 도착하면 진도 VTS 실장은 현장 지휘 통솔권을 해경/헬리콥터 요원에게 인계 → 헬리콥터 관할 팀장 → 목포지방 관할 해양경찰청 차장/청장 → 해양경찰 청장 → 중앙재난 대책 본부에 보고 → 대통령께 결과 보고

(ㄱ) 세월호 사고 발생 후 4주년이 경과된 현시점에 사고 원인 파악은 차치해 두고 선체 인양 과정에 노출된 문제점은 시급히 개선을 요한다. 필자가 국민 신문고를 통하여 해수부에 '구조 못 하면 구조비용 지불 안 하기(No CURE No PAY)' 조건을 계약서에 명시하고 기술력, 경험치를 20% 전후로 낮추고 견적가격을 80% 전후로 입찰 조건을 변경해야 국민 혈세로 시행되는 세월호 인양 작업에 낙찰 가격을 낮출 수가 있다고 알려 주어도 우리 해수부 정책 라인에 계신 분들은 들은 척도 안 한다. 필자의 제안을 수용했다면 2016년도에 750억 이하로 인양 작업이 끝났을 것이다. 서울대 공대 박승균 교수께서 세월호는 공기 부양식으로 인양해야 된다고 신문에 게재했다. 필자도 공기 부양식 기술에 동의한다. 40여 년간 한진중공업, 현대중공업 등에서 근무하여 조선 실무 경험이 많은 박 교수는 세월호 안전한 인양 방법으로 크레인을 가지고 끌어 올리기보다 부력으로 떠오르게 해야 된다며 특허 출원까지 했다고 신문에 보도되었다. 필자가 선체 최하부에 있는 이중저 탱크(double bottom tanks)류 및 기관실의 개구부를 막아 공기를 주입시키면 침몰된 선체 및 화물 등 무게의 약 140%에 상당하는 부양력이 생긴다는 사실을 산출했다. 그리고 국내 응찰업체에 산출 자료를 제공해 주었다.

(ㄴ) 국내 선체 인양기술 및 해난구조(Salvage) 기술이 중국 기술보다는 훨씬 위이다. 세월호 인양에 국내업체를 선정하여 좋은 기술을 접목하여 실적을 쌓기만 하면 세계 해난구조(Salvage) 업계로 진출할 수 있는 길이 열리고 대학 졸업한 실직자들에게 새로운 일거리가 창출되는데 굳이 국내 기술보다 수준이 낮은 중국 업체를 1, 2위로 평가한 평가단 명단을 해수부는 공개해야 할 것이다. 조선 기술이 일본 다음으로 우리나라가 중국보다 한 수 위이듯이 해난구조(Salvage) 기술도 국내업체들이 중국

의 무지막지한 해난구조(Salvage) 기술보다는 한 수 위이다. 세월호 인양 방법을 중국업체가 6번이나 변경했다고 부산 해운업계에는 소문이 나 있다.

우리나라 해난구조(Salvage) 업계는 왜 해수부가 외국 업체에 37~40년간 국내 해난구조(Salvage) 일거리를 맡기는지 잘 알고 있다 한다. 해수부는 국내 해난구조(Salvage) 업계의 고충에 귀를 기울일 때가 됐다.

6) 전술한 4) & 5)의 방법으로 현장에 제일 먼저 접근할 수 있는 조직, 눈으로 사고 현장을 목격하고 있는 국가 조직이 지휘 통솔권을 행사하는 것이 정석이다. 중앙 재난대책 본부에는 현장 부서가 진행 과정을 보고하면 된다. 중앙재난대책 본부에 해운/해기 전문가는 아무도 없기 때문이다. OECD 국가라면 중앙재난 대책 본부에 해운/해기 전문가 한 사람은 포함을 요한다.

7) 2001년 9월 11일 미국 뉴욕 소재 월드 트레이드 센터(World Trade Center) 고층 건물이 아랍계 테러 분자들이 탈취한 비행기 자살 특공대에 의해 파괴되었을 때에 사고 현장 지휘권을 발휘한 공무원은 현장 관할 소방 서장이었던 점을 상기하면 앞으로 우리나라에서도 사건 종류별로 현장 지휘책임자를 사전에 문서로 매뉴얼(Manual)화 해두어야 혼선을 피할 수가 있다. 그래야 가장 효과적인 대응이 될 수 있음은 말할 필요가 없다. 우리나라 국가 공무원들의 병폐는 빛나는 일은 서로 지휘 통솔권을 가지려고 싸우고 빛나지 않는 일, 잘해야 본전 잘못 하면 책임이 따르는 좋지 않은 사고처리 등 업무는 서로 자기 관할이 아니라고 사양(?)하므로 결국은 대통령까지 밀려서 가게 된다. 이는 ISO9001에서 규정한 책임과 권한이 불분명한 조직에서 흔히 볼 수 있는 현실이다. 과거 우리나라 기업들은 모든 골치 아픈 문제점은 사장께서 정해주기를 기다렸었는데 이러한 문제점을 1998 7/1일 부로 범세계적으로 IMO에서 모든 선박회사에 국제 선박안전관리 규약(ISM CODE)이 강제 시행에 옮기게 되면서 개인별/직책별 책임과 권한을 명문화하고 시행하기에 이르렀다.

차제에 협력업체들에게도 책임과 권한을 요구하기에 이르러 해운관련 제조업/보급업 등등 서비스분야의 업체들이 ISO9001 시스템(국제 품질 경영 시스템)을 구축하기 시작하면서 업무 분장 및 책임과 권한이 뿌리내렸다. 매년 협력업체들 평가 기준에 ISO9001 인증업체인지 아닌지에 따라서 평가 점수가 다르다.

(ㄱ) 필자는 50년간 해운업계에 종사하면서 유럽, 미국, 일본 등 해운 선진국들의 해난사고 처리 과정을 잘 알고 있다. 민간인 여객선에 수학 여행길에 일어난 사고를 대통령께서 책임이라고 TV 방송하는 나라는 처음 보았다. 선진 해운국이었다면 당연히 진도 VTS 실장 → 목포지방 해양항만청 소속 안전관리관 → 목포지방 해양항만청장 → 해수부 해사안전담당국장 → 해수부 차관 → 해수부장관 → 중앙재난대책 본부에 보고 → 대통령께 결과 보고의 루트로 초기대응을 하다가 해경 헬리콥터가 사고 현장에 도착하면 → 목포지방 해양경찰청 소속 헬리콥터 장이 VTS 실장으로부터 지휘 통솔 권한 인수/현장에 제일 먼저 도착한 해경이 지휘통솔 및 상부 팀장께에 결과 보고 → 목포지방 관할 해양경찰청장 → 해경청장 → 중앙 재난대책 본부에 보고 → 대통령께 결과 보고, 즉 세월호에 제일 먼저 승선한 해경 요원의 진두 지휘하에 현장 사고 처리하고 그 결과를 소속팀장 → 중앙재난대책 본부에 직보하는 등의 방법이 유효할 것임. 결재 루트를 밟아서 보고하다 보면 결재 라인이 너무 길어서 의사 소통에 장애물로 등장함. 어차피 해경청장도 승선 경험이 없는 문외한일진대 굳이 보고 라인만 길어져서 비효율적임. 상술해 드린 사유로 해운업계 항간에는 해경 조직을 해수부에 흡수 통합하는 편이 효율적이고 지휘체계도 해난 사고 현장 → 지역 해경청장 → 해경청장 → 해수부장관으로 일관성 있는 보고 체계가 확립되지 않겠느냐 하는 고견이 있다.

(ㄴ) 정부 부처별로 민간 기업과 같이 ISO9001시스템을 도입하여 매년 정부 부처별로 인증 심사 기관으로부터 ISO9001증서 유지 관리 제도 도입을 적극 권장함.

(ㄷ) 환경부와 같이 환경경영시스템이 필요한 부처는 ISO14001(국제 환경 경영 시스템)을 도입 유지관리 하면 될 것임.

(ㄹ) 보건 복지부와 같은 부처(식품안전처 등)는 HACCP(국제 식품 안전 관리 인증 기준) 증서를 유지 관리하면 될 것임.

(ㅁ) 국가기관이 민간 중소기업들까지 도입하여 운영 중인 상술한 ISO9001, ISO14001, HACCP 시스템 등 제도를 도입하여 책임과 권한을 하부 조직에 실무 책임을 이양하고 서기관급 이상이 되면 맡은 부서의 정책 현안(Matter), 연간 계획 수립 예산 및 결산, 결과 보고 등 직급에 걸맞는 실질적인 업무 분장이 되어야 세월호와 같은 해난 사고 발생 시 정부의 혼란스러운 모습을 국민들 앞에 내어 보이지 않게 될 것임.

(ㅂ) 세계는 바야흐로 프로페셔날리즘(PrOfessionalism)의 시대이다. 법무부, 행정자치부, 국방부는 전문성 있는 전문가 집단에 의해 인사가 이루어지고 있는 것 같은데 해수부 같은 경우 해운분야나 해기분야의 전문 교육을 이수하고 해운/수산 분야에서 잔뼈가 굵은 실무경험이 있는 전문가 집단인 해운 전문인/해기사 출신들을 배제하고 해방 이후 70년간 3군 사관 학교처럼 국가에서 의식주를 제공하여 양성한 우수한 두뇌 집단인 상선 사관을 장관직에 앉힌 정부가 없다.

(ㅅ) 전 세계 해운업계 대통령 자리인 IMO 사무국장에 한국 해기사 출신이 작년부터 근무 중인 한국해양대학교 29기생 임기택씨가 있다. 우리나라는 해방 이후 단 한번도 해운/해기 전문가인 한국해양대학교 출신 해운전문인에게 해수부 운영을 맡겨 해수부 장관으로 채용해 본 적이 없었다.

# 7. ***현행 여객선 해기사들의 자격 기준
   한 단계 상향 조정 및 임금 현실화로 유능한 사관 확보

선박에서의 재난은 85% 이상이 인재이므로 여객선에 승선하는 선원들에 대한 면허 기준을 현재보다 한 단계 강화-내항선도 외항선과 동일한 면허기준 적용.

1) 선원급여 체계 현실화 유도- 법정 직급별 최저 임금수준을 법제화하여 인명을 걸고 있는 여객선에는 양질의 선원들 승선 유도.

2) 정부에서 매년 12월에 차기년도 선원 임금/월급 및 선상 지급분(On Board Pay) 합계 급여 수준을 보고받아 적정 급여 수준 조언해 주는 제도 도입/실시.

3) 내항선 선원 자격 기준 상향 조정 및 자질 향상/적정 임금 지급으로 양질의 노련한 해기사 승선 유도.

(ㄱ) 승객을 실어 나르는 내/외항 여객선의 자격기준은 선박 크기에 따라서 내항선/외항선의 구별이 있어서는 안 되며 (예: G/T 5,000톤 이상의 여객선이면 내항선/외항선 똑같이 1급 선장/1급 기관장으로 통일시켜 자격 기준 강화하고 급여도 외항 화물선의 약 70% 수준은 제공해 주어야 최소한 1주일에 3회 정도는 집에서 가족들, 부인과 가정생활을 즐길 수가 있어, 경험 많고, 젊은 시절 가족들과 떨어져 살면서 경제적으로 윤택한 노해기사, 선장/기관장이 승선하여 여객들의 안전을 도모해 줄 수가 있을 것이다.

(ㄴ) 참고로 한국/중국 간의 외항 여객 선사들의 선원들 임금 수준은 일주일에 3회 정도 입항하여 부인/가족들을 상봉할 수 있다는 장점 때문에 서로 여객선을 타려 하니까 외국향 부정기 화물선 임금의 약 70%를 주고 있다고 한다. 선장/기관장의 급여가 기본급여 660만 원에 항해 수당 등을 합치면 월 평균 700만 원 전후라는 업계의 전언이다. 그러니 출항하여 하룻밤 새에 항해/다음날 아침에 목적항에 도착하는 것은 내항선 세월호나 중국향 외항선이나 똑같다. 그런데 급여는 내항선들의 급여, 특히 세월호 선장의 급여가 언론에 보도된 것이 사실이라면 거의 동일한 항해를 하는 중국향 여객선(오후에 출항 다음날 아침에 중국 도착-일주일에 3회 왕복 운항) 선장 급여의 50%도 되지 않는다.

(ㄷ) 유병언 아들, 딸들의 외국 거주 주택 구입비용 등 언론에 공표된 것만 해도 우리

나라 국민들은 얼마나 호사를 떨면서 살아왔는지 전부 선주의 민낯을 알게 되었다. 선원 임금 착취 행위이다.

중국 다니는 여객선과 같은 자격 기준으로 내항선 선원들의 급여를 상향 조정하고 수당도 같은 수준으로 현실화 된다면 우수한 여객선 경력을 가진 사관/선원들이 모여들어 인재에 의한 세월호 사건과 같은 대형 참사는 막을 수가 있을 것이다. 그 예로 중국과 국교 정상화된 이래로 여러 항로에서 여객선들이 한일/한중 간에 운항 중이지만 대형 인명사고는 전무한 상태이다. 최근에 3항사/3기사 보호자 분들과 청주 여자교도소 면회관계로 접촉했는데 전 선원들의 재산이 압류당해 있다고 한다. 선장, 기관장, 1항사 3명을 제외한 나머지 아무런 죄 없는 선원들을 누군가 힘센 사람이 입막으려고 전 선원들을 죄인으로 만들어 감옥에 넣은 것도 모자라 선원들의 재산을 압류해 두었다 하니 해운업계에서 불만이 표출되고 있다. 세계 해운 역사에 전무후무한 조치들을 취하고 있다. 기네스 북에 오를 일이다.


## 8. 하역/여객탑승 시간 출항 1시간 전으로
## 법제화/GM 산출, 출항 전 안전점검 법제화

하역작업/여객승선 시간을 최소한 출항 1시간 전에는 종료하도록 법제화

1) 1항사가 GM 산출, 여객선 출항 전 선박 안전점검 체크 리스트(Check List) 등 안전점검 도모할 수 있는 시간부여-세월호의 경우 화물량, GM 등 기본적인 안전지수도 파악하지 못하고 21:05 출항 직전까지 승용차 10대 등 화물을 선적 및 화물 고박도 못했다. 그래서 1항사/선장 등 항해사들이 GM도 산출해보지 못하고 출항 전 안전 점검 표는 엉터리로 기재한 것을 복사 떠 두고서 날짜, 선장서명만 받아 제출했을 것이며 초록은 동색이라고 출항 전 안전 점검을 해수부 소속이 아니라 여객선사들이 출

자하여 P&I 보험처리 목적으로 설립된 한국해운조합 소속 검사원이 하고 있었으므로 한국해운조합 주주인 선주들의 선박을 해운조합의 급여를 받는 검사원이 선주사측 여객선을 억류 내지는 출항 정지 시킬 수 없었을 것임.

관피아, 해피아 출신들의 소행. '고양이에게 생선 가게 맡긴 꼴'이다.

2) 2014년 4/15일 18:00시에 출항 예정이었으나 안개가 짙어 21:05분경 출항하게 되었는데 제주도향 승용차 10대를 선적 후 고박도 하지 않고 21:05분경에 인천항을 출항해서 사고가 발생했다. 이미 18:00경 하역이 끝났으므로 고박 인부들은 전부 퇴근한 이후였으므로 승용차 10대는 고박도 하지 않고 출항하게 되어 화물 도미노 현상을 일으킨 최초의 화물임이 이들 승용차 10대임을 추정할 수가 있다. 그래서 필자가 향후 대책으로 출항 1시간 전에는 승객 및 화물의 접수를 법적으로 마감하도록 해수부에 건의하고 있는데 그 진의를 아직도 이해 못 하고 현행법대로 시행해도 문제가 없다는 회신만 되풀이하고 있다. 즉 현행 법규는 "선장은 출항 15분 전까지 선박 안전에 관한 점검을 하도록 법제화되어 있으니 문제가 없다는 견해이다. 화물 없이 여객만 실어 나르는 소형 쾌속정은 출항 5분 전까지 선장이 안전 점검을 하도록 규정되어 있어 법규를 고칠 의사는 없고 법을 지키지 않아 생기는 일이라고 회신받은 바 있다. 얼핏 보기에는 같아 보이지만 출항 1시간 전에 여객/화물 접수를 마감하고 팻말을 뒤집어 놓아 "금일 접수 마감"이라고 고객측에 알려 더 이상 승선/화물 선적이 불가함을 공식적으로 알리는 것(선진 해운국)과 "선장은 출항 15분 전까지 안전 점검을 실시하여야 한다"라고 되어 있는 법과는 효과 면에서 현격한 차이가 날 것이다.

세월호의 경우 출항 1시간 전인 17:00시경에 화물/승객 접수를 마감했더라면 21:00경 선적, 고박도 하지 않은 채 출항하게 된 승용차 10대는 선적이 되지 않았을 것이다. 그래서 세월호 사고 시에 발견된 고박도 하지 않은 화물을 원천적으로 막을 수 있는 법을 제정/개정하라고 촉구하는 바이다.

3) 출항 1시간 전이 되면 여객 및 화물 접수 데스크(Desk)에서 "금일 여객/화물 접수 마감"이라는 팻말을 돌려 놓고 접수 데스크(Desk)에는 사람이 아무도 없어야 효과를 볼 수가 있으며 선진해운국에서는 모두 그러한 방법으로 출항 1시간 전부터는 선장/1등항해사/기관장 등 본선 책임자들이 여객/화물 접수가 마감된 상태에서 GM 계산/확인, 화물 고박상태 전수검사, 선급이 승인해 준 대로 화물 고박이 100% 되었는지 여부를 확인하는 것은 기본 임무임.

4) 기관장의 주기/보기 등 워밍(Worming) 출항 준비에 최소한 1시간 이상 필요하다(대형선은 겨울철에는 약 4시간 전부터 워밍(Worming) 시작). 만약 전술한 규정이 법제화되어 지켜졌다면 2014년 4/15일 18:00 출항 예정이던 세월호에 21:00경 제주향 승용차 10대는 선적되지 않았을 것이다. 이를 법제화해야 된다고 필자가 제안했더니 해수부의 답변은 "여객선 등 대형의 모든 선박들은 출항 15분 전까지 선장이 안전 점검을 실시하도록 법제화되어 있고 소형 쾌속정 여객선의 경우 출항 5분전까지 선장이 안전 점검을 하도록 규정되어 있어 군이 출항 1시간 전에 승객/화물의 접수마감하는 새로운 규정을 할 필요가 없다"라는 회신이다. 출항 5분 전, 출항 15분 전까지 선장이 안전 점검을 하여야 한다고 규정되어 있는 법규를 인지하고 있는 선장 1항사가 과연 몇 명이나 있는지 설문, 무작위 샘플 조사를 해 보라. 그런 법규가 있는지 인지하고 있는 선원들이 과연 몇 명이나 나올지? 재학 시절부터 출항 30분 전 상태/15분 전 상태/5분 전 상태는 4년간 귀에 못이 박힐 정도로 들어 왔으며, 5분전 상태를 지키지 못한 학생이 1명이라도 발생하면 그날밤은 밤이 새도록 기합을 받았다. 집합시간(출항시간) 정각에 미기자는 퇴교처분 되었다. 학교를 선박으로 간주하고 4년간 의식주를 국가에서 제공하면서 혹독한 상선 사관으로서의 훈련을 시킨 것이다. 출항 1시간 전에 여객/화물 접수를 마감하는 효과와 출항 15분 전에 선장이 선내 안전 점검을 하는 것과는 별개의 사안이다. 내항선 여객담당관과 전화로 이야기를 나누어 보니 승선 경험이 전무한 사람으로서 저와는 대화의 상대가 되지 않아 전화를 끊었다. 유럽/미

국/일본 등 선진해운국에서는 앞쪽 팻말에 '영업 중', 뒤쪽 팻말에 '접수 마감' 또는 '여객/화물 접수 마감'이라는 팻말을 접수 데스크(Desk)에 상비해 두고 출항 1시간 전이면 여객/화물 접수를 마감하고 탑승한 여객정보와 탑재한 화물정보를 본선에 제공해 주어 선장 1항사, 기관장 등 책임사관들이 맡은바 출항 준비를 확인하고 있다. 그런데 우리나라 현행 법대로라면 15분 전까지 계속해서 여객이 승선하고 화물이 선적되고 있으면 출항 전 안전 점검이 제대로 될 수 되겠는가? 그러한 실행에 옮겨지지도 않고 아무도 확인하는 절차도 없는 사문화된 법규 대신 선진국형으로 실현가능하고 관리 감독이 가능한 출항 1시간 전에는 여객 및 화물 접수마감제도를 확립하자는 것이다. 기존 법규는 선주, 화주에게 유리한 법규이지 안전을 염두에 둔 법규가 아니다. 왜 여객선 관련 법규들이 안전을 도외시하고 있느냐 하면 바로 해피아 출신들이 여객선사에 있어 선주에게 돈이 되는 방향으로 법규를 해수부 후배들에게 조언, 압력을 가하기 때문임. 세월호 사고가 그 필요성을 적나라하게 말해주고 있다. 그래서 사고 원인 추적도 화물량, 선적 상태를 실적 자료에 의거하여 분석하는 것이 아니라 출항 전 CCTV를 들여다보고 개략적으로 산출하고 있지 않는가?

## 9. 신조 여객선, 중고 여객선 시대의 창출 → 운임 차등화제도

1) 우리나라 연안에 취항하고 있는 여객선들은 거의 대부분이 일본, 유럽 등 선진해운국에서 3차정기검사 직전까지 약 13~14년간 사용한 중고 여객선을 구매하여 운항하고 있다. 부산 해운업계에서 들은 바에 따르면 중고 여객선은 선령 15년 미만이라야 도입이 가능하도록 법제화되어 있었는데 '세월'호 도입을 위하여 중고 여객선 도입 선령을 20년 미만으로 개정하여 도입되었다는 이야기다. 이 법규를 개정하여 세월호를 도입했다면 선주 측은 물론 당시 법규 개정에 서명 날인한 모든 해수부 관계자들도 응분의 책임을 져야 할 것이다.

2) 우리나라 철도행정과 비교해 보면 해운관련 정책들이 얼마나 낙후되어 있는지 여실히 알 수 있다. 즉 철도청에서는 SRT 고속철도, KTX, 새마을, 무궁화 등 여객을 실어 나르는 철도시설, 기차종류가 운임 차별화 등등 다각도로 개발되어 있다.

(ㄱ) 그러니 해수부에서도 해상 운송 여객 운임체계를 다변화하면서 여객선도 신조고급선, 중고선 등 선종에 따른 운임 차별화 정책 도입으로 OECD 국가 수준에 걸맞는 해운정책을 펼쳐야할 때이다. 언제까지 일본이 14년 정도 쓰다가 버리는 중고 여객선에만 매달려 경쟁적으로 구매하려다 보니 비싼 값에 사오고 있다. 신조선을 국내조선소에서 건조하여 내국 여객항로에 투입시키면 해운업/조선업이 함께 성장할 수 있을 텐데 아쉽기 짝이 없다.

(ㄴ) 해상 여객 운임은 깨끗하고 고급스러운 객실 조건에 따라서 변동 요소가 커지지만 기본적인 결정 요소는 항해거리이다. 육지와 섬 사이의 거리가 멀수록 선박 운항 비용이 많이 들기 때문이다. 즉 운항 거리에 비례하여 여객선 운임이 결정되는 요소와 선박 시설의 고급화 신조선 여부에 따라서도 해상 운임 체계가 다를 수 있다. Cruise 선의 운임과 중고 여객선의 운임이 다르듯이 신조여객선과 중고 여객선 간에 차등 운영하여 신조 여객선을 짓도록 정책적인 유도가 필요한 시점이다.

(ㄷ) 해상 운임체계를 거리제/신조선, 중고선 간의 운임 차등제/선실의 고급화 정도에 따른 운임 차등제/한 선실 내 여객수에 따른 차등제/선속에 따른 항해 시간의 단축 등등 모든 변수를 두고서 국내 여객선주사가 국내 조선소에서 여객선을 건조하여 신조선으로 서비스할 경우에는 사업계획서를 면밀히 검토하여 적정 이윤을 보장하면서 신조선으로서도 사업을 영위할 수 있도록 운임 차등화 정책을 세워 주어야 한다. 더욱이 국내 조선소에서 신조선으로 건조할 경우에는 신조선가에 따른 정책 금융을 알선해 주는 등의 정책자금을 사용할 수 있도록 여객선 정책 개발이 긴요하다.

(ㄹ) 이러한 해운정책 수립 업무는 해운업계에서 잔뼈가 굵은 해운전문인들에 의해 피부에 와 닿는 정책의 수립이 가능할 것이다. 기본적으로 선박에 승선 경험이 없는

사람의 머리에서 해운정책이 샘솟듯이 솟아오를 수 없다는 사실은 모든 사람들이 인정할 것이다. 세상만사, 인사가 만사인 것은 모르는 사람이 없다.

세계의 모든 해운정책은 국제해사기구(IMO-INTERNATIONAL MARITIME ORGANIZ-TION)에서 토의를 거쳐서 이행 준비기간을 두고 공평하게 시행되고 있으며 금년도부터 IMO 사무총장을 한국해양대학교 출신인 해기사 출신이 맡고 있다. 세계 해운업계의 대통령인 셈이다. 그런데 정작 우리나라는 해방 이후 72년간 단 한번도 한국해양대학출신인 해운전문가에게 이를 맡기거나 해양수산부 장관직에 임용한 적이 없었다. 비해기사 고시 출신들이 해수부를 장악하고 있다 보니 실용적인 해운정책이 나올 수가 없다. 승선 경험이나 국제 해운 실무 경험이 전무한 사람들이 해운정책 수립 과정과 권한을 독점하고 있으니 좋은 정책이 나올 수도 없고 삼면이 바다로 둘러싸여 있고 북쪽은 핵을 보유한 미개국가와 휴전 중인데도 전쟁 발발 시를 대비한 해운 정책은 부실한 실정이다. 해운은 국가의 기간 산업이다. 이북과 전쟁 발발 시에 어느 나라 상선대가 전쟁 물자를 실어 날라 주겠는가? 우리나라 건국 이래 국영 대한 해운공사라는 해운업체가 우리나라 해운업의 모태였다. 민영화 과정에 한진해운㈜가 인수합병 했다. 그런 역사를 가진 대한해운공사/한진해운이 경제원리도 아닌 어떤 힘에 의해 작년에 부도 처리되면서 천문학적인 손실을 초래했다. 경제원리라면 당연히 한진해운보다도 더욱 부채가 많은 다른 선사가 사라져야 할 텐데 경제원리도 아니다. 앞으로 해운/조선업은 필자의 견해로는 최소한 15년 이상 만성 불황성 기업군이다. 그렇다고 경제원리를 적용하면 우리나라는 해운업/조선업종은 사라져야만 한다. 해운업은 경제원리보다도 먼저 국가 안보차원에서 접근해야 한다. 이북과 전쟁 발발 시에 전쟁 수행 물자를 운송해 줄 수 있는 선박은 국적선박에 없기 때문이다. 외국 상선대는 천만금을 주어도 전쟁터에 들어오지 않는다. 폭격 맞아 죽거나 선박이 파괴되기 때문에 외국인 선원들도 꺼리고 선주도 꺼린다. 삼면이 바다인 우리나라 지정학적인 면에서 바다를 통하지 않고, 해운을 경제 원리로 해결한다면 우리나라의 미래를 여는 것이 아니라 닫는 것이다.

(ㅁ) 이북의 핵을 머리에 이고서 휴전 상태에 있는 우리나라 실정에 비추어 보면 삼면이 바다인 우리나라가 살아가야 할 길은 오로지 바다밖에 없다. 모든 물자가 바다를 통하여 수출되고 수입되고 있다 해도 과언이 아니다. 비행기로 실어 나르는 물자는 한계가 있어 아주 미미하다. 요즈음처럼 중고 선가/신조 선가가 낮은 때에 싱가포르는 국가 정책자금으로 선박을 대량 구매하여 2015년도 통계를 기준으로 우리나라를 제치고 세계상선 보유국 5위에 오르면서 우리나라를 능가해 버렸다. 우리나라 상선대는 싱가포르에 밀려 5위에서 7위로 밀려 났다. 자그마한 도시국가인 싱가포르보다 상선대의 규모가 작아져 버렸다. 지금 세계는 분초를 다투는 모름지기 전문가 시대이다. 분야분야별로 전문가들이 정책을 수립하고 국가를 이끌어 나간다. 모두에 언급한 바와 같이 싱가포르는 2016년 말 현재 선가면에서 그리스/일본/중국/독일 다음으로 5위에 등극했다. 반면 우리나라는 수없이 많은 선박이 경제원리로 헐값에 팔려나가 세계 8위로 밀려났다. 통탄할 일이다. .

우리나라 해운업계에도 전문가들의 세상이 열려서 정책 수립에서부터 국가 경영에 이르기까지 해운업 분야는 해운 전문인들에게 맡겨야 할 때가 도래했다고 필자는 감히 말한다.


'세월'호 사고가 발생한 지 4년이 되도록 정확한 사고 원인도 모르고 사후 대책도 1970년대에 사용하던 그대로 '여객선 임검 관리 철저' 외에는 보이지 않는다. 심지어 필자가 세월호 사고 원인과 대책을 국민신문고를 통하여 2번이나 기고해 주어도 진의를 모르는 것 같다. 할 수 없이 '답답한 사람이 우물 판다'는 속담대로 필자가 정역학/동역학/유체역학까지 동원하여 사고 원인을 파헤치고 대응 방안을 마련해 드리는데 또 무슨 핑계로 거부할지 모르겠다. 별첨의 UNCTAD 2017년도 선가 위주로 각국의 보유 선박을 평가한 자료에는 우리나라 선박들은 세계 11위 국가로 평가되어 있다. 선가가 저렴한 노후 중고 선박들이 많다는 증거다. 화물 적재능력인 화물적재톤수(Dead Weight Tonnage, DWT) 기준으로는 세계7위, 선가로 평가하면 세계 11위라는 의미이다. 진인사대천명의 마음으로 이 글을 띄운다.

제5장

'세월'호 해난참사에 대하여
아쉬웠던 점/미흡했던 점 및
향후 개선해야 할 사안들

## 1. 상시 화물을 과적하도록 지시한 선주사 사장 및 화물 책임자

1) 1등 항해사 및 선장의 인사권을 쥐고 있는 선주사 측에서 화물 과적을 요구하면 요구대로 들어 주든지, 사직하든지 1항사 및 선장이 택일해야 됨.
   학력, 경력 등 구비서류 내용이 부실한 선원일수록 회사의 지시에 맹종하고 있는 것이 현황임. 그러므로 선주사 측의 책임이 크다.


## 2. 선장 및 선원

1) 세월호 선장이 취하지 않은 퇴선 명령은 다 같은 해기사 출신으로서 도저히 납득이 가지 않는다. 아마도 맨붕 상태까지 접어들었었지 않았을까 하는 생각이 든다. 사고 발생 후 약 30분간의 골든 타임(Golden Time)에 선장께서 퇴선 명령을 발령했더라면 거의 모든 탑승객들이 구조될 수 있었을 텐데 아쉽고 또 아쉽다.

2) 사고 당시에 갑판부 당직사관이었던 3항사 및 당직 타수는 AIS항적도에 나타났듯이 선장의 스탠딩 오더(Standing Order)를 충분히 지켰음. 5도 이하로 끊어서 소각도로 변침했음.

3) 1항사가 인천항 출항전에 선체 중앙부 흘수가 6.10m 였다고 3항사가 눈으로 직접 확인 보고 했을 것이므로 한국선급이 승인해 준 흘수 6.26m보다 16cm나 흘수의 여유가 있었으므로 평형수를 16cm×23톤/cm=368톤만 더 주입했더라면 탑 헤비 쉽(Top Heavy Ship) 자연 경사 현상은 나타나지도 못하고 목적지인 제주항까지 무사히 항해를 마칠 수 있었을 텐데 아쉽다.

4) 사고 당시에 기관장이 선교에 있었는데 사고가 발생하면 통상 기관장은 재빨리 기관실로 가서 선교 콘트롤(Control) 주기를 기관실 콘트롤(Control) 상태로 변경한 후 최 우선적으로 전력 공급이 중단된 발전기를 영점 세팅(Zero Setting)하여 안전 장치 작동으로 최저속도로 운전 중인 상태를 해제한 다음 재기동해 대형의 평형수 펌프(Ballast Sea Water Pump) 및 G.S 펌프(General Service Pump)를 구동하고 1항사와 협의하여 텅 빈 우현 측 평형수 탱크에 평형수를 주입해 좌현 측으로 경사진 선체를 바로 세우려는 시도를 했더라면 선체가 그렇게 빠른 속도로 전복 침몰하지는 않을 수도 있었을 텐데 아쉽다.

5) 선박 자동 식별 장치(AIS)의 항적도가 사라진 08:48:37초부터 다시 항적도가 나타난 08:52:13초까지 3분 36초간 발전기가 교류 전력공급을 못했다. 그 결과로 선교에서 선장이 좌현 측 힐링 평행수 탱크(Heeling Ballast Tank)의 해수를 우현 측 힐링 평행수 탱크(Heeling Ballast Tank)로 이동시켜 선체를 바로 세우려 시도했으나 발전기가 교류 전력을 공급하지 못하고 있는 상황이었으므로 실패할 수밖에 없었다. 사고 발생하고 한참동안 기관장이 선교에 위치하고 있어 기관실에서 발전기를 재기동하여 전력 공급해야되는 필수작업을 아무도 조치를 취하지 못한 점 아쉽다.

6) 우현 측 주기는 사고 발생하고 1분 12초 만에 선체 경사도가 좌현 30도로 변화했으므로 선체 경사도 10도~19도 사이에 이미 프로펠러가 수면 상부로 노출되어 사용할 수 없었다. 반면 좌현 측 주기는 영점 세팅(Zero Setting)한 다음 재기동하여 사용 가능한 상태로 조치해 두고서 선장과 상의하여 가까운 병풍도나 동거차로 무인도 섬에 임의 좌주시켰더라면 선장/기관장은 두고두고 영웅 취급내지는 의인 취급을 받을 수도 있었을 텐데 너무 아쉽다.

## 3. 화물 고박업체

1) 승용차 2포인츠(Points), 대형 추럭들 4포인츠(Points)로 고박을 했는데 KR이 승인해
준 화물 선적 매뉴얼(Loading Manual)에 규정된 대로 승용차는 4포인츠(Points), 대형
트럭들은 8포인츠(Points)로 견고히 고박했더라면 약 20~30㎝ GM 불량으로 탑 헤비
쉽(Top Heavy Ship) 자연 경사현상이 왔더라도 화물이 무너져 도미노 현상을 일으켜
대형 해난 참사로까지는 가지 않았을 것임. 탑 헤비 쉽(Top Heavy Ship) 자연 경사 현
상이 발생하여 선체가 좌현 약 10도 정도로 경사진 상태로 제주항까지 무사히 도착
할 수 있었을지도 모른다. 그러므로 필자는 선주사, 선장/선원들 다음으로 화물 고
박업체의 책임이 중차대하다고 본다. 너무나 아쉽다.

2) 승용차에 2포인츠(Points), 대형 화물차에는 4포인츠(Points)로 화물 고박하라는 지시
는 누가 내렸는가? 선주사 경유 선장 또는 1항사인지? 아니면 선주사와 요율은 이미
정해져 있으니 이윤 추구 목적으로 내린 하역업체 자체의 결정인가?

3) 만약 하역업체 자체의 결정이었다면 면허 취소, 발생한 총비용의 일정 부분을 책임
져야 한다. 대표이사 본인 이름으로 또는 8촌 이내의 친척 명의 이름으로 신규 사업
면허를 내어 주어서는 안 된다. 또는 지인 명의로 회사 설립 후 바지 사장으로 앉혀
두고 실질적인 하역회사를 새로 개설할 소지가 있는 점을 해수부는 감시해야 할 것
이다.

4) 4/15일 18:00시 출항 예정이었으나 안개로 21:00경 새로 나온 제주향 승용차 10대를
싣고 고박도 하지 않고 출항했다는데 선주사의 일방적인 결정이었는지? 아니면 하역
회사에 고박 요청을 했으나 퇴근 후라서 인력이 없어 거절당했는가?

5) 인천에 거주하며 하역업 실무경험이 많은 지인의 전언에 의하면 세월호 하역(화물 Loading 및 Dischrging) 업무 수행 업체는 '우ㅇ통운', 하역인부/인력 파악하여 고박청 구서 작성 → 선주사에 청구업무는 '원ㅇ공사', 실질적인 고박 작업자는 '항ㅇ노조'였 다고 하는데 필요한 하역 인력을 수배하는 오더(Order)는 선주가 결정했는지/하역회 사가 결정했는지, 고박(Lashing) 작업 청구서를 작성 선주사 측에 제출, 대금을 받는 별개의 업체인지가 명확하지 않음. 고박(Lashing) 책임 문제가 대두되면 서로 책임 전 가할 소지가 많아 보임. 차제에 하역 인부 요청하는 오더(Order) 발신업체와 하역인 부 수배/대금 청구 등 제반 업무의 흐름을 명확히 하여 책임 소재를 명시해 둘 필요 가 있음.

## 4. 해수부 고유 업무였던 입출항선 검사업무를 내항 선주사들이 각출하여 만든 회사인 한국해운조합에 업무 이양한 시기는 언제부터인가?

1) 한국해운조합에서 채용한 입출항 내항 여객선 검사원이 자기에게 급여를 주는 회사 소유의 선박을 출항 정지시킬 수 있을까? 실제로 만약에 있다면 그 검사원은 그날부 로 해고당했을 것이다.

2) 입출항 보고서 내용을 검토하지도 않고 승선 점검도 하지 않고 사무실에서 쌍안경 으로 여객선 출항 Draft(흘수)만 확인할 정도로 매너리즘에 빠져있었는데 감독기관 인 해수부는 어떠한 조치를 취했는가?

3) 출항 전 승선 검사도 하지 않으니 화물 고박이 KR 승인해 준 화물 선적 매뉴얼 (Loading Manual)상의 고박 개소보다 50%밖에 고박하지 않았다는 사실을 알 수도

없었을 것이며 출항 보고서상의 승객인원수, 승용차수, 대형 트럭 수, 컨테이너 화물량의 숫자 등이 하나도 실제와 맞지 않았다는 사실이 밝혀졌다. 승선하여 현장 확인을 출항 검사원들이 하지 않는다는 사실을 이미 선원들이 꿰뚫어보고 어느 날짜의 보고서를 날짜만 지우고 잔뜩 복사를 떠두고서 입출항 시마다 날짜만 바꾸어 입출항 검사원에게 제출했어도 한번도 제재를 받지 않은 것이 아닌지 의구심이 든다. 필자가 다른 내항선에서 이러한 사실을 목격한 적이 있었다.

4) 이렇게 부도덕한 입출항 권한 이양을 허가해 준 해수부 장관, 차관, 주무국장, 과장 등이 면책 상태로 넘어간다는 것이 상식적으로 이해할 수 없다. 선진 해운국에서는 볼 수 없는 광경이다. 사고 났을 때에는 언론에서 요란스럽게 떠들었었는데 1심, 2심, 대법원 판결이 난 현재에는 조용하다. 초록은 동색이고 부서만 다를 뿐 어느 공무원들에게나 닥쳐올 공통사항이므로 눈을 감아 주겠다는 뜻인가?

5) 입출항 점검 권한이 고양이에게 생선가게 맡긴 꼴인 한국해운조합에게 넘어가지 않고 해수부에서 직접 했었더라면 이러한 고박 상태는 막을 수 있었을지도 모른다. 그러므로 한국해운조합 소속 입출항 검사원의 책임 또한 하역회사와 저울에 달면 비슷할 것이다.

6) 해수부의 고유업무인 내항 여객선 입출항 권한을 한국해운조합에 이양한 장차관, 주무국장 및 과장 등 당시 권한 이양 서류에 결재 도장을 찍은 사람들을 색출하여 하역회사/한국해운조합에 부과된 형량과 비슷한 책임을 지워야 하지 않을까? 어떤 분들이 고양이 목에 방울을 달아 주었는지 궁금하다. 이러한 업무는 언론들이 수행해 줄 것으로 믿어 의심치 않는다.

7) 정부 수립 이래로 항만청/해운항만청/해양수산부 등으로 부서 이름만 바꾸었지 여

객선 출항 전 안전점검은 해수부, 관청에서 실시해 왔었다. 그런데 한국해운조합 이사장 자리가 해수부 차관이 퇴임 후 가는 자리로 굳어지더니 열악한 연안 여객선들의 P&I보험을 단체 명의로 부보하고자 내항 여객선주들이 십시일반으로 출자하여 만든 한국해운조합에 언젠가부터 이 여객선 출항 점검 권한이 넘어가 있었다. 세월호 사고가 발생하면서 출항 임검관이 출항 허가를 어떻게 했었는지가 언론에 보도되면서 해운업계에 종사하는 사람들이 알게 되었는데 한국해운조합의 직원으로 근무하면서 녹을 받아 생계를 이루는 봉급 생활자가 언감생심 감히 녹을 주는 여객선주들의 여객선을 출항 정지시켰다고 가정해 보라. 다음날자로 해고 조치될 것이다. 그런 점을 잘 알기에 출항 전 보고서에 여객수, 승용차 수, 컨테이너화물 수, 대형 화물 트럭숫자 등이 현실과 전혀 부합되지 않는 엉터리 보고서를 제출해도 본선에 승선하여 이를 확인하는 출항 점검관이 없다는 사실/우리 편 사람들이니 아예 승선하여 확인조차 하지 않는다는 맹점을 선원들이 꿰뚫어 보고 있었다는 현실이다. 즉 옛날 어느 하루 조사 보고한 보고서 내용을 날짜만 지우고 다량 복사 떠두고서 날짜만 바꿔 기재하여 출항 점검관에게 제출한 것은 아닌지? 그래서 세월호 출항 보고서와 실제 승객수, 승용차수, 컨테이너수, 중량 화물 차량 숫자 등이 하나도 현실과 일치하지 않았던 것이 아닌지? 필자가 선박 안전관리 하던 기간에 모 내항선에서 이러한 사실을 보았다.

8) 해수부의 고유권한인 여객선 출항 임검 점검 권한을 한국해운조합에 이관한 서류에 결재를 한 해수부 장관, 차관, 담당 국장, 과장, 실무자 등 결재서류에 날인한 사람들은 아무런 죄가 없는지? 이런 업무를 받아온 능력 있는 한국해운조합의 해수부 출신 이사장에게는 세월호 참사의 책임이 전혀 없는 것인지?

"고양이에게 생선가게를 맡긴 꼴이 아니고 무엇인가?" 해수부 관리가 여객선 출항 점검을 하고 있었더라면 화물 고박을 50% 실시한 것이라든지 안개로 출항이 3시간 정도 지연되고 있던 도중에 승용차 10대는 선적을 허가하지 않았을 것이다. 해피아의 적폐라 하지 않을 수 없을 것이다.

5. 지금은 선박안전기술공단에 내항 여객선 입출항 권한을 부여했다고 알려져 있다. 선박안전기술 공단 소속 여객선 입출항 점검담당자들의 여객선 출항 전 GM, 흘수의 허용범위 이내 여부, 화물 고박 상태가 선급에서 승인해 준 상태를 유지하고 있는지 등 전술한 여객선 출항 전 체크 리스트(Check List)에 명시된 양식지를 활용하여 승객 인명 안전을 확보해 준다는 사명감을 가지고 불의와 타협하지 않고 정도로 원칙에 입각하여 추진해 줄 것으로 믿어 의심치 않는다. 여객선 안전 관련한 부단한 연구와 교육 등 노력이 요구된다.

6. 골든 타임(Golden Time) 중에 대형 해상 크레인 2척이 와이어(Wire)를 인출하여 선체를 걸어서라도 세월호의 침몰을 막을 수는 없었는지? 아무런 구조활동을 하지 않고 무엇을 하려고 수배한 것인지 알 수가 없다.

또한 대형 TUG선들을 모두 다 출동시켜 와이어(Wire), 계선용 동아줄(Hawser) 등을 걸어서 병풍도나 동거차도 등 가까운 무인도로 예인했더라면 이런 참사를 줄일 수가 없었을까?

무인도에 좌주시켰더라면 이탈리아에서 최근 발생한 M/V '코스타 콘코르디아'호처럼 인명 손실도 줄이고 선체 인양 비용도 줄일 수가 있었을 텐데 많이 아쉽다.

7. 해수부의 인양업체 선정 평가단의 선체 인양에 관한 기술도 등 평가기준을 알고 싶다.

중국 해난구조업체 2개사를 1/2등으로 평가했는데 그 기술 수준이 한국의 해난구조 기술보다 떨어졌다. 선저 밑바닥은 선체 중 가장 두꺼운 강제 구조로 되어 있는데 선수, 선미 들기를 하면서 선저 탱크 약 절반 정도를 찢어 놓아 사고 원인 분석에 걸림돌이 되고 말았다.

기름탱크에 들어 있던 기름 약 218㎘를 제거하는 기술이 없어 선체 인양과정에서 해조류 양식장 등 어민들에게 끼친 피해를 어떻게 감당할지 의문이다.

서울대 모 교수가 신문기사에 기고한 내용이 필자의 의견과 일치했다 .

세월호는 공기부양식으로 인양했어야 했다. 선저 탱크 20개와 기관실의 개구를 막으면 선체무게 약 9,600톤보다 1.4배 정도의 부양력이 생겨 침몰 당시의 모습으로 뒤집어진 채 떠오를 것이다. 선저 탱크 20개에 10㎝~12㎝ 정도의 작은 구멍을 뚫고 공기를 주입시켜 해수는 바다에 그대로 방출하고 기름탱크에 든 기름과 해수는 대형 바지선으로 기름탱크 내의 모든 기름과 해수가 믹스된 것들 모두를 옮기는 기술이 한국에서 특허를 받아 두었었다. 기름 탱크내부를 스팀(Steam)으로 찐 다음 내용물을 모두 다 한국 해양수산 연수원 교수가 개발한 ACOD(Air Charge Oil Discharge) 방식이나 DOSA(Discharge Oi l Supply Air) 방식으로 대형 예인선을 준비해두었다가 목포 신항으로 끌고가면 기름 한 방울도 바다에 흘리지 않고 무사히 목포 신항까지 올 수가 있었을 것이다. 기름이 해수보다 가벼우므로 선체 밑바닥에 붙어 있어 선외로 나올 구멍이 없기 때문이다. 그다음에 오일 펜스(Oil Fence)를 3~5겹으로 펼쳐 놓고 세월호 선체가 수중에 있는 상태에서 두 대의 해상 크레인을 수배하여 크레인 위치한 반대 측 세월호 선체에 걸어서 한쪽은 당기고 다른 한쪽 크레인은 느슨하게 놓아 주면서 선체 상부가 수면위로 끌려 나오면 시신 구조차 200여 개소에 구멍을 선체 여객실에 뚫어 두었으므로 해수가 자연적으로 빠지면서 서서히 물속에서 쉽게 돌릴 수가 있다. 수중에서 선체를 세울 때 시신에 가장 손상이 적다. 왜냐하면 선체 내부 객실이 모두 100% 해수로 충만하고, 뒤집힌 상태로 끌려 왔으므로 어느 정도 선체가 서면 해수가 빠져나가는 순간부터 천장재, 벽재 등이 4년간 잔뜩 머금은 해수와 함께 떨어져 내릴 것이다. 중국 해난구조 업체가 채택한 좌현 선체가 해저에 닿아 있는 상태 그대로 인양하겠다고 하니까 시신에 가장 손상이 적을 것으로 판단하고 1/2등을 주었는지 모르겠으나 수면 위로 올라오는 순간 기름 유출로 해양오염사고가 발생할 줄 알았으며 공기에 노출되는 순간 천장재 벽재 등이 떨어지면서 시신에 손상을 입혔을 것이다. 육상에 올려 놓고 90도로 선체를 바로 세우면서 또 한번 시신에 손상을 입히므로 2번이나 시신에 손상을 주는데, 공기 부양식이라면 수중에서 선체를 돌린 후에 공기에 노출되므로 1번밖에 시신에 손상을 주지 않으므로 당연히 국내기술로 공기 부양식에 의거 현명한 판단을 하길 바랐다. 그런데 우리나라보다 기술 면에서 한수 아래인 중국업체를 선정한 것은 패착이었다. 왜 해수부 전문 판정단이 중국의 기술에 좋은 점수를 주었을까? 38년여 전 무렵에 소형선박이 수로에 침몰하여 입출항 선박의 안전을 도모하고자 국내 해난구조 업체 여러 업체 중 한 업체가 낙찰받아 성공리에 인양을 했다고 한다. 그런데 문제는 입찰에서 떨어진 여타 해난구조 업체들의 뇌물 수수 진정서가 청와대에 여러 건 접수되어 조사 결과 뇌물 수수 사실이 밝혀져 당시 해운국장이 파면되는 사건이 있었다고 한다. 그 이후로 선체인양 등 물속에서 일어나는 모든 업무는 기술, 경험 80%, 견적가 20%로 강화시켜 실적이 없는, 또는 미미한 국내 해난구조 업체들은 낙찰받은 적이 없게 되었다. 실적, 경험이 없으므로 세월이 흐를수록 세계 최고와의 격차는 더욱 심화되어 외국업체가 낙찰을 받으면 하청업체로 고용되어 푼돈을 벌어 연명해 오고 있는 것이 우리나라 Salvage업체들이 성장할 수가 없는 계기가 되었다고 한다.

주된 외국업체로는 네델란드의 SMITS, SBITS 두 개 회사와 Japan Salvage Co., Ltd. 3개 업체가 돌아가면서 한국 정부에서 입찰하는 선체 인양 작업/해저 선박 기름 제거 작업 등을 38년여간 싹쓸이했다고 한국 해난구조 업계 인사들은 말하고 있다. 해수부 관리들이 외국업체로부터 사례금을 받아도 우리나라 국세청이나 검찰의 조사를 받을 일이 없으니 38년여 전에 해운국장이 뇌물 수수죄로 면직된 이후로 단 한번도 뇌물 수수건이 수면상으로 대두된 적이 없기 때문이라고. 국내 해난구조 업계 종사자들이라면 누구나 잘 알고 있는 사실이라고 한다.

국내의 좋은 기술과 전문 인력이 있는데도 실적이 없다는 이유로 채택해 주지 않으면 외국에 나가서 실적을 쌓아 오라는 식이다. 정부가 국내 해난구조 업계를 키울 수 있는 방법을 국민 신문고를 통해서 이미 필자가 알려드렸다. 세월호 입찰 전에 필자가 네델란드의 SMITS/SBITS, JAPAN Salvage Co., Ltd 3개사 중에 낙찰이 될 것이 뻔하다고 예상하고 이 3개사 중에 낙찰자가 나오지 않아 펠레의 저주처럼 내 예측이 빗나가길 바랐다.

국민 혈세로 선체 인양을 해야 하니 전 세계적으로 오래 전부터 해난구조 업계의 바이블 이라고 할 수 있는 '구조 못 하면 구조 비용 지불 안 하기(No Cure, No Pay)' 대원칙하에 견적가 80%, 기술/경험 20%로 입찰 조건을 바꾸게 되면 아주 저렴한 비용으로 세월호 인양작업을 3~5개월 안에 2016년도 내에 끝마칠 수 있다고 국민 신문고에 게재했다. 그 결과 위안부 문제로 일본과 사이가 좋지 않고 국민 감정이 나쁜 때라 낙찰의 전망이 전무함을 꿰뚫어 보고 JAPAN Salvage Co., Ltd는 응찰조차 하지 않았다. 네덜란드의 SMITS 사는 1,500억의 응찰 가격으로 입찰에는 응했으나 떨어졌다. 예상 밖의 중국 업체에 1, 2 등을 주리라고는 국내 해난구조 업계에서 아무도 생각하지 못했었다. 미국 해난구조 업체와 제휴하여 960억 원을 써낸 국내 업체도 ACOD/DOSA 공법으로 국내 특허취득, 영국특허 출원 중이었음에도 떨어졌다. 약 9,600톤의 선체를 좌현을 땅에 대고 있는 모습 그대로 인양하면 시신에 손상을 가장 적게 주면서 인양이 가능하다는 꼼수에 해수부 평가단이 속았다고밖에는 추측이 가지 않는다. 국내업체에는 38여 년간 선체 인양 업무에 낙찰을 부여하지 않은 것이 해수부의 실적이다. 국내 기술을 세월호 인양에 사용하여 경험, 실적만 붙여 주면 세월호 인양 실적을 가지고 세계로 뻗어 나갈 수 있었을 것이다. 왜 냐하면 ACOD/DOSA 공법을 이용하여 선체인양 및 기름 제거 업무를 하게 되면 원가가 100억~350억 원 정도밖에 되지 않고 기름 유출로 인한 오염사고를 막을 수 있어 낮은 입찰 가격으로 세계 해난구조 업계에 진출하고 젊은이들을 대거 고용하여 실업률 제고에도 도움이 될 수가 있었을 텐데 아쉽다.

## 8. 해양경찰의 해난사고 발생 시의 인명 구조활동

1) 해난사고/인명구조: 최소한 이러한 업무는 우리 해양경찰이 최고일 것으로 믿고 있었는데 TV에 방송된 해경의 모습은 중국의 불법어선들과 대치하는 모습과는 판이하게 달랐다.

2) 해난 현장에 제일 먼저 헬리콥터로 온 해경이 최우선적으로 선장을 만나 승객들에 대한 퇴선 명령을 내리라고 관권 발동했었더라면 얼마나 좋았을까?

3) 다음으로 도착한 구조정 요원들도 제일 먼저 선장을 만나 "귀선 주변에 관선 및 민간인 소유 선박들이 인명 구조차 많이 와 있으니 빨리 퇴선 명령을 내려서 안전한 곳으로 이동시킵시다."라고 권유, 관권 발동했더라면 얼마나 좋았을까?

4) '세월'호에 승선한 해경 한 분은 구명 보트(Life Boat)를 발로 차고 있었는데 그 대신 선장을 찾아가 퇴선명령을 내리라고 관권 발동했더라면 얼마나 좋았을까?.

5) '세월'호가 90도를 넘어 전복하려는 순간부터는 민간인 선박들은 밖으로 나오는 인명 구조, 실어 나르기에 여념이 없는데 해경정 한 척은 멀찌감치 떨어져서 구경만 하고 있었다. 필자의 눈에는 대형 선박이 침몰할 때에는 큰 소용돌이가 일어나면서 자그마한 선박들은 빨려 들어가 버린다는 해운업계에 나도는 소문을 들은 것 같다. 그러한 경우가 없는 것은 아니다. 벌커(Bulker), 오일 탱커(Oil Tanker) 등 화물 공간이 크고 해치 커버(Hatch Cover) 등 쉽게 수밀이 파괴되는 선종은 침몰 시에 그런 경향이 있어 주의를 요한다. 그런데 여객선처럼 공기를 잔뜩 물고 있는 공간이 견고하여 해수가 단번에 쉽게 빨려 들어갈 수가 없는 선체 구조일 경우 전복된 뒤에도 화물 과적 욕심으로 비워 둔 평형수 탱크에 공기가 꽉 차 있으므로 작은 에어 벤트(Air Vent)

를 통하여 해수가 진입하여 채우는 데 3일 이상이 걸렸다

그러한 선박/선종별 특징을 모르는 상태에서 돌출행위를 해 버리면 세상 물정도 모르는 아마추어로 전락해 버린다. 자기만 살겠다고 사고 현장 먼 곳에 대기하고 있는 해경정의 모습이 초라해 보였다. 민간 선박들도 위험하니 멀리 떨어져 있어야 됩니다 하고 같이 데리고 나갔더라면 한 번의 실수로 봐 주겠는데 자기만 살겠다고 구조활동을 하고 있는 소형 민간인 소유 선박들은 그대로 둔 채 경비정만 저 멀리서 쉬고 있는 모습을 TV 중계로 전 국민들이 다 보아 버렸으니 해경정의 신뢰와 전문성이 바닥에 떨어졌다. 그 결과로 해경 해체의 길을 걸었다고 본다.

6) 대형 크레인이 2대나 현장에 도착해 있었는데 아무런 하는 일도 없이 사용료만 척 당 하루에 5~10억 이상 물었을 것이다. 해난사고 종류별, 선종별로 체크 리스트(Check List)를 만들어 부단히 교육시켜야 할 것이다.

7) 해경에도 해수부와 마찬가지로 승선 경험이 없는 고시 출신들이 꽉 잡고 있단다. 선박에 단 3년 정도라도 승선해 보지 않고는 선박에서 일어나는 전문용어는 물론 운영법, 정책수립 등 해경의 핵심 업무를 하는 것은 봉사 코끼리 만지기식이다. 해군처럼 초임 장교에서부터 대령으로 함장이 될 때까지는 최소한 10년 이상 해경정에 승선한 사람에게 운영, 기획, 정책 수립 등 중요한 요직을 맡겨야 한다.

8) 해경의 구조 개혁부터 실시하여 상급자/높은 자리에 앉아 있는 분들에게 해경정의 운영, 기획, 정책 수립에 해경정 승선 경력이 없다면 아무런 실효가 없을 것이다.

## 9. 선원 노동 조합 또는 해양 항만청 근로 감독관

1) 신문 방송에 발표된 선장이하 선원들의 인건비를 보면 선장 월급이 육상 건설현장의 일용직보다 못하다. 이런 급여를 받고 승선 근무를 하는 것이 ILO, ITF 임금 기준에 부합되는지 묻고 싶다. 내항 선원들은 선원 노동 조합원이 아니라서 선원 노동 조합이 연관될 사안이 아니었다면 내항 선원들도 선원 노동 조합원으로 가입 유도하여 권익신장시켜 줄 필요성이 있다.

2) 유병언 일가는 떼돈을 빼어 내어 자식들 유학에 육상 타 업체에 투자 등 엄청나게 돈을 빼어 내었는데 선원임금을 착취한 것은 아닌지?

## 10. 세무회계사무소 및 담당 국세청

1) 세월호 및 다른 1척 합계 2척의 선박으로 선원들 임금을 착취하여 타 업체를 인수하는 과정에 모두 합법적으로 자금이 이동되었는지 조사해 볼 필요가 있다.

2) 사건이 터지고 나서 보면 우리나라 구석구석이 곪아 터져 있는 것 같은 인상을 준다. 어떻게 그렇게 부정부패가 곳곳에 뿌리 내려 있는지 어이가 없다. 누군가가 현재의 한국 System에 칼을 들이대어 환부를 빨리 도려내어 주지 않으면 선진국 입구에서 주저앉을 미래가 걱정된다.

3) 현행 법에 맞게 경리/회계가 이루어졌는지 확인해 보고 국가 재건의 표본으로 삼아야 할 것 같다.

## 11. 세월호 대형 인명 참사의 사고 원인을
    야기한 단체 및 개인을 나열해 보면

1) 화물 과적을 요구한 선주 및 임직원

2) 선원(선장, 1항사, 기관장-3명)

3) 화물고박업체

4) 출항 검사원

5) 여객선 입출항 검사 권한을 한국해운조합에 이양해 준 서류에 결재한 장관/차관/국
   장/과장/실무자 등과 넘겨 주도록 로비를 한 해피아 출신의 한국해운조합 이사장 및
   관계서류에 날인 결재한 한국해운조합 임직원

6) 세월호 인수 직전에 중고선 도입 선령이 15년 이하로 되어 있던 것을 20년 이하로 개
   정한 해수부 공무원 및 이를 법제화하도록 종용한 해피아 출신의 해수부 O.B 등 관
   계자들

7) 청주여자교도소에 3번이나 3항사/3기사 면회하러 가서 알게 된 사연이지만 선원들
   의 전 재산에 정부 측에서 차압이 들어와 있다고 한다.
   선원법을 준수하고 선장의 명령에 복종한 죄밖에 없어 징역형 받은 것도 억울한데
   전 재산에 차압이 들어왔다 하니 전대미문의 벌칙에 놀랄 뿐이다.
   오 모 조타수는 수감 중에 암 진단을 받았는데 외부 진료가 허락되지 않아 얼마 전
   에 세상을 떠났다 한다.

8) 이렇게 선원들의 개인 재산을 몰수할 정도라면 유병언 씨가 3개 법인 주주명의로 된 주식 배분으로 청해진 해운의 공금을 횡령해 갔을 때 나머지 29명의 실력자 주주들에게 주식 비례로 유병언 씨의 공금 횡령을 합리화시키지는 않았을까? 왕년에 권력기관에 있으면서 주주로 등재하여 주식 비례로 만약 유병언이 배분해 주지 않았다면 29명의 개인 주주들이 모르고 지나쳐 갔는가?

9) 세월호 해난참사에 대한 통솔책임 및 사고 지휘 책임자

(ㄱ) 사고 현장을 지휘 통솔할 권한을 가진 초기 상황에서는 진도 VTS실 근무자 및 VTS 실장, 목포지방 해양항만청 소속 안전 관리관/차장/청장이 선장께 퇴선 명령을 내리도록 관권 발동을 했더라면⋯. 해양수산부 해사안전관리담당 국장/차관/장관이라도 관권발동을 했더라면⋯.

목포 해경 소속 헬리콥터가 세월호 위에 도착하여 해경 한 명이 내려가서 선장에게 퇴선 명령을 내리도록 관권 발동을 했더라면⋯. 목포 해경 소속 안전관리관/차장/청장이라도 지휘라인에서 교신이 헬리콥터와 되었을 것이니 선장에게 관권 발동을 했더라면⋯.

이러한 지휘선상에 있었던 모든 분들이 거의 다 행정고시 출신들로서 승선 경험이 전무하여 관권 발동을 해야 되는지 여부도 판단할 능력이 없는 분들로 구성되어 있어 인재였다고 사고 현장 및 부산 해운업계에서 안타까워한다는 소문이 자자하다. 선진 해운국에서는 해수부 장차관 및 해양안전 담당관/해운국장/물류국장 등 정책을 다루는 자리에는 승선 경험이 많은 베테랑 선장/기관장 출신들 및 해운 경영 경험이 많은 해운 전문인들이 포진되어 있어 이러한 사고가 발생하면 일사불란하게 대응 처리하고 있다. 우리나라 국방부, 법무부, 법제처 등 일부 국가 조직에는 정책 수립 국장, 차관 및 장관에 전문성을 가진 분들이 포진하고 있지만, 해수부와 같은 부서는 전문가들이 성장할 터전이 막혀 있다. 행정고시 출신들이 전문성인 해운경영 경험도 승선 경험도 없이 정책 수립 운용 부서의 국장, 차관 및 장관 자리를 독점하

고 있으며 대형 해난 참사가 발생해도 상호 방패막이가 되어 말단 직원에게 책임을 지우고 책임을 져야 할 국장급 이상은 승진해서 더 높은 보직을 차지하고 있다 한다. 국가 조직에도 책임과 권한을 각 직급별로 ISO9001 요건에 의거 규정하여 책임 경영/전문성이 있는 인사 정책이 자리 잡아야만 먼 훗날 동일한 원인에 의한 동종의 해난참사를 방지할 수가 있을 것이다.

(ㄴ) 정부 측에서 조사한 기초 자료를 공개하고 그 자료를 토대로 한국해양대학교 졸업생 약 5만 명에게 현상금 1억 원만 걸었더라면 벌써 2015년도 이내로 사고 원인 분석/파악으로 항구적인 해결책이 벌써 나왔을 것이다. 해수부 정책 수립부서 국장급 이상의 행정고시 출신들이 세월호 사고 개요 및 상세한 조사 정보를 공개하지 않았으므로 4년이 경과한 지금까지 정확한 사고 원인 및 상응하는 대책이 수립되지 않고 있다.. 그래서 개교 70년이 경과하도록 삼군 사관학교와 동일한 조건으로 의식주를 국가에서 제공해 주고 상선사관으로 양성하여 상선을 타다가 전쟁이 발발하면 해군 장교로 활용하고자 1945년도에 개교했으며 50년대, 60년대 및 70년대까지만 해도 삼군사관학교 생도들에 버금가는 우수인력이 많이 모였다. 특히 1964년도 해외 송출선원으로 한국선원의 우수한 기술과 근면성이 인정받아 미국, 일본선주들이 대거 고용하기 시작하면서 한국 장교들보다 급여가 10배 이상이라는 소문이 퍼져 입학한 1964년도부터 1969년도까지의 한국해양대학교 출신들은 전설적인 기수로 알려져 있다. 현 국방부의 정책 라인에 삼군사관학교 출신들이 들어가는 것이 당연시되고 있다. 군사 특수분야의 전문성을 살려 정책 수립 부서에는 삼군사관학교 출신들이 포진하여 나라를 수호하고 있다. 그런데 U.N 산하기관인 IMO(국제해사기구) 수장으로 한국해양대학교 29기생 임기택 씨가 세계의 해운 대통령으로 현재 근무 중인데 정작 한국에는 해운 전문가/해기사출신들을 해운정책 수립 부서 국장, 차관, 장관에 기용하지 않는다. 한국해양대학교 개교 이래 출신 장관이 한 명도 없는 이유는 행정고시 출신 해수부 근무자들이 철옹성을 이루고 있기 때문이다. 그 결과 전문성 결핍으로 세월호 사고 원인 분석 및 해결책을 근본적으로 내놓지 못하고 있다. 21세

기는 국가 간에 전문성 싸움이다. 국가 간의 전문성 싸움이 분초를 다투는데 우리 나라 해수부에는 해양/수산 전문가들이 정책 입안 부서에 보이지 않는다. OECD 국가 중에 해운전문가가 해수부의 정책 수립 부서에 없으며 푸대접받는 나라는 한국뿐일 것이다. 해피아 출신들이 해수부를 주무른 지 오래됐다. 해피아야말로 해수부의 적폐 중의 적폐이다. 해수부를 하루 빨리 해운/해양/수산 전문가 집단에 넘겨주는 것이 해수부 적폐 청산의 첫 번째 과제이다.

10) 상술해 드린 바와 같이 해난참사가 발생하게된 동기는 여러가지의 사유들이 겹쳐서 해난 사고가 통상 발생한다. 여러 요소 중 어느 한가지라도 제대로 시행되었더라면 해난참사는 막을 수 있다는 뜻이다.

11) 별첨 항적 자료를 유심히 들여다 보면 세월호와 같이 약 9,600톤이나 되는 선박도 선수 침로가 어떤 위치에 있을 때에 조류와 바람의 영향만으로 표류 중에 4/16일 09;21분 자료 2개를 비교해 보면 선체가 1.8~1.9Knots로 표류 중에 불과 1분 사이에 선수침로가 203도였던 것이 511도로 변화한 것을 볼 수 있다. 조선소 도크 마스터(Dock Master)로서 선박 시운전을 수없이 많이 해 본 배정곤씨의 말씀이 생각난다. 선박이란 선체 회두방향/속도, 기관출력의 대소, 전진상태/후진 상태, 조류의 세기와 방향, 바람의 세기와 방향 등 여러 요소가 복합적으로 작용하므로 어떤 조건하에서는 선체가 갑자기 한 바퀴 휘익 돌아 버리는 경우도 있다고 했는데 세월호 항적도 4/16일 09:21분 자료 2개를 비교해 보면 납득이 갈 것이다. 표류 중이었는데도 1분간에 선수 침로가 203도에서 511도로 308도나 거구의 선체가 휙 돌아 버렸다. 이러한 사실을 미루어 볼 때

*선수침로를 140도에서 145도로 우회두력

*우현 주기는 과속도 방지 안전 장치 작동으로 최저속도로 변경되고 좌현 주기만 최고 운항 속도로 수초간 운전되어 편심에 의한 선체 우회두력

*좌현 측에서 우현 측으로 흐른 조류의 힘

*선수침로가 225도 이상 우회두한 상태 이후로는 바람도 좌현 측에서 우현 측으로 선체를 밀었던 힘

상기 4종류의 모든 힘이 선체를 우회두 시키려는 힘이었으므로 선체의 항적이 표주박 모양으로 길죽하게 급선회한 항적을 남기게 되었다는 사실을 알게 되었으리라 믿는다.


## 12. 제4장 향후 대책에 인용한 자료는 여객선과 비슷한 선형으로 자동차 전용선의 로드 마스터(Load Master) 자료를 입수한 것임

1) 통상적인 운항 조건으로 운항할 때의 선박 자료

2) 설계된 대로 자동차를 12층 화물칸에 다 싣고 영구 평행수(Permanent Ballast) 1,010 톤만으로 항해할 경우의 GM 등 항해자료(GM=1.40m로 설계되어있음). 즉 평형수를 전혀 싣지 않더라도 출항 시 GM=1.40m로 신조 시부터 안전한 선박을 건조함(일본조선소 기술).

3) 선폭(32.20m)의 2%GM에 해당하는 평행수(Ballast)만 남기고 설계된 풀 카 카고(FULL Car Cargo)를 선적할 경우의 선박안전 계수 수치들을 뽑아 달라고 했더니 IMO 기준치에 예(Yes)라고 표기된 3요소만 긍정이고 나머지 요소들은 No로 부정/IMO 기준 미달임.
즉 필자가 주장하는 선폭의 2% GM에 해당하는 영구 평행수(Permanent Ballast)/시멘팅(Cementing)을 해도 GM과 2가지 요소 외에는 모든 자료가 IMO 기준 미달이라

는 말은 바람직하지는 않지만, 최소한 GM 20~30㎝에서 발생하는 탑 헤비 쉽(Top Heavy Ship) 자연 경사현상이라도 막아 보자는 궁여지책인데 해수부는 IMO GM 기준이 15㎝ 이상이면 족한데 선폭의 2%에 해당하는 GM까지 상향 조정할 필요가 없다며 한국선급과 선박안전기술공단 소속 선박검사원들을 모아두고 공청회를 실시해 보았지만 전부 반대한다는 회신이었다.

누차 말씀드리지만 세월호 사고는 갑판부문/기관부문의 두 가지 부문에 걸쳐서 사고 원인이 발생하여 학교 졸업 후 항해학과 출신들은 항해학과 전문 부문인 갑판부 업무만 해 보았고 갑판 부문 업무만 검사를 하고 있으며 기관학과 출신의 검사원은 기관부 업무만 검사를 시행하고 있어 갑판부업무(항해/화물선적부문)와 기관부 업무(발전기 전력 공급 중단, 주기 2대 과속도 방지 안전 장치 및 윤활유 저압 안전 장치 작동으로 최저속도 운전 상태로 전환한 사고)가 병합해서 발생한 세월호 사고 원인 규명을 한 경험이 전무한 사람들을 모아 두고서 공청회 결과 선폭의 2% 상당 평형수 대신 시멘팅(Cementing) 하는 것은 전부 반대한다는 회신을 받았다. 해수부 자체의 전문성 있는 판단보다 업계의 공청회를 믿어야만 하는지? 영구 평형수 제도를 도입하지 않고 그대로 두면 또 대형 참사는 재발할 것임.


4) 제4장 향후 대책에 인용한 자동차 전용선인 Pure Car Carrier(PCC 선박)의 로드 마스터(Load Master)가 제공한 자료들을 이해할 수 있도록 전문 약어에 대한 풀 스타일(Full Style)을 적어 드린다.

- LCG=Longitudinal Center of Gravity(종 방향 무게중심)
- VCG=Vertical Center of Gravity(수직 방향 무게 중심)
- TCG=Transverse Center of Gravity(횡 방향 무게 중심)
- LCB=Longitudinal Center of Buyancy(종 방향 부력 중심)
- MTC=모먼트(Moment) to Change Trim One Centimeter(선체 종방향 경사 1㎝ 변화시키는 데 필요한 모멘트)

- KG=Keel to Gravity Distance(선저에서부터 무게 중심점 G까지의 거리)

- FSM=Free Surface 모먼트(Moment)(액체 상태의 물체에 대한 자유 표면에서의 모멘트)

- TPC=Ton Per Centimeter(선체 1㎝를 변화시키는 데 필요한 화물 무게, 즉 선체를 1㎝ 물 속으로 잠기게 하거나 물위로 뜨게 하는데 필요한 톤수의 화물량 등)

- LCF=Longitudinal Center of Floatation From Midship(부면심=선체 중앙부로부터 부상할 때의 종 방향 중심점.)

- TKM=Transverse Metacenter Above Base Line(Keel Line)(횡경사 시 경심)

- GM=Gravity To Metacenter(무게중심으로부터 경심까지의 거리)

- GGo=Statistic Gravity to Dynamic Gravity(정체 시의 무게중심과 선체가 좌우 유동 시의 무게 중심 간의 거리)

- GoM=Distance between Dynamic Center and Metacenter(유동 시의 무게중심과 경심 간의 거리)

- GZ=Gravity of Stastic to Righting Lever in Meter(정체 시의 무게 중심으로부터 선 체를 복원시키려는 레버의 거리)

- GoZ=Dynamic Gravity to Righting Lever in Meter(유동 시의 무게 중심으로부터 선체를 복원시키려는 레버의 거리)

상기 약어들을 보시면서 별첨 자료들을 유심히 보시면 이해가 될지 모르겠다.

5) 선박에 무슨 이론이 있을까 싶지만 이것들은 항해사라면 누구나 필수적으로 알아 야 하는 이론들이다. 자동차 전용선, 컨테이너선들에서 주로 사용되는 로드 마스터 (Load Master) 장비에서 사용되는 선체의 안전을 계산하는 계수/약어 들이지만 데이 터(Data)만 입력하면 원하는 어려운 자료들이 자동적으로 산출되어 컴퓨터화면에 전 술한 바와 같이 나타난다.

6) 제4장 향후 대책에 인용한 자료들은 GM 조건이 가장 열악한 선종인 원목선, 여객선, 자동차 전용선에서 로드 마스터(Load Master)를 설치하면 화물창에 화물(컨테이너/승용차/화물트럭/승객) 등 실제 선적한 장소에 선적 전에 미리 준비된 B/L , 패킹 리스트(Packing List), 카고 리스트(Cargo List) 등의 자료를 세월호의 경우라면 E-갑판(E-Deck) 또는 C-갑판(C-Deck) or D-갑판(D-Deck) 좌우현 어느 위치에 고박하게 되었는지만 입력하면 자동적으로 GM 등 IMO에서 규정한 최소한의 요건에 부합하면 예스(Yes), 부적격이면 노(No)라고 우측에 표기되므로 1항사가 바로 합부판정여부를 알 수가 있어 예스(Yes)가 되게끔 조치를 취한다.

이런 제4장 향후 대책에 인용한 자료와 같이 수작업으로는 한없이 어려운 자료들을 로드 마스터(Load Master)가 있으면 손쉽게 산출이 가능하여 선박의 안전 여부가 명확하게 표기되어 알 수가 있다.

우리나라 일부 국립도서관, 해양계대학교/대학/고교 등 교재 또는 참고 서적으로 활용하면서 책임 소재를 판단하는 서적으로 남기고자 한다.

우리나라 제일의 기업가가 한 말씀을 세월호 사건 처리하는 과정에서 음미해 보니 지당하다. 즉, 국가는 4류, 기업은 3류, 국민은 2류라는 말이 가슴에 와 닿는다. 모두에 잠시 언급하다 말았는데 여객선에 있어서 GoM 못지않게 화물고박(Lashing) 작업은 아무리 강조해도 지나침이 없다.

# 이 력 서

| 성 명 | 한글 | 강정화 | 생년월일 | 1948 . 1 . 30 . (남) |
|---|---|---|---|---|
| | 한자 | 姜正華 | 주민등록번호 | 480130 - 1094919 |
| 주 소 | | 서울특별시 서초구 신반포로 19길 10, 25동105호(반포동, 신반포 제3지구 아파트)    (TEL. / 010-4221-6620) | | |

| 호주 | 강정화 | 본적지 | 경상남도 남해군 이동면 초음리 1165 번지 |
|---|---|---|---|

| | 기 간 | 학 교 명 | 전 공 분 야 |
|---|---|---|---|
| 학 력 | 1963. 3. ~ 1966. 2. | 부산 경남공업고등학교 졸업 | 응용화학과 |
| | 1967. 3. ~ 1971. 2. | 한국해양대학교 졸업 | 기관공학과 |

| | 기 간 | 근 무 처 및 담 당 업 무 |
|---|---|---|
| 경 력 | 1970. 3 ~ 1970. 8. | 한국해양대학교 4학년 1학기 대대장 (일반대학 총학생회장) 역임 |
| | 1971. 2. ~ 1973. 5. | 해군 소위/중위로 구축함 승함 및 부산해군 군사교육단 교관으로 근무 |
| | 1973. 5. ~ 1974. 4. | SANKO LINE 2등 기관사로 승선 (DWT 30,000톤급 BULK CARRIER) |
| | 1974. 5. ~ 1975. 5. | SANKO LINE 1기사로 승선 (DWT 35,000톤급 CAR BULKER) |
| | 1975. 5. ~ 1976. 5. | WESTERN SHIPPING 기관장으로 승선 (DWT 35,000 BULKER) |
| | 1976. 5. ~ 1978. 5. | 대한통운해운(주) 창립시 해무과장 |
| | 1978. 5. ~ 1980. 11. | 조양상선(주) 기관장으로 승선 (28,000 적재톤수급 "DUCHESS"호/"KOREAN PEACE"호) |
| | 1980. 11. ~ 1983. 3. | 조양상선(주) 공무감독 |
| | 1983. 3. ~ 1987. 3. | 조양상선(주) 동경사무소 주재 공무감독 및 동경사무소장 |
| | 1987. 3. ~ 1993. 11. | 조양상선(주) 서울 본사 기획부장/공무부장 |
| | 1993. 11. ~ 1995. 9. | 조양상선(주) 공무담당이사/품질보증담당이사 |
| | 1995. 9. ~ 현 재 | 조양상선(주) 퇴직/강진선무(주) 설립, 대표이사겸 PANAMA 선급 SURVEYOR 재직중 |
| | 2000. 10. ~ 2004. 9. | 한국해양대학교 두뇌한국21 및 기계정보공학부 ISO 9000 담당 겸임교수 재직 |
| | 2000. 11. ~ 2015.12.31 | (사)한국선급 ISO 9000 품질경영시스템 인증 FREELANCER 심사원으로 재직 |
| | 2010. 6. ~ 2016. 7.31 | 한국해양수산연수원 선박보안 책임자(S.S.O) Course 선박보안 실무운용 담당 교수로 재직(2003. 11월 : 영국 리버풀 소재 FERRYBY MARINE에서 선박보안 심사원 과정수료) |

| | 취 득 년 월 일 | 자 격 · 면 허 명 | 시 행 처 |
|---|---|---|---|
| 자격 및 면허 | 1976 . 4. 10. | 1급 기관사 | 해양수산부 |
| | 1996 . 12. 23. | 품질보증체제 인증심사원 등록증 | 한국품질환경인정협회 |
| | 1999 . 8. 16. | QMS AUDITOR (국제품질심사원) | 국제인증심사원등록협회 (IRCA) |

| 병 역 | 복 무 기 간 | 군 별 | 계 급 | 병 과 | 미 필 또 는 면 제 사 유 |
|---|---|---|---|---|---|
| | 1971. 2 ~ 1973. 5. | 해군 | 중위 | 기관 | 만기제대 |

| 상 벌 | 1971. 2. 27 | 한국해양대학 수석졸업으로 문교부장관상 수상 |
|---|---|---|
| | 1971. 2. 28 | NROTC 수석졸업으로 대통령상 수상 |

위에 기재한 사항은 사실과 틀림이 없습니다.

2017년 11월 2일

성    명 : 강 정 화

# CURRICULUM VITAE

**NAME** | KANG, JUNG-HWA 姜 正華            **SEX** : MALE

**BIRTH** | 1948-1-30 69 Years Old

**EDUCATION DEGREE** | Bachelor

MARINE MERCHANT CERTIFICATE : FIRST CLASS ENGINEER (C/E)

## EDUCATION BACKGROUND

| | |
|---|---|
| 1967. 3 ~ 1971. 2 | KOREA MARITIME UNIVERSITY, MARINE ENGINEERING COURSE. |
| 1970.3 ~ 1970. 8 | The President Of the Student Council for !st Term Of 4th Year. |
| 1971. 2.27/28 | The Minister Of Education/ The President Of Korea Award for Top performances during |

4 years long for Scholarship/ Navy R.O.T.C.

## WORK EXPERIENCE

### *As a marine engineer :*

1) 1971. 2 ~ 1972. 2 : Commissioned Sub-Lieutenant In Navy.

2) 1972. 2 ~ 1973. 5 : Promoted as Lieutenant and Appointed Supervisor Of Students in Korea Merchant Marine University.

3) 1972. 2 ~ 1973. 5 : Retired Navy and Joined Sanko Line as 2nd Engineer (M/V "SANKO GRAIN", G/T 12,275)

4) 1974. 5 ~ 1975. 5 : Promoted 1st Engineer In Sanko Line (M/V "STREAM HAWSER" G/T 20,538)

5) 1975. 5 ~ 1976. 5 : Joined Western Shipping Co., Ltd as Chief Engineer (M/V "HOSEI MARU" G/T 16,500)

6) 1976. 5 ~ 1978. 5 : Joined Daehantongwoon Shipping Co., Ltd. as Manager Of Marine Affair Dept.

7) 1978. 5.1 ~ 1980.11.11 : Joined Choyang Shipping Co., Ltd as Chief Engineer (M/V /"Duchess" 13,085 G/T / M/V"Korean Peace" 16,897 G/T )

## *Worked in Office :*

1) 1980. 11.12 ~ 1983. 3. 9 : Joined Choyang Shipping Co., Ltd as Superintendent for Repairs.

2) 1983. 3. 10 ~ 1985. 10.31 : Transferred to Tokyo Office Of Choyang Shipping Co., Ltd. As Superintendent for Suppling.

3) 1985. 11. 1 ~ 1987. 3. 1 : Promoted Branch Manager Of Tokyo Office.

4) 1987. 3. 2 ~ 1990. 9.30 : Transferred to Seoul Head Office as Deputy General Manager Of Planning Dept.

5) 1990. 10. 1 ~ 1993. 10.31 : Transferred to General Manager Of Marine Engineering Dept.

6) 1993. 11. 1 ~ 1993. 12.31 : Promoted Director Of Marine Engineering Dept.

7) 1994. 1. 1 ~ 1995. 9. 6 : Transferred to Director Of Quality Assurance Dept. (ISM Code/ISO 9002)

8) 1995. 9. 7 ~ Now : Retired Choyang Shipping Co., Ltd and Established Kangjin Ship Management Co., Ltd. as President / Lead consultant

9) 2000. 10. 1 ~ 2004. 9. 30 : PrOfessor Of KOREA MARITIME UNIVERSITY

10) 2000. 11. 1 ~ 2015.12. : Freelancer auditor Of ISO 9000 for KOREAN REGISTER Of SHIPPING.(KRS)

11) 2005. 01. 01~ Now : Established PCSOPEP System for Panama Canal Shipboard

Oil Pollution Emergency Plan(PCSOPEP)

**12) 2010. 1. ~ 2016. 7.31:PROFESSOR OF SHIP SECURITY OFFICER COURSE FOR KOREA INSTITUTE FOR**

**MARITIME & FISHERIES TECHNOLOGY(KIMFT)**

## CERTIFICATE

1) Marine Chief Engineer's Certificate ( 1St Class )

2) Certificate Of Internal Auditor Course Issued by DNV.

3) Auditor Certificate For ISO 9000 Series Approved by Korea Government

4) Passed IQA International Register Of Certificated Auditors Training Course by SGS at June 1997.

5) Obtained International Lead Auditor certificate (Cert. No. : A015478) by IRCA.

6) Auditor Certificate for ISO 14001 Approved by Korean Government.

7) ) Auditor Certificate for OHSAS 18001 Approved by Korean Government

Sincerely yours

KANG, JUNG-HWA

| Table 2.3. | Ownership of the world fleet, as of 1 January 2014 (Dwt) | | | | | | | |
|---|---|---|---|---|---|---|---|---|
| | | | | Beneficial owner location[a] | | | | Real nationality[a] |
| | Number of ships | Dead-weight tonnage (thousand dwt) | Per cent of world total (dwt) | National flag, dead-weight tonnage (thousand dwt) | Foreign flag, dead-weight tonnage (thousand dwt) | Foreign flag as % of total dwt | Dwt growth over 2013 | Dead-weight tonnage (thousand dwt) |
| Albania | 34 | 140 | 0.008 | 67 | 73 | 52% | 0.0% | 140 |
| Algeria | 45 | 1 380 | 0.082 | 658 | 722 | 52% | 0.0% | 1 380 |
| Angola | 53 | 5 792 | 0.345 | 288 | 5 503 | 95% | 10.8% | 4 033 |
| Antigua & Barbuda | 1 | 1 | 0.000 | 1 | 0 | 0% | 0.0% | 1 |
| Argentina | 66 | 888 | 0.053 | 326 | 563 | 63% | -3.0% | 888 |
| Australia | 123 | 2 587 | 0.154 | 1 645 | 942 | 36% | 3.8% | 5 042 |
| Austria | 7 | 50 | 0.003 | 0 | 50 | 100% | -77.3% | 50 |
| Azerbaijan | 181 | 671 | 0.040 | 653 | 18 | 3% | 0.5% | 622 |
| Bahamas | 42 | 1 149 | 0.069 | 1 104 | 45 | 4% | 6.3% | 805 |
| Bahrain | 31 | 147 | 0.009 | 52 | 96 | 65% | -8.1% | 139 |
| Bangladesh | 90 | 2 125 | 0.127 | 1 376 | 749 | 35% | -3.7% | 2 125 |
| Barbados | 1 | 2 | 0.000 | 0 | 2 | 100% | 0.0% | 2 |
| Belgium | 192 | 8 114 | 0.484 | 3 733 | 4 381 | 54% | -1.6% | 14 952 |
| Belize | 8 | 28 | 0.002 | 4 | 24 | 86% | 36.6% | 28 |
| Bolivia (Plurinational State of) | 1 | 2 | 0.000 | 2 | 0 | 0% | 0.0% | 2 |
| Brazil | 346 | 19 510 | 1.164 | 2 767 | 16 744 | 86% | 9.5% | 18 830 |
| Brunei Darussalam | 9 | 23 | 0.001 | 12 | 12 | 50% | 12.6% | 445 |
| Bulgaria | 81 | 1 279 | 0.076 | 254 | 1 026 | 80% | -16.0% | 1 279 |
| Cambodia | 4 | 19 | 0.001 | 2 | 17 | 92% | 0.0% | 19 |
| Cameroon | 3 | 429 | 0.026 | 429 | 0 | 0% | -34.1% | 429 |
| Canada | 358 | 9 209 | 0.549 | 2 744 | 6 465 | 70% | 0.1% | 25 832 |
| Cape Verde | 7 | 10 | 0.001 | 10 | 0 | 0% | 0.0% | 7 |
| Chile | 77 | 2 314 | 0.138 | 704 | 1 609 | 70% | -1.9% | 2 888 |
| China | 5 405 | 200 179 | 11.938 | 73 252 | 126 928 | 63% | 5.8% | 188 356 |
| Hong Kong SAR | 610 | 26 603 | 1.586 | 18 637 | 7 966 | 30% | 16.9% | 34 296 |
| Taiwan Province of | 862 | 47 481 | 2.832 | 3 859 | 43 622 | 92% | 4.9% | 47 483 |
| Colombia | 31 | 154 | 0.009 | 70 | 84 | 54% | 0.0% | 154 |
| Congo | 4 | 9 | 0.001 | 0 | 9 | 100% | 0.0% | 9 |
| Costa Rica | 7 | 77 | 0.005 | 0 | 77 | 100% | 0.0% | 77 |
| Croatia | 112 | 3 304 | 0.197 | 2 235 | 1 070 | 32% | -4.7% | 3 304 |
| Cuba | 21 | 246 | 0.015 | 16 | 230 | 94% | 1.4% | 737 |
| Cyprus | 355 | 12 716 | 0.758 | 6 131 | 6 585 | 52% | -11.5% | 5 824 |
| Democratc People's Republic of Korea | 143 | 799 | 0.048 | 699 | 100 | 12% | -5.8% | 799 |

| | Beneficial owner location | | | | | | Real nationality |
|---|---|---|---|---|---|---|---|
| | Number of ships | Dead-weight tonnage (thousand dwt) | Per cent of world total (dwt) | National flag, dead-weight tonnage (thousand dwt) | Foreign flag, dead-weight tonnage (thousand dwt) | Foreign flag as % of total dwt | Dwt growth over 2013 | Dead-weight tonnage (thousand dwt) |
| Democratic Republic of the Congo | 4 | 371 | 0.022 | 0 | 371 | 100% | 0.0% | 6 |
| Denmark | 955 | 40 504 | 2.415 | 13 518 | 26 986 | 99% | -0.2% | 42 462 |
| Djibouti | 1 | 3 | 0.000 | 0 | 3 | 100% | 0.0% | 3 |
| Dominican Republic | 2 | 6 | 0.000 | 0 | 6 | 100% | 0.0% | 6 |
| Ecuador | 46 | 642 | 0.038 | 349 | 293 | 46% | 1.1% | 642 |
| Egypt | 220 | 3 536 | 0.211 | 1 421 | 2 115 | 60% | 1.6% | 3 270 |
| Equatorial Guinea | 2 | 3 | 0.000 | 2 | 1 | 37% | 0.0% | 3 |
| Eritrea | 4 | 13 | 0.001 | 13 | 0 | 0% | 0.0% | 13 |
| Estonia | 77 | 462 | 0.028 | 23 | 439 | 95% | 59.7% | 462 |
| Ethiopia | 17 | 434 | 0.026 | 434 | 0 | 0% | 94.4% | 434 |
| Fiji | 8 | 7 | 0.000 | 6 | 1 | 8% | 0.0% | 7 |
| Finland | 152 | 2 039 | 0.122 | 971 | 1 068 | 52% | -6.1% | 2 051 |
| France | 442 | 11 798 | 0.704 | 4 096 | 7 702 | 65% | 6.7% | 12 802 |
| Gabon | 3 | 76 | 0.005 | 74 | 2 | 2% | 0.0% | 76 |
| Gambia | 1 | 2 | 0.000 | 2 | 0 | 0% | 0.0% | 2 |
| Georgia | 3 | 8 | 0.000 | 3 | 5 | 64% | 0.0% | 8 |
| Germany | 3 699 | 127 238 | 7.588 | 15 987 | 111 251 | 87% | -2.1% | 127 273 |
| Ghana | 9 | 39 | 0.002 | 29 | 10 | 26% | 4.2% | 39 |
| Greece | 3 826 | 258 484 | 15.415 | 70 499 | 187 985 | 73% | 7.8% | 283 498 |
| Greenland | 8 | 42 | 0.002 | 2 | 39 | 94% | 0.0% | 42 |
| Grenada | 1 | 2 | 0.000 | 0 | 2 | 100% | 0.0% | 2 |
| Guatemala | 1 | 1 | 0.000 | 0 | 1 | 100% | 0.0% | 1 |
| Guyana | 19 | 47 | 0.003 | 23 | 23 | 50% | 20.1% | 47 |
| Honduras | 14 | 51 | 0.003 | 33 | 18 | 35% | 0.0% | 51 |
| Iceland | 22 | 113 | 0.007 | 5 | 107 | 95% | 0.5% | 113 |
| India | 753 | 21 657 | 1.292 | 14 636 | 7 021 | 32% | -2.2% | 24 284 |
| Indonesia | 1 598 | 15 511 | 0.925 | 12 519 | 2 992 | 19% | -0.1% | 15 457 |
| Iran (Islamic Republic of) | 229 | 18 257 | 1.089 | 4 012 | 14 244 | 78% | 8.8% | 18 257 |
| Iraq | 24 | 145 | 0.009 | 61 | 83 | 58% | 0.0% | 145 |
| Ireland | 79 | 773 | 0.046 | 255 | 518 | 67% | 22.5% | 692 |
| Israel | 115 | 4 215 | 0.251 | 310 | 3 905 | 93% | 7.7% | 4 215 |
| Italy | 851 | 24 610 | 1.468 | 18 790 | 5 820 | 24% | -2.1% | 42 434 |
| Jamaica | 1 | 1 | 0.000 | 0 | 1 | 100% | 0.0% | 1 |
| Japan | 4 022 | 228 553 | 13.630 | 17 871 | 210 682 | 92% | 2.1% | 236 532 |
| Jordan | 18 | 177 | 0.011 | 5 | 172 | 97% | 0.0% | 177 |

| | Number of ships | Dead-weight tonnage (thousand dwt) | Per cent of world total (dwt) | National flag, dead-weight tonnage (thousand dwt) | Foreign flag, dead-weight tonnage (thousand dwt) | Foreign flag as % of total dwt | Dwt growth over 2013 | Real nationality[b] Dead-weight tonnage (thousand dwt) |
|---|---|---|---|---|---|---|---|---|
| | | **Beneficial owner location[a]** | | | | | | **Real nationality[b]** |
| Kazakhstan | 23 | 364 | 0.022 | 101 | 262 | 72% | 1.0% | 356 |
| Kenya | 6 | 19 | 0.001 | 0 | 19 | 100% | 0.0% | 19 |
| Kiribati | 1 | 1 | 0.000 | 1 | 0 | 0% | 0.0% | 1 |
| Kuwait | 75 | 6 861 | 0.409 | 3 858 | 3 003 | 44% | -0.8% | 6 861 |
| Lao People's Democratc Republic | 1 | 20 | 0.001 | 0 | 20 | 100% | 0.0% | 20 |
| Latvia | 92 | 1 227 | 0.073 | 48 | 1 179 | 96% | -6.8% | 1 227 |
| Lebanon | 159 | 1 474 | 0.088 | 105 | 1 370 | 93% | 26.5% | 1 325 |
| Liberia | 7 | 38 | 0.002 | 10 | 28 | 73% | 36.7% | 38 |
| Libya | 32 | 2 444 | 0.146 | 1 137 | 1 307 | 53% | -0.4% | 2 444 |
| Liechtenstein | | 0 | - | 0 | 0 | | -100.0% | 0 |
| Lithuania | 58 | 305 | 0.018 | 202 | 103 | 33.71% | 1.3% | 370 |
| Luxembourg | 77 | 1 519 | 0.091 | 665 | 855 | 56.25% | 34.7% | 17 |
| Madagascar | 8 | 15 | 0.001 | 14 | 1 | 7.97% | 0.0% | 15 |
| Malaysia | 602 | 16 797 | 1.002 | 8 668 | 8 129 | 48.40% | 0.6% | 16 231 |
| Maldives | 10 | 50 | 0.003 | 25 | 25 | 49.52% | -48.8% | 50 |
| Malta | 33 | 585 | 0.035 | 446 | 140 | 23.85% | 51.1% | 351 |
| Marshall Islands | 34 | 615 | 0.037 | 457 | 158 | 25.72% | 226.0% | 503 |
| Mauritania | 1 | 9 | 0.001 | 0 | 9 | 100.00% | 0.0% | 9 |
| Mauritius | 7 | 101 | 0.006 | 93 | 8 | 8.26% | 6.4% | 101 |
| Mexico | 149 | 1 365 | 0.081 | 1 061 | 303 | 22.21% | -13.0% | 1 668 |
| Monaco | 194 | 16 698 | 0.996 | 0 | 16 698 | 100.00% | 20.6% | 2 701 |
| Montenegro | 4 | 74 | 0.004 | 74 | 0 | 0.00% | 0.0% | 74 |
| Morocco | 34 | 209 | 0.012 | 99 | 110 | 52.74% | -0.7% | 209 |
| Mozambique | 4 | 9 | 0.001 | 9 | 0 | 0.00% | 0.0% | 9 |
| Myanmar | 36 | 188 | 0.011 | 158 | 30 | 15.78% | 1.1% | 188 |
| Namibia | 1 | 1 | 0.000 | 1 | 0 | 0.00% | 0.0% | 1 |
| Netherlands | 1 234 | 17 203 | 1.026 | 6 572 | 10 631 | 61.80% | 3.7% | 16 873 |
| New Zealand | 20 | 222 | 0.013 | 94 | 128 | 57.68% | 66.3% | 222 |
| Nigeria | 241 | 4 893 | 0.292 | 2 605 | 2 288 | 46.76% | 13.2% | 3 714 |
| Norway | 1 864 | 42 972 | 2.563 | 17 470 | 25 502 | 94.33% | -1.5% | 61 474 |
| Oman | 35 | 6 923 | 0.413 | 6 | 6 918 | 99.92% | 12.8% | 6 923 |
| Pakistan | 17 | 679 | 0.040 | 658 | 21 | 3.04% | -20.2% | 679 |
| Panama | 121 | 730 | 0.044 | 589 | 142 | 19.39% | 3.3% | 570 |
| Papua New Guinea | 32 | 102 | 0.006 | 98 | 4 | 3.70% | 10.0% | 102 |
| Paraguay | 18 | 43 | 0.003 | 25 | 18 | 41.48% | 68.6% | 43 |
| Peru | 30 | 513 | 0.031 | 432 | 81 | 15.88% | 8.7% | 513 |

## Table 2.3. Ownership of the world fleet, as of 1 January 2014 (Dwt) *(continued)*

| | Number of ships | Dead-weight tonnage (thousand dwt) | Per cent of world total (dwt) | National flag, dead-weight tonnage (thousand dwt) | Foreign flag, dead-weight tonnage (thousand dwt) | Foreign flag as % of total dwt | Dwt growth over 2013 | Real nationality Dead-weight tonnage (thousand dwt) |
|---|---|---|---|---|---|---|---|---|
| Philippines | 367 | 2 962 | 0.177 | 1 420 | 1 542 | 52.04% | 3.1% | 2 939 |
| Poland | 140 | 2 803 | 0.167 | 43 | 2 760 | 98.47% | -11.2% | 2 809 |
| Portugal | 54 | 940 | 0.056 | 124 | 816 | 86.81% | -0.4% | 936 |
| Qatar | 109 | 5 510 | 0.329 | 850 | 4 660 | 84.58% | 0.0% | 4 564 |
| Republic of Korea | 1 568 | 78 240 | 4.666 | 16 266 | 61 974 | 79% | 5.8% | 84 254 |
| Romania | 94 | 1 044 | 0.062 | 55 | 989 | 94.73% | 10.4% | 1 044 |
| Russian Federation | 1 734 | 18 883 | 1.126 | 5 559 | 13 324 | 70.56% | -1.0% | 23 357 |
| Saint Kitts and Nevis | 3 | 16 | 0.001 | 1 | 15 | 93.41% | 0.0% | 16 |
| Saint Lucia | 1 | 2 | 0.000 | 0 | 2 | 100.00% | 0.0% | 2 |
| Saint Vincent and the Grenadines | 3 | 154 | 0.009 | 0 | 154 | 100.00% | -0.7% | 154 |
| Samoa | 2 | 20 | 0.001 | 0 | 20 | 98.92% | 0.0% | 20 |
| Saudi Arabia | 200 | 8 073 | 0.481 | 1 424 | 6 649 | 82.36% | 2.8% | 15 353 |
| Senegal | 1 | 1 | 0.000 | 1 | 0 | 0.00% | 0.0% | 1 |
| Seychelles | 11 | 213 | 0.013 | 200 | 13 | 5.91% | 0.4% | 213 |
| Sierra Leone | 1 | 3 | 0.000 | 0 | 3 | 100.00% | 0.0% | 3 |
| Singapore | 2 120 | 74 064 | 4.417 | 41 080 | 32 984 | 44.53% | 12.1% | 56 088 |
| Slovenia | 21 | 684 | 0.041 | 0 | 684 | 100.00% | -11.4% | 27 |
| South Africa | 60 | 2 237 | 0.133 | 49 | 2 188 | 97.81% | -6.3% | 1 039 |
| Spain | 217 | 2 206 | 0.132 | 692 | 1 514 | 68.64% | -4.6% | 2 642 |
| Sri Lanka | 14 | 64 | 0.004 | 64 | 0 | 0.00% | -16.1% | 64 |
| Sudan | 5 | 34 | 0.002 | 25 | 9 | 27.31% | 0.0% | 34 |
| Suriname | 2 | 4 | 0.000 | 1 | 3 | 67.61% | -30.9% | 4 |
| Sweden | 339 | 6 685 | 0.399 | 1 311 | 5 374 | 80.39% | 4.1% | 7 204 |
| Switzerland | 350 | 17 012 | 1.015 | 1 195 | 15 817 | 92.98% | 3.3% | 5 972 |
| Syrian Arab Republic | 154 | 1 237 | 0.074 | 68 | 1 169 | 94.49% | -21.4% | 1 480 |
| Thailand | 407 | 6 760 | 0.403 | 4 598 | 2 162 | 31.98% | 10.9% | 6 385 |
| Timor-Leste | 1 | 0 | 0.000 | 0 | 0 | 100.00% | 0.0% | 0 |
| Tonga | 1 | 1 | 0.000 | 1 | 0 | 0.00% | 0.0% | 1 |
| Trinidad and Tobago | 5 | 7 | 0.000 | 6 | 1 | 14.19% | 0.0% | 7 |
| Tunisia | 13 | 330 | 0.020 | 330 | 0 | 0.00% | -8.3% | 330 |
| Turkey | 1 547 | 29 266 | 1.745 | 8 600 | 20 666 | 70.61% | 0.4% | 29 431 |
| Turkmenistan | 18 | 72 | 0.004 | 69 | 3 | 4.36% | 24.4% | 71 |
| Ukraine | 409 | 3 081 | 0.184 | 450 | 2 631 | 85.39% | -17.0% | 3 381 |

| | Number of ships | Dead-weight tonnage (thousand dwt) | Per cent of world total (dwt) | National flag, dead-weight tonnage (thousand dwt) | Foreign flag, dead-weight tonnage (thousand dwt) | Foreign flag as % of total dwt | Dwt growth over 2013 | Dead-weight tonnage (thousand dwt) |
|---|---|---|---|---|---|---|---|---|
| | | | | Beneficial owner location[a] | | | | Real nationality[b] |
| United Arab Emirates | 716 | 19 033 | 1.135 | 430 | 18 603 | 97.74% | 12.7% | 13 415 |
| United Kingdom | 1 233 | 52 821 | 3.150 | 8 264 | 44 557 | 84.35% | 5.8% | 25 261 |
| United Republic of Tanzania | 11 | 36 | 0.002 | 26 | 9 | 26.31% | 8.0% | 36 |
| United States | 1 927 | 57 356 | 3.420 | 8 495 | 48 860 | 85.19% | 5.4% | 59 118 |
| Uruguay | 23 | 113 | 0.007 | 29 | 84 | 74.38% | 20.5% | 32 |
| Venezuela (Bolivarian Republic of) | 73 | 2 751 | 0.164 | 1 289 | 1 462 | 53.15% | 1.2% | 2 803 |
| Viet Nam | 859 | 8 000 | 0.477 | 6 511 | 1 489 | 18.61% | -1.6% | 8 000 |
| Yemen | 19 | 566 | 0.034 | 437 | 129 | 22.80% | 0.4% | 566 |
| Anguilla | 1 | 1 | 0.000 | 0 | 1 | 100% | 0.0% | 1 |
| Bermuda | 250 | 36 793 | 2.194 | 210 | 36 584 | 99% | 5.8% | 10 908 |
| British Virgin Islands | 13 | 416 | 0.025 | 0 | 416 | 100% | -9.3% | 416 |
| Cayman Islands | 3 | 4 | 0.000 | 0 | 4 | 100% | 65.2% | 2 |
| Cook Islands | 2 | 6 | 0.000 | 3 | 2 | 45% | 81.0% | 6 |
| Curacao | 1 | 8 | 0.000 | 8 | 0 | 0% | 0.0% | 0 |
| Faeroe Islands | 19 | 54 | 0.003 | 50 | 4 | 8% | 37.1% | 54 |
| French Polynesia | 21 | 26 | 0.002 | 9 | 17 | 66% | 19.9% | 26 |
| Gibraltar | 7 | 32 | 0.002 | 27 | 5 | 16% | 0.0% | 32 |
| Guam | 1 | 1 | 0.000 | 0 | 1 | 100% | | 1 |
| Netherlands Antilles | 1 | 2 | 0.000 | 0 | 2 | 100.00% | 0.0% | 8 |
| New Caledonia | 3 | 1 | 0.000 | 0 | 1 | 100.00% | 0.0% | 1 |
| Saint Helena | | 0 | – | 0 | 0 | | | 3 |
| Turks and Caicos Islands | | 0 | – | 0 | 0 | | -100.0% | 0 |
| Virgin Islands (United States) | 2 | 3 | 0.000 | 0 | 3 | 100.00% | 0.0% | 3 |
| TOTAL | 46 952 | 1 673 157 | 99.780 | 453 732 | 1 219 425 | 72.88% | 4.14% | 1 672 901 |
| Unknown | 649 | 3 696 | 0.220 | | | | | 3 952 |
| Grand total | 47 601 | 1 676 853 | 100.000 | | | | 4.04% | 1 676 853 |

*Source:* Compiled by the UNCTAD secretariat, on the basis of data supplied by Clarkson Research Services.

*Note:* Vessels of 1,000 GT and above.

[a]   "Beneficial ownership location" indicates the country/economy in which the company that has the main commercial responsibility for the vessel is located.

[b]   The "ultimate owner's nationality" reflects the nationality of the controlling interest(s) of the ship. Note: The "nationality" in this context refers to the nationality of the shipowner, while the "nationality" of the ship itself is defined by the flag of registration. The latter is covered in table 2.5 below.

Table 2.3    Ownership of world fleet, 2016

| Country or territory | Number of vessels | | | Dead-weight tonnage | | | Foreign flag as percentage of total | Total as percentage of world |
|---|---|---|---|---|---|---|---|---|
| | National flag | Foreign flag | Total | National flag | Foreign flag | Total | | |
| 1  Greece | 728 | 3 408 | 4 136 | 64 704 141 | 228 383 091 | 293 087 231 | 77.92 | 16.36 |
| 2  Japan | 835 | 3 134 | 3 969 | 28 774 119 | 200 206 090 | 228 980 209 | 87.43 | 12.78 |
| 3  China | 3 045 | 1 915 | 4 960 | 74 106 227 | 84 778 140 | 158 884 367 | 53.36 | 8.87 |
| 4  Germany | 240 | 3 121 | 3 361 | 11 315 790 | 107 865 615 | 119 181 405 | 90.51 | 6.65 |
| 5  Singapore | 1 499 | 1 054 | 2 553 | 61 763 603 | 33 548 770 | 95 312 373 | 35.20 | 5.32 |
| 6  Hong Kong (China) | 854 | 594 | 1 448 | 67 522 162 | 19 853 100 | 87 375 262 | 22.72 | 4.88 |
| 7  Republic of Korea | 795 | 839 | 1 634 | 16 107 565 | 62 726 629 | 78 834 194 | 79.57 | 4.40 |
| 8  United States | 782 | 1 213 | 1 995 | 8 155 717 | 52 123 421 | 60 279 138 | 86.47 | 3.36 |
| 9  United Kingdom | 332 | 997 | 1 329 | 5 247 009 | 46 194 091 | 51 441 100 | 89.80 | 2.87 |
| 10 Bermuda | 14 | 404 | 418 | 503 077 | 47 950 084 | 48 453 161 | 98.96 | 2.70 |
| 11 Norway | 858 | 996 | 1 854 | 17 576 954 | 30 610 893 | 48 187 847 | 63.52 | 2.69 |
| 12 Taiwan Province of China | 122 | 776 | 898 | 5 094 232 | 41 047 112 | 46 141 345 | 88.96 | 2.58 |
| 13 Denmark | 398 | 562 | 960 | 16 079 319 | 22 235 206 | 38 314 525 | 58.03 | 2.14 |
| 14 Monaco | - | 320 | 320 | - | 29 892 471 | 29 892 471 | 100.00 | 1.67 |
| 15 Turkey | 562 | 978 | 1 540 | 8 311 987 | 19 639 445 | 27 951 433 | 70.26 | 1.56 |
| 16 Italy | 575 | 227 | 802 | 15 427 422 | 7 311 946 | 22 739 369 | 32.16 | 1.27 |
| 17 Belgium | 93 | 156 | 249 | 7 522 451 | 14 575 301 | 22 097 752 | 65.96 | 1.23 |
| 18 India | 815 | 132 | 947 | 15 699 868 | 5 977 855 | 21 677 723 | 27.58 | 1.21 |
| 19 Switzerland | 47 | 320 | 367 | 1 523 873 | 18 956 258 | 20 480 131 | 92.56 | 1.14 |
| 20 Russian Federation | 1 325 | 355 | 1 680 | 6 727 958 | 11 415 747 | 18 143 705 | 62.92 | 1.01 |
| 21 Islamic Republic of Iran | 168 | 65 | 233 | 4 051 601 | 13 786 700 | 17 838 301 | 77.29 | 1.00 |
| 22 Netherlands | 771 | 458 | 1 229 | 6 682 312 | 10 758 780 | 17 441 092 | 61.69 | 0.97 |
| 23 Indonesia | 1 607 | 105 | 1 712 | 15 141 943 | 2 145 145 | 17 287 088 | 12.41 | 0.96 |
| 24 Malaysia | 466 | 155 | 621 | 8 450 122 | 8 341 174 | 16 791 296 | 49.68 | 0.94 |
| 25 Brazil | 236 | 151 | 387 | 3 695 541 | 12 087 869 | 15 783 410 | 76.59 | 0.88 |
| 26 United Arab Emirates | 103 | 712 | 815 | 483 733 | 15 006 924 | 15 490 657 | 96.88 | 0.86 |
| 27 Saudi Arabia | 100 | 146 | 246 | 2 905 434 | 11 084 021 | 13 989 455 | 79.23 | 0.78 |
| 28 France | 179 | 283 | 462 | 3 484 683 | 8 707 221 | 12 191 904 | 71.42 | 0.68 |
| 29 Canada | 208 | 154 | 362 | 2 582 779 | 7 283 792 | 9 866 571 | 73.82 | 0.55 |
| 30 Kuwait | 43 | 37 | 80 | 5 318 686 | 3 902 986 | 9 221 672 | 42.32 | 0.51 |
| 31 Cyprus | 128 | 144 | 272 | 3 332 921 | 5 717 105 | 9 050 026 | 63.17 | 0.51 |
| 32 Viet Nam | 797 | 99 | 896 | 6 791 347 | 1 507 502 | 8 298 849 | 18.17 | 0.46 |
| 33 Oman | 6 | 33 | 39 | 5 850 | 7 104 727 | 7 110 577 | 99.92 | 0.40 |
| 34 Thailand | 327 | 62 | 389 | 5 066 934 | 1 659 327 | 6 726 261 | 24.67 | 0.38 |
| 35 Qatar | 53 | 77 | 130 | 768 614 | 5 829 361 | 6 597 975 | 88.35 | 0.37 |
| Total of top 35 shipowning countries | 19 111 | 24 182 | 43 293 | 500 925 974 | 1 200 213 898 | 1 701 139 872 | 70.55 | 94.95 |
| All others | 2 727 | 2 495 | 5 222 | 30 447 669 | 51 631 975 | 82 079 644 | 59.70 | 4.58 |
| Total with known country of ownership | 21 838 | 26 677 | 48 515 | 531 373 643 | 1 251 845 873 | 1 783 219 516 | 70.20 | 99.53 |
| Others of unknown country of ownership | - | - | 708 | - | - | 8 364 884 | - | 0.47 |
| World total | - | - | 49 223 | - | - | 1 791 584 400 | - | 100.00 |

Source:  UNCTAD secretariat calculations, based on data from Clarksons Research.
Note:    Propelled seagoing merchant vessels of 1,000 gross tons and above, as at 1 January, ranked by dwt.

## B. WORLD FLEET OWNERSHIP AND OPERATION

### 1.  Shipowning countries

Greece continues to be the largest shipowning country in terms of cargo-carrying capacity (309 million dwt), followed by Japan, China, Germany and Singapore. Together, these five countries control almost half of the world's tonnage (table 2.3). Only one country from Latin America (Brazil) is among the top 35 shipowning countries; none are from Africa. In terms of vessel numbers, China is the leading shipowning country (5,206 ships of 1,000 gross tons and above), including many smaller ships deployed in coastal shipping.

The share of shipowning by the traditional maritime nations in Europe and North America has continued to decrease, while that of middle-income developing countries, especially from Asia, has increased. Shipowning is not a high-technology industry that would require the latest, most sophisticated technologies and thus provides opportunities for emerging economies. At the same time, shipowning is not a labour-intensive business, where low-wage countries could benefit from any cost advantage – as is the case for ship scrapping. It is for this reason that middle-income countries in particular have increased their market share over the last decades, while the least developed countries are not among the world's major shipowners.

### Table 2.3.  Ownership of world fleet, 2017

| Rank (dead-weight tonnage) | Country or territory | Number of vessels | Dead-weight tonnage | Foreign flag as a percentage of total (dwt) | Rank (dollars) | Total value (million dollars) | Average value per ship (million dollars) | Average value per dead-weight ton (dollars) |
|---|---|---|---|---|---|---|---|---|
| 1 | Greece | 4 199 | 308 836 933 | 78.76 | 3 | 72 538 | 17.3 | 235 |
| 2 | Japan | 3 901 | 223 855 788 | 85.89 | 2 | 77 898 | 20.0 | 348 |
| 3 | China | 5 206 | 165 429 859 | 53.97 | 4 | 65 044 | 12.5 | 393 |
| 4 | Germany | 3 090 | 112 028 306 | 90.77 | 8 | 38 412 | 12.4 | 343 |
| 5 | Singapore | 2 599 | 104 414 424 | 39.02 | 7 | 39 193 | 15.1 | 375 |
| 6 | Hong Kong (China) | 1 532 | 93 629 750 | 23.98 | 9 | 25 769 | 16.8 | 275 |
| 7 | Republic of Korea | 1 656 | 80 976 874 | 81.98 | 11 | 20 928 | 12.6 | 258 |
| 8 | United States | 2 104 | 67 100 538 | 85.73 | 1 | 96 182 | 45.7 | 1 433 |
| 9 | Norway | 1 842 | 51 824 489 | 64.62 | 5 | 58 445 | 31.7 | 1 128 |
| 10 | United Kingdom | 1 360 | 51 150 767 | 80.55 | 6 | 40 671 | 29.9 | 795 |
| 11 | Bermuda | 440 | 48 059 392 | 98.93 | 13 | 19 691 | 44.8 | 410 |
| 12 | Taiwan Province of China | 926 | 46 864 949 | 90.62 | 17 | 10 857 | 11.7 | 232 |
| 13 | Denmark | 920 | 36 355 509 | 56.00 | 15 | 18 694 | 20.3 | 514 |
| 14 | Monaco | 338 | 31 629 834 | 100.00 | 23 | 7 903 | 23.4 | 250 |
| 15 | Turkey | 1 563 | 27 732 948 | 71.57 | 20 | 9 055 | 5.8 | 327 |
| 16 | Switzerland | 405 | 23 688 303 | 92.58 | 22 | 8 458 | 20.9 | 357 |
| 17 | Belgium | 263 | 23 550 024 | 67.81 | 27 | 6 505 | 24.7 | 276 |
| 18 | India | 986 | 22 665 452 | 27.35 | 25 | 6 938 | 7.0 | 306 |
| 19 | Russian Federation | 1 707 | 22 050 283 | 67.38 | 19 | 9 081 | 5.3 | 412 |
| 20 | Italy | 768 | 20 609 725 | 29.36 | 10 | 23 184 | 30.2 | 1 125 |
| 21 | Islamic Republic of Iran | 238 | 18 838 747 | 68.80 | 32 | 2 799 | 11.8 | 149 |
| 22 | Indonesia | 1 840 | 18 793 019 | 7.96 | 26 | 6 613 | 3.6 | 352 |
| 23 | Malaysia | 644 | 18 351 283 | 51.07 | 16 | 14 641 | 22.7 | 798 |
| 24 | Netherlands | 1 256 | 18 033 334 | 64.72 | 12 | 19 970 | 15.9 | 1 107 |
| 25 | United Arab Emirates | 883 | 17 876 272 | 97.30 | 24 | 7 406 | 8.4 | 414 |
| 26 | Saudi Arabia | 283 | 15 659 518 | 77.97 | 30 | 4 101 | 14.5 | 262 |
| 27 | Brazil | 394 | 14 189 164 | 72.25 | 14 | 19 676 | 49.9 | 1 387 |
| 28 | France | 452 | 11 931 397 | 69.93 | 18 | 10 616 | 23.5 | 890 |
| 29 | Canada | 376 | 10 235 954 | 75.48 | 28 | 5 231 | 13.9 | 511 |
| 30 | Kuwait | 86 | 10 208 147 | 49.92 | 31 | 3 749 | 43.6 | 367 |
| 31 | Cyprus | 277 | 9 257 094 | 63.95 | 33 | 2 711 | 9.8 | 293 |
| 32 | Viet Nam | 943 | 8 801 765 | 17.84 | 29 | 4 161 | 4.4 | 473 |
| 33 | Oman | 49 | 7 490 956 | 99.92 | 34 | 2 215 | 45.2 | 296 |
| 34 | Thailand | 393 | 7 022 484 | 27.84 | 35 | 1 949 | 5.0 | 278 |
| 35 | Qatar | 117 | 6 640 467 | 87.56 | 21 | 8 827 | 75.4 | 1 329 |
| | Subtotal, top 35 shipowners | 44 036 | 1 755 783 748 | 70.30 | | 770 109 | 17.5 | 439 |
| | *Rest of world and unknown* | *6 119* | *91 847 146* | *64.30* | | *58 509* | *9.6* | *637* |
| | **World total** | **50 155** | **1 847 630 894** | **70.01** | | **828 618** | **16.5** | **448** |

*Source:* UNCTAD secretariat calculations, based on data from Clarksons Research.

*Notes:* Propelled seagoing vessels of 1,000 gross tons and above, as at 1 January. For a complete listing of nationally owned fleets, see http://stats.unctad.org/fleetownership (accessed 9 September 2017).

# 첨부자료 3) 세월호 항적자료

조회 기간 : 2014-04-16 00:26:00 ~ 2014-04-16 23:30:00
조회선박 척수 : 1

| 선박ID | 선박명 | 선종 | 톤수 | 위치시간 | 위도 | 경도 | COG | SOG | Heading |
|---|---|---|---|---|---|---|---|---|---|
| 440000400 | SEWOL | Passenger ships | 10452 | 2014-04-16 0:26 | N 36°42.2999999999999 | E125°54.2270000000002 | 188 | 18.5 | 189 |
| 440000400 | SEWOL | Passenger ships | 10452 | 2014-04-16 0:26 | N 36°42.2719999999998 | E125°54.222 | 188 | 18.5 | 189 |
| 440000400 | SEWOL | Passenger ships | 10452 | 2014-04-16 0:26 | N 36°42.2440000000002 | E125°54.2169999999999 | 188 | 18.5 | 189 |
| 440000400 | SEWOL | Passenger ships | 10452 | 2014-04-16 0:26 | N 36°42.2160000000001 | E125°54.2119999999997 | 188 | 18.5 | 189 |
| 440000400 | SEWOL | Passenger ships | 10452 | 2014-04-16 0:26 | N 36°42.1729999999999 | E125°54.2040000000003 | 188 | 18.5 | 189 |
| 440000400 | SEWOL | Passenger ships | 10452 | 2014-04-16 0:26 | N 36°42.1449999999999 | E125°54.1990000000001 | 187 | 18.5 | 189 |
| 440000400 | SEWOL | Passenger ships | 10452 | 2014-04-16 0:26 | N 36°42.1270000000001 | E125°54.196 | 187 | 18.5 | 189 |
| 440000400 | SEWOL | Passenger ships | 10452 | 2014-04-16 0:26 | N 36°42.0929999999998 | E125°54.1909999999999 | 187 | 18.5 | 189 |
| 440000400 | SEWOL | Passenger ships | 10452 | 2014-04-16 0:26 | N 36°42.0500000000001 | E125°54.1839999999999 | 187 | 18.5 | 189 |
| 440000400 | SEWOL | Passenger ships | 10452 | 2014-04-16 0:27 | N 36°42.0220000000001 | E125°54.1790000000003 | 187 | 18.4 | 189 |
| 440000400 | SEWOL | Passenger ships | 10452 | 2014-04-16 0:27 | N 36°41.994 | E125°54.1750000000002 | 187 | 18.5 | 188 |
| 440000400 | SEWOL | Passenger ships | 10452 | 2014-04-16 0:27 | N 36°41.9600000000001 | E125°54.17 | 187 | 18.5 | 188 |
| 440000400 | SEWOL | Passenger ships | 10452 | 2014-04-16 0:27 | N 36°41.9370000000002 | E125°54.1659999999999 | 187 | 18.5 | 188 |
| 440000400 | SEWOL | Passenger ships | 10452 | 2014-04-16 0:27 | N 36°41.904 | E125°54.1609999999997 | 187 | 18.5 | 188 |
| 440000400 | SEWOL | Passenger ships | 10452 | 2014-04-16 0:27 | N 36°41.7869999999999999 | E125°54.143 | 186 | 18.5 | 188 |
| 440000400 | SEWOL | Passenger ships | 10452 | 2014-04-16 0:27 | N 36°41.764 | E125°54.1399999999999 | 186 | 18.4 | 188 |
| 440000400 | SEWOL | Passenger ships | 10452 | 2014-04-16 0:27 | N 36°41.7310000000002 | E125°54.1349999999997 | 186 | 18.5 | 188 |
| 440000400 | SEWOL | Passenger ships | 10452 | 2014-04-16 0:27 | N 36°41.7030000000001 | E125°54.1309999999996 | 186 | 18.5 | 188 |
| 440000400 | SEWOL | Passenger ships | 10452 | 2014-04-16 0:27 | N 36°41.6689999999998 | E125°54.1260000000003 | 186 | 18.4 | 188 |
| 440000400 | SEWOL | Passenger ships | 10452 | 2014-04-16 0:28 | N 36°41.636 | E125°54.1210000000001 | 186 | 18.4 | 189 |
| 440000400 | SEWOL | Passenger ships | 10452 | 2014-04-16 0:28 | N 36°41.6079999999999 | E125°54.117 | 186 | 18.4 | 189 |
| 440000400 | SEWOL | Passenger ships | 10452 | 2014-04-16 0:28 | N 36°41.5799999999999 | E125°54.1129999999998 | 186 | 18.4 | 189 |
| 440000400 | SEWOL | Passenger ships | 10452 | 2014-04-16 0:28 | N 36°41.5519999999998 | E125°54.1089999999997 | 187 | 18.5 | 189 |
| 440000400 | SEWOL | Passenger ships | 10452 | 2014-04-16 0:28 | N 36°41.5240000000001 | E125°54.1040000000004 | 186 | 18.4 | 188 |
| 440000400 | SEWOL | Passenger ships | 10452 | 2014-04-16 0:28 | N 36°41.4909999999999 | E125°54.0990000000002 | 186 | 18.4 | 188 |
| 440000400 | SEWOL | Passenger ships | 10452 | 2014-04-16 0:28 | N 36°41.5519999999997 | E125°54.1089999999993 | 187 | 18.5 | 189 |
| 440000400 | SEWOL | Passenger ships | 10452 | 2014-04-16 0:28 | N 36°41.4629999999998 | E125°54.0950000000001 | 186 | 18.4 | 188 |
| 440000400 | SEWOL | Passenger ships | 10452 | 2014-04-16 0:28 | N 36°41.43 | E125°54.0909999999999 | 186 | 18.4 | 188 |
| 440000400 | SEWOL | Passenger ships | 10452 | 2014-04-16 0:28 | N 36°41.4019999999999 | E125°54.0859999999998 | 186 | 18.5 | 188 |
| 440000400 | SEWOL | Passenger ships | 10452 | 2014-04-16 0:28 | N 36°41.3690000000001 | E125°54.0819999999997 | 186 | 18.4 | 188 |
| 440000400 | SEWOL | Passenger ships | 10452 | 2014-04-16 0:29 | N 36°41.34 | E125°54.0780000000004 | 185 | 18.4 | 188 |
| 440000400 | SEWOL | Passenger ships | 10452 | 2014-04-16 0:29 | N 36°41.3070000000002 | E125°54.0750000000003 | 185 | 18.4 | 188 |
| 440000400 | SEWOL | Passenger ships | 10452 | 2014-04-16 0:29 | N 36°41.2790000000001 | E125°54.0710000000001 | 185 | 18.4 | 188 |
| 440000400 | SEWOL | Passenger ships | 10452 | 2014-04-16 0:29 | N 36°41.2530000000001 | E125°54.068 | 185 | 18.4 | 188 |
| 440000400 | SEWOL | Passenger ships | 10452 | 2014-04-16 0:29 | N 36°41.225 | E125°54.0649999999999 | 185 | 18.4 | 188 |
| 440000400 | SEWOL | Passenger ships | 10452 | 2014-04-16 0:29 | N 36°41.1910000000002 | E125°54.0609999999998 | 185 | 18.5 | 188 |
| 440000400 | SEWOL | Passenger ships | 10452 | 2014-04-16 0:29 | N 36°41.1630000000001 | E125°54.0569999999997 | 186 | 18.5 | 188 |
| 440000400 | SEWOL | Passenger ships | 10452 | 2014-04-16 0:29 | N 36°41.135 | E125°54.0530000000004 | 186 | 18.5 | 188 |
| 440000400 | SEWOL | Passenger ships | 10452 | 2014-04-16 0:29 | N 36°41.0939999999999 | E125°54.0470000000002 | 186 | 18.5 | 188 |
| 440000400 | SEWOL | Passenger ships | 10452 | 2014-04-16 0:29 | N 36°41.0789999999999 | E125°54.0450000000001 | 186 | 18.5 | 188 |
| 440000400 | SEWOL | Passenger ships | 10452 | 2014-04-16 0:30 | N 36°41.033 | E125°54.0389999999999 | 186 | 18.5 | 188 |
| 440000400 | SEWOL | Passenger ships | 10452 | 2014-04-16 0:30 | N 36°41.007 | E125°54.0349999999998 | 186 | 18.5 | 188 |
| 440000400 | SEWOL | Passenger ships | 10452 | 2014-04-16 0:30 | N 36°40.979 | E125°54.0309999999997 | 186 | 18.5 | 188 |
| 440000400 | SEWOL | Passenger ships | 10452 | 2014-04-16 0:30 | N 36°40.9509999999999 | E125°54.0270000000004 | 186 | 18.4 | 188 |
| 440000400 | SEWOL | Passenger ships | 10452 | 2014-04-16 0:30 | N 36°40.9180000000001 | E125°54.0220000000002 | 186 | 18.4 | 188 |
| 440000400 | SEWOL | Passenger ships | 10452 | 2014-04-16 0:30 | N 36°40.8950000000002 | E125°54.0190000000001 | 186 | 18.5 | 188 |
| 440000400 | SEWOL | Passenger ships | 10452 | 2014-04-16 0:30 | N 36°40.8489999999999 | E125°54.0119999999999 | 186 | 18.5 | 188 |
| 440000400 | SEWOL | Passenger ships | 10452 | 2014-04-16 0:30 | N 36°40.8160000000001 | E125°54.0079999999998 | 186 | 18.6 | 188 |
| 440000400 | SEWOL | Passenger ships | 10452 | 2014-04-16 0:30 | N 36°40.7959999999997 | E125°54.0049999999997 | 186 | 18.5 | 188 |
| 440000400 | SEWOL | Passenger ships | 10452 | 2014-04-16 0:30 | N 36°40.762 | E125°54.0000000000003 | 186 | 18.5 | 188 |
| 440000400 | SEWOL | Passenger ships | 10452 | 2014-04-16 0:31 | N 36°40.7339999999999 | E125°53.9970000000002 | 186 | 18.5 | 188 |
| 440000400 | SEWOL | Passenger ships | 10452 | 2014-04-16 0:31 | N 36°40.7010000000001 | E125°53.9920000000001 | 186 | 18.4 | 188 |
| 440000400 | SEWOL | Passenger ships | 10452 | 2014-04-16 0:31 | N 36°40.673 | E125°53.9879999999999 | 186 | 18.4 | 188 |
| 440000400 | SEWOL | Passenger ships | 10452 | 2014-04-16 0:31 | N 36°40.6500000000001 | E125°53.9849999999998 | 186 | 18.4 | 188 |
| 440000400 | SEWOL | Passenger ships | 10452 | 2014-04-16 0:31 | N 36°40.6169999999999 | E125°53.9799999999997 | 186 | 18.4 | 188 |
| 440000400 | SEWOL | Passenger ships | 10452 | 2014-04-16 0:31 | N 36°40.5889999999998 | E125°53.9760000000004 | 186 | 18.5 | 188 |
| 440000400 | SEWOL | Passenger ships | 10452 | 2014-04-16 0:31 | N 36°40.5490000000002 | E125°53.9700000000002 | 186 | 18.4 | 187 |
| 440000400 | SEWOL | Passenger ships | 10452 | 2014-04-16 0:31 | N 36°40.5159999999999 | E125°53.9660000000001 | 185 | 18.4 | 187 |
| 440000400 | SEWOL | Passenger ships | 10452 | 2014-04-16 0:31 | N 36°40.491 | E125°53.9619999999999 | 185 | 18.4 | 187 |
| 440000400 | SEWOL | Passenger ships | 10452 | 2014-04-16 0:31 | N 36°40.4570000000000 | E125°53.9579999999998 | 185 | 18.4 | 187 |
| 440000400 | SEWOL | Passenger ships | 10452 | 2014-04-16 0:32 | N 36°40.4259999999999 | E125°53.9549999999997 | 185 | 18.4 | 187 |
| 440000400 | SEWOL | Passenger ships | 10452 | 2014-04-16 0:32 | N 36°40.3930000000001 | E125°53.9510000000004 | 185 | 18.4 | 187 |
| 440000400 | SEWOL | Passenger ships | 10452 | 2014-04-16 0:32 | N 36°40.365 | E125°53.9480000000003 | 184 | 18.4 | 186 |

인천항 출항 후 4/16일 00;26분부터 00;32분까지 첫 페이지

| 440000400 | SEWOL | Passenger ships | 10452 | 2014-04-16 8:44 | N 34°10.6752 | E125°56.7983000000004 | 135 | 18.4 | 137 |
|---|---|---|---|---|---|---|---|---|---|
| 440000400 | SEWOL | Passenger ships | 10452 | 2014-04-16 8:44 | N 34°10.6569999999999 | E125°56.8191999999996 | 136 | 18.3 | 138 |
| 440000400 | SEWOL | Passenger ships | 10452 | 2014-04-16 8:45 | N 34°10.6308 | E125°56.8487999999999 | 136 | 18.3 | 137 |
| 440000400 | SEWOL | Passenger ships | 10452 | 2014-04-16 8:45 | N 34°10.544 | E125°56.9520000000003 | 135 | 18.3 | 136 |
| 440000400 | SEWOL | Passenger ships | 10452 | 2014-04-16 8:45 | N 34°10.5080000000001 | E125°56.9970000000001 | 133 | 18.3 | 135 |
| 440000400 | SEWOL | Passenger ships | 10452 | 2014-04-16 8:45 | N 34°10.5009999999999 | E125°57.0060000000004 | 133 | 18.3 | 135 |
| 440000400 | SEWOL | Passenger ships | 10452 | 2014-04-16 8:45 | N 34°10.4820000000001 | E125°57.0310000000003 | 132 | 18.4 | 135 |
| 440000400 | SEWOL | Passenger ships | 10452 | 2014-04-16 8:45 | N 34°10.4820000000001 | E125°57.0310000000003 | 132 | 18.4 | 135 |
| 440000400 | SEWOL | Passenger ships | 10452 | 2014-04-16 8:46 | N 34°10.4440000000001 | E125°57.0810000000003 | 131 | 18.5 | 135 |
| 440000400 | SEWOL | Passenger ships | 10452 | 2014-04-16 8:46 | N 34°10.3560000000002 | E125°57.1949999999998 | 135 | 18.4 | 140 |
| 440000400 | SEWOL | Passenger ships | 10452 | 2014-04-16 8:46 | N 34°10.3 | E125°57.2620000000003 | 137 | 18.3 | 141 |
| 440000400 | SEWOL | Passenger ships | 10452 | 2014-04-16 8:46 | N 34°10.2920000000002 | E125°57.2709999999998 | 137 | 18.2 | 141 |
| 440000400 | SEWOL | Passenger ships | 10452 | 2014-04-16 8:46 | N 34°10.2679999999998 | E125°57.2969999999998 | 137 | 18.1 | 140 |
| 440000400 | SEWOL | Passenger ships | 10452 | 2014-04-16 8:46 | N 34°10.2679999999998 | E125°57.2969999999998 | 137 | 18.1 | 140 |
| 440000400 | SEWOL | Passenger ships | 10452 | 2014-04-16 8:47 | N 34°10.224 | E125°57.3479999999998 | 135 | 18.1 | 140 |
| 440000400 | SEWOL | Passenger ships | 10452 | 2014-04-16 8:47 | N 34°10.1929999999999 | E125°57.3840000000001 | 135 | 18 | 141 |
| 440000400 | SEWOL | Passenger ships | 10452 | 2014-04-16 8:47 | N 34°10.1730000000001 | E125°57.407 | 136 | 18 | 141 |
| 440000400 | SEWOL | Passenger ships | 10452 | 2014-04-16 8:47 | N 34°10.1206999999999 | E125°57.4661 | 136 | 17.9 | 141 |
| 440000400 | SEWOL | Passenger ships | 10452 | 2014-04-16 8:47 | N 34°10.1027999999999 | E125°57.4869000000004 | 136 | 17.8 | 140 |
| 440000400 | SEWOL | Passenger ships | 10452 | 2014-04-16 8:47 | N 34°10.0776 | E125°57.5154000000001 | 135 | 17.7 | 140 |
| 440000400 | SEWOL | Passenger ships | 10452 | 2014-04-16 8:47 | N 34°10.0561999999999 | E125°57.5396000000003 | 135 | 17.7 | 140 |
| 440000400 | SEWOL | Passenger ships | 10452 | 2014-04-16 8:48 | N 34°9.96499999999997 | E125°57.637 | 137 | 17.5 | 141 |
| 440000400 | SEWOL | Passenger ships | 10452 | 2014-04-16 8:48 | N 34°9.94500000000016 | E125°57.6589999999999 | 136 | 17.5 | 140 |
| 440000400 | SEWOL | Passenger ships | 10452 | 2014-04-16 8:48 | N 34°9.92599999999996 | E125°57.6809999999998 | 136 | 17.5 | 140 |
| 440000400 | SEWOL | Passenger ships | 10452 | 2014-04-16 8:48 | N 34°9.92199999999983 | E125°57.6849999999999 | 136 | 17.5 | 139 |
| 440000400 | SEWOL | Passenger ships | 10452 | 2014-04-16 8:48 | N 34°9.88000000000014 | E125°57.7339999999998 | 135 | 17.5 | 139 |
| 440000400 | SEWOL | Passenger ships | 10452 | 2014-04-16 8:52 | N 34°9.64500000000001 | E125°57.6039999999998 | 343 | 5.8 | 245 |
| 440000400 | SEWOL | Passenger ships | 10452 | 2014-04-16 8:52 | N 34°9.65800000000002 | E125°57.5999999999996 | 347 | 5.4 | 245 |
| 440000400 | SEWOL | Passenger ships | 10452 | 2014-04-16 8:52 | N 34°9.66399999999979 | E125°57.5989999999996 | 347 | 5.2 | 245 |
| 440000400 | SEWOL | Passenger ships | 10452 | 2014-04-16 8:52 | N 34°9.67799999999983 | E125°57.5960000000003 | 351 | 4.9 | 245 |
| 440000400 | SEWOL | Passenger ships | 10452 | 2014-04-16 8:53 | N 34°9.73099999999988 | E125°57.5920000000002 | 0 | 3.7 | 246 |
| 440000400 | SEWOL | Passenger ships | 10452 | 2014-04-16 8:53 | N 34°9.73500000000001 | E125°57.5920000000002 | 0 | 3.7 | 246 |
| 440000400 | SEWOL | Passenger ships | 10452 | 2014-04-16 8:53 | N 34°9.74599999999995 | E125°57.5930000000002 | 2 | 3.5 | 246 |
| 440000400 | SEWOL | Passenger ships | 10452 | 2014-04-16 8:54 | N 34°9.7799999999998 | E125°57.5960000000003 | 2 | 2.9 | 247 |
| 440000400 | SEWOL | Passenger ships | 10452 | 2014-04-16 8:54 | N 34°9.78700000000003 | E125°57.5970000000004 | 5 | 2.8 | 247 |
| 440000400 | SEWOL | Passenger ships | 10452 | 2014-04-16 8:54 | N 34°9.79299999999981 | E125°57.5960000000004 | 3 | 2.6 | 247 |
| 440000400 | SEWOL | Passenger ships | 10452 | 2014-04-16 8:54 | N 34°9.80100000000007 | E125°57.5960000000003 | 3 | 2.6 | 247 |
| 440000400 | SEWOL | Passenger ships | 10452 | 2014-04-16 8:55 | N 34°9.82099999999988 | E125°57.5970000000004 | 4 | 2.4 | 247 |
| 440000400 | SEWOL | Passenger ships | 10452 | 2014-04-16 8:55 | N 34°9.82800000000012 | E125°57.5970000000004 | 4 | 2.4 | 247 |
| 440000400 | SEWOL | Passenger ships | 10452 | 2014-04-16 8:55 | N 34°9.83399999999989 | E125°57.5970000000004 | 4 | 2.4 | 247 |
| 440000400 | SEWOL | Passenger ships | 10452 | 2014-04-16 8:56 | N 34°9.85799999999983 | E125°57.5999999999996 | 2 | 2.3 | 247 |
| 440000400 | SEWOL | Passenger ships | 10452 | 2014-04-16 8:56 | N 34°9.86500000000007 | E125°57.5999999999996 | 4 | 2.1 | 247 |
| 440000400 | SEWOL | Passenger ships | 10452 | 2014-04-16 8:56 | N 34°9.87199999999987 | E125°57.6009999999997 | 3 | 2.2 | 247 |
| 440000400 | SEWOL | Passenger ships | 10452 | 2014-04-16 8:57 | N 34°9.89400000000018 | E125°57.6029999999997 | 3 | 2.1 | 246 |
| 440000400 | SEWOL | Passenger ships | 10452 | 2014-04-16 8:57 | N 34°9.89799999999988 | E125°57.6029999999997 | 3 | 2.1 | 246 |
| 440000400 | SEWOL | Passenger ships | 10452 | 2014-04-16 8:57 | N 34°9.91099999999989 | E125°57.6049999999998 | 3 | 1.9 | 246 |
| 440000400 | SEWOL | Passenger ships | 10452 | 2014-04-16 8:58 | N 34°9.92699999999999 | E125°57.6069999999999 | 3 | 1.9 | 246 |
| 440000400 | SEWOL | Passenger ships | 10452 | 2014-04-16 8:58 | N 34°9.93300000000019 | E125°57.6069999999999 | 2 | 1.9 | 246 |
| 440000400 | SEWOL | Passenger ships | 10452 | 2014-04-16 8:58 | N 34°9.93799999999993 | E125°57.6069999999999 | 4 | 2 | 246 |
| 440000400 | SEWOL | Passenger ships | 10452 | 2014-04-16 8:58 | N 34°9.94400000000013 | E125°57.6069999999999 | 2 | 1.9 | 246 |
| 440000400 | SEWOL | Passenger ships | 10452 | 2014-04-16 8:58 | N 34°9.9499999999999 | E125°57.6069999999999 | 2 | 2 | 246 |
| 440000400 | SEWOL | Passenger ships | 10452 | 2014-04-16 8:59 | N 34°9.96800000000007 | E125°57.6079999999999 | 2 | 1.9 | 246 |
| 440000400 | SEWOL | Passenger ships | 10452 | 2014-04-16 9:00 | N 34°9.99400000000008 | E125°57.6079999999999 | 0 | 1.8 | 245 |
| 440000400 | SEWOL | Passenger ships | 10452 | 2014-04-16 9:00 | N 34°10.0009999999999 | E125°57.6079999999999 | 0 | 1.8 | 245 |
| 440000400 | SEWOL | Passenger ships | 10452 | 2014-04-16 9:00 | N 34°10.005 | E125°57.6079999999999 | 359 | 1.8 | 245 |
| 440000400 | SEWOL | Passenger ships | 10452 | 2014-04-16 9:01 | N 34°10.0269999999999 | E125°57.6079999999999 | 358 | 1.9 | 244 |
| 440000400 | SEWOL | Passenger ships | 10452 | 2014-04-16 9:01 | N 34°10.0320000000001 | E125°57.6079999999999 | 358 | 1.7 | 244 |
| 440000400 | SEWOL | Passenger ships | 10452 | 2014-04-16 9:02 | N 34°10.057 | E125°57.6059999999998 | 357 | 1.7 | 245 |
| 440000400 | SEWOL | Passenger ships | 10452 | 2014-04-16 9:02 | N 34°10.067 | E125°57.6059999999998 | 357 | 1.7 | 245 |
| 440000400 | SEWOL | Passenger ships | 10452 | 2014-04-16 9:03 | N 34°10.0870000000002 | E125°57.6029999999997 | 356 | 1.7 | 245 |
| 440000400 | SEWOL | Passenger ships | 10452 | 2014-04-16 9:03 | N 34°10.1029999999999 | E125°57.6019999999997 | 355 | 1.7 | 244 |
| 440000400 | SEWOL | Passenger ships | 10452 | 2014-04-16 9:03 | N 34°10.107 | E125°57.6019999999997 | 355 | 1.7 | 244 |
| 440000400 | SEWOL | Passenger ships | 10452 | 2014-04-16 9:04 | N 34°10.1120000000002 | E125°57.6019999999997 | 354 | 1.7 | 244 |
| 440000400 | SEWOL | Passenger ships | 10452 | 2014-04-16 9:04 | N 34°10.1179999999999 | E125°57.6019999999997 | 354 | 1.7 | 244 |
| 440000400 | SEWOL | Passenger ships | 10452 | 2014-04-16 9:05 | N 34°10.1429999999999 | E125°57.5999999999996 | 353 | 1.7 | 242 |
| 440000400 | SEWOL | Passenger ships | 10452 | 2014-04-16 9:05 | N 34°10.1480000000001 | E125°57.5989999999996 | 353 | 1.7 | 242 |
| 440000400 | SEWOL | Passenger ships | 10452 | 2014-04-16 9:06 | N 34°10.196 | E125°57.5920000000002 | 354 | 1.7 | 236 |
| 440000400 | SEWOL | Passenger ships | 10452 | 2014-04-16 9:07 | N 34°10.2010000000001 | E125°57.5910000000002 | 354 | 1.7 | 235 |

사고지점 부근인 4/16일 08;44분부터 사고 시점인 4/16일 08;48분~08;52분 위주의 자료

| | | | | | | | | | |
|---|---|---|---|---|---|---|---|---|---|
| 440000400 | SEWOL | Passenger ships | 10452 | 2014-04-16 9:07 | N 34°10.2270000000001 | E125°57.5890000000001 | 355 | 1.7 | 230 |
| 440000400 | SEWOL | Passenger ships | 10452 | 2014-04-16 9:08 | N 34°10.2309999999999 | E125°57.5880000000001 | 355 | 1.8 | 229 |
| 440000400 | SEWOL | Passenger ships | 10452 | 2014-04-16 9:08 | N 34°10.248 | E125°57.586 | 355 | 1.8 | 225 |
| 440000400 | SEWOL | Passenger ships | 10452 | 2014-04-16 9:08 | N 34°10.2520000000001 | E125°57.586 | 355 | 1.8 | 224 |
| 440000400 | SEWOL | Passenger ships | 10452 | 2014-04-16 9:08 | N 34°10.2579999999999 | E125°57.585 | 355 | 1.8 | 222 |
| 440000400 | SEWOL | Passenger ships | 10452 | 2014-04-16 9:09 | N 34°10.2800000000002 | E125°57.5819999999999 | 355 | 1.8 | 216 |
| 440000400 | SEWOL | Passenger ships | 10452 | 2014-04-16 9:09 | N 34°10.2890000000001 | E125°57.5819999999999 | 355 | 1.8 | 211 |
| 440000400 | SEWOL | Passenger ships | 10452 | 2014-04-16 9:10 | N 34°10.2949999999998 | E125°57.5809999999998 | 354 | 1.8 | 210 |
| 440000400 | SEWOL | Passenger ships | 10452 | 2014-04-16 9:10 | N 34°10.312 | E125°57.5789999999998 | 356 | 1.9 | 204 |
| 440000400 | SEWOL | Passenger ships | 10452 | 2014-04-16 9:10 | N 34°10.3290000000001 | E125°57.5779999999997 | 355 | 1.9 | 203 |
| 440000400 | SEWOL | Passenger ships | 10452 | 2014-04-16 9:11 | N 34°10.3359999999999 | E125°57.5769999999997 | 353 | 1.9 | 203 |
| 440000400 | SEWOL | Passenger ships | 10452 | 2014-04-16 9:11 | N 34°10.3410000000001 | E125°57.5759999999997 | 354 | 1.9 | 201 |
| 440000400 | SEWOL | Passenger ships | 10452 | 2014-04-16 9:11 | N 34°10.363 | E125°57.5729999999996 | 354 | 1.9 | 199 |
| 440000400 | SEWOL | Passenger ships | 10452 | 2014-04-16 9:12 | N 34°10.3749999999999 | E125°57.5710000000004 | 355 | 1.9 | 198 |
| 440000400 | SEWOL | Passenger ships | 10452 | 2014-04-16 9:12 | N 34°10.3800000000001 | E125°57.5710000000004 | 355 | 1.9 | 198 |
| 440000400 | SEWOL | Passenger ships | 10452 | 2014-04-16 9:12 | N 34°10.3959999999998 | E125°57.5690000000003 | 354 | 2 | 196 |
| 440000400 | SEWOL | Passenger ships | 10452 | 2014-04-16 9:13 | N 34°10.402 | E125°57.5690000000003 | 355 | 1.9 | 195 |
| 440000400 | SEWOL | Passenger ships | 10452 | 2014-04-16 9:13 | N 34°10.4070000000002 | E125°57.5680000000003 | 354 | 1.9 | 194 |
| 440000400 | SEWOL | Passenger ships | 10452 | 2014-04-16 9:13 | N 34°10.4180000000001 | E125°57.5660000000002 | 354 | 1.8 | 193 |
| 440000400 | SEWOL | Passenger ships | 10452 | 2014-04-16 9:13 | N 34°10.4180000000001 | E125°57.5660000000002 | 354 | 1.8 | 193 |
| 440000400 | SEWOL | Passenger ships | 10452 | 2014-04-16 9:13 | N 34°10.4210000000002 | E125°57.5660000000002 | 354 | 1.8 | 193 |
| 440000400 | SEWOL | Passenger ships | 10452 | 2014-04-16 9:14 | N 34°10.4340000000002 | E125°57.5640000000001 | 353 | 1.8 | 191 |
| 440000400 | SEWOL | Passenger ships | 10452 | 2014-04-16 9:14 | N 34°10.4379999999999 | E125°57.5630000000001 | 353 | 1.8 | 191 |
| 440000400 | SEWOL | Passenger ships | 10452 | 2014-04-16 9:14 | N 34°10.4430000000001 | E125°57.5630000000001 | 353 | 1.8 | 189 |
| 440000400 | SEWOL | Passenger ships | 10452 | 2014-04-16 9:14 | N 34°10.4489999999998 | E125°57.5620000000001 | 354 | 1.8 | 187 |
| 440000400 | SEWOL | Passenger ships | 10452 | 2014-04-16 9:14 | N 34°10.4489999999998 | E125°57.5620000000001 | 354 | 1.8 | 187 |
| 440000400 | SEWOL | Passenger ships | 10452 | 2014-04-16 9:14 | N 34°10.454 | E125°57.561 | 353 | 1.9 | 187 |
| 440000400 | SEWOL | Passenger ships | 10452 | 2014-04-16 9:15 | N 34°10.4649999999999 | E125°57.56 | 353 | 1.9 | 186 |
| 440000400 | SEWOL | Passenger ships | 10452 | 2014-04-16 9:15 | N 34°10.468 | E125°57.56 | 353 | 1.8 | 186 |
| 440000400 | SEWOL | Passenger ships | 10452 | 2014-04-16 9:15 | N 34°10.4749999999999 | E125°57.559 | 354 | 1.8 | 185 |
| 440000400 | SEWOL | Passenger ships | 10452 | 2014-04-16 9:15 | N 34°10.4810000000001 | E125°57.5579999999999 | 354 | 1.8 | 185 |
| 440000400 | SEWOL | Passenger ships | 10452 | 2014-04-16 9:15 | N 34°10.4879999999999 | E125°57.5569999999999 | 353 | 1.8 | 185 |
| 440000400 | SEWOL | Passenger ships | 10452 | 2014-04-16 9:15 | N 34°10.492 | E125°57.5569999999999 | 354 | 1.9 | 184 |
| 440000400 | SEWOL | Passenger ships | 10452 | 2014-04-16 9:16 | N 34°10.5029999999999 | E125°57.5549999999998 | 355 | 1.9 | 185 |
| 440000400 | SEWOL | Passenger ships | 10452 | 2014-04-16 9:16 | N 34°10.5080000000002 | E125°57.5549999999999 | 354 | 1.8 | 188 |
| 440000400 | SEWOL | Passenger ships | 10452 | 2014-04-16 9:16 | N 34°10.5139999999999 | E125°57.5539999999998 | 355 | 1.8 | 190 |
| 440000400 | SEWOL | Passenger ships | 10452 | 2014-04-16 9:16 | N 34°10.5249999999998 | E125°57.5529999999998 | 355 | 1.8 | 192 |
| 440000400 | SEWOL | Passenger ships | 10452 | 2014-04-16 9:17 | N 34°10.5360000000002 | E125°57.5519999999997 | 355 | 1.8 | 192 |
| 440000400 | SEWOL | Passenger ships | 10452 | 2014-04-16 9:17 | N 34°10.5409999999999 | E125°57.5519999999997 | 355 | 1.8 | 192 |
| 440000400 | SEWOL | Passenger ships | 10452 | 2014-04-16 9:17 | N 34°10.5460000000001 | E125°57.5509999999997 | 355 | 1.8 | 193 |
| 440000400 | SEWOL | Passenger ships | 10452 | 2014-04-16 9:17 | N 34°10.5509999999998 | E125°57.5509999999997 | 355 | 1.8 | 193 |
| 440000400 | SEWOL | Passenger ships | 10452 | 2014-04-16 9:17 | N 34°10.556 | E125°57.5499999999997 | 356 | 1.8 | 193 |
| 440000400 | SEWOL | Passenger ships | 10452 | 2014-04-16 9:18 | N 34°10.5669999999999 | E125°57.5489999999996 | 354 | 1.8 | 194 |
| 440000400 | SEWOL | Passenger ships | 10452 | 2014-04-16 9:18 | N 34°10.5720000000001 | E125°57.5479999999996 | 355 | 1.8 | 194 |
| 440000400 | SEWOL | Passenger ships | 10452 | 2014-04-16 9:18 | N 34°10.5759999999998 | E125°57.5479999999996 | 355 | 1.9 | 194 |
| 440000400 | SEWOL | Passenger ships | 10452 | 2014-04-16 9:18 | N 34°10.581 | E125°57.5470000000004 | 355 | 1.8 | 194 |
| 440000400 | SEWOL | Passenger ships | 10452 | 2014-04-16 9:18 | N 34°10.5880000000002 | E125°57.5460000000004 | 355 | 1.9 | 194 |
| 440000400 | SEWOL | Passenger ships | 10452 | 2014-04-16 9:19 | N 34°10.5929999999999 | E125°57.5460000000004 | 357 | 1.9 | 194 |
| 440000400 | SEWOL | Passenger ships | 10452 | 2014-04-16 9:19 | N 34°10.5980000000001 | E125°57.5450000000004 | 357 | 1.9 | 194 |
| 440000400 | SEWOL | Passenger ships | 10452 | 2014-04-16 9:19 | N 34°10.6039999999999 | E125°57.5460000000004 | 356 | 1.8 | 193 |
| 440000400 | SEWOL | Passenger ships | 10452 | 2014-04-16 9:19 | N 34°10.608 | E125°57.5450000000004 | 357 | 1.9 | 192 |
| 440000400 | SEWOL | Passenger ships | 10452 | 2014-04-16 9:19 | N 34°10.6149999999998 | E125°57.5450000000004 | 356 | 1.8 | 190 |
| 440000400 | SEWOL | Passenger ships | 10452 | 2014-04-16 9:19 | N 34°10.621 | E125°57.5450000000004 | 356 | 1.9 | 190 |
| 440000400 | SEWOL | Passenger ships | 10452 | 2014-04-16 9:20 | N 34°10.6260000000002 | E125°57.5440000000003 | 357 | 1.9 | 191 |
| 440000400 | SEWOL | Passenger ships | 10452 | 2014-04-16 9:20 | N 34°10.6309999999999 | E125°57.5440000000003 | 356 | 1.9 | 191 |
| 440000400 | SEWOL | Passenger ships | 10452 | 2014-04-16 9:20 | N 34°10.6360000000001 | E125°57.5430000000003 | 357 | 1.8 | 191 |
| 440000400 | SEWOL | Passenger ships | 10452 | 2014-04-16 9:20 | N 34°10.6409999999999 | E125°57.5430000000003 | 356 | 1.8 | 192 |
| 440000400 | SEWOL | Passenger ships | 10452 | 2014-04-16 9:20 | N 34°10.6510000000002 | E125°57.5420000000003 | 356 | 1.8 | 197 |
| 440000400 | SEWOL | Passenger ships | 10452 | 2014-04-16 9:21 | N 34°10.6630000000001 | E125°57.5410000000002 | 356 | 1.8 | 201 |
| 440000400 | SEWOL | Passenger ships | 10452 | 2014-04-16 9:21 | N 34°10.6699999999999 | E125°57.5410000000002 | 356 | 1.8 | 202 |
| 440000400 | SEWOL | Passenger ships | 10452 | 2014-04-16 9:21 | N 34°10.673 | E125°57.5410000000002 | 356 | 1.8 | 203 |
| 440000400 | SEWOL | Passenger ships | 10452 | 2014-04-16 9:21 | N 34°10.6789999999998 | E125°57.5400000000002 | 356 | 1.9 | 511 |
| 440000400 | SEWOL | Passenger ships | 10452 | 2014-04-16 9:22 | N 34°10.7010000000001 | E125°57.5380000000001 | 356 | 1.8 | 511 |
| 440000400 | SEWOL | Passenger ships | 10452 | 2014-04-16 9:22 | N 34°10.7049999999998 | E125°57.5380000000001 | 356 | 1.8 | 511 |
| 440000400 | SEWOL | Passenger ships | 10452 | 2014-04-16 9:22 | N 34°10.711 | E125°57.5370000000001 | 356 | 1.8 | 511 |
| 440000400 | SEWOL | Passenger ships | 10452 | 2014-04-16 9:23 | N 34°10.7209999999999 | E125°57.5360000000001 | 356 | 1.8 | 511 |
| 440000400 | SEWOL | Passenger ships | 10452 | 2014-04-16 9:23 | N 34°10.7260000000001 | E125°57.535 | 356 | 1.7 | 511 |
| 440000400 | SEWOL | Passenger ships | 10452 | 2014-04-16 9:23 | N 34°10.7309999999998 | E125°57.535 | 356 | 1.8 | 511 |

사고 발생 후 표류상태의 자료늘 4/16일 09;07분~10;13분까지의 항적자료

| | | | | | | | | |
|---|---|---|---|---|---|---|---|---|
| 440000400 SEWOL | Passenger ships | 10452 | 2014-04-16 9:37 N 34°11.1699999999999 | E125°57.4950000000004 | 350 | 2 | 511 |
| 440000400 SEWOL | Passenger ships | 10452 | 2014-04-16 9:37 N 34°11.1760000000001 | E125°57.4930000000003 | 349 | 1.8 | 511 |
| 440000400 SEWOL | Passenger ships | 10452 | 2014-04-16 9:37 N 34°11.1809999999998 | E125°57.4920000000003 | 349 | 1.8 | 511 |
| 440000400 SEWOL | Passenger ships | 10452 | 2014-04-16 9:37 N 34°11.186 | E125°57.4910000000003 | 349 | 1.9 | 511 |
| 440000400 SEWOL | Passenger ships | 10452 | 2014-04-16 9:37 N 34°11.1910000000002 | E125°57.4900000000002 | 348 | 1.8 | 511 |
| 440000400 SEWOL | Passenger ships | 10452 | 2014-04-16 9:37 N 34°11.1969999999999 | E125°57.4890000000002 | 349 | 1.8 | 511 |
| 440000400 SEWOL | Passenger ships | 10452 | 2014-04-16 9:38 N 34°11.2010000000001 | E125°57.4880000000002 | 346 | 1.9 | 511 |
| 440000400 SEWOL | Passenger ships | 10452 | 2014-04-16 9:38 N 34°11.2050000000002 | E125°57.4860000000001 | 348 | 1.8 | 511 |
| 440000400 SEWOL | Passenger ships | 10452 | 2014-04-16 9:38 N 34°11.211 | E125°57.4850000000001 | 349 | 1.9 | 511 |
| 440000400 SEWOL | Passenger ships | 10452 | 2014-04-16 9:38 N 34°11.2160000000002 | E125°57.484 | 348 | 1.8 | 511 |
| 440000400 SEWOL | Passenger ships | 10452 | 2014-04-16 9:38 N 34°11.2209999999999 | E125°57.483 | 348 | 1.9 | 511 |
| 440000400 SEWOL | Passenger ships | 10452 | 2014-04-16 9:38 N 34°11.225 | E125°57.482 | 347 | 2 | 511 |
| 440000400 SEWOL | Passenger ships | 10452 | 2014-04-16 9:39 N 34°11.236 | E125°57.4799999999999 | 347 | 1.8 | 511 |
| 440000400 SEWOL | Passenger ships | 10452 | 2014-04-16 9:39 N 34°11.2410000000001 | E125°57.4779999999998 | 347 | 1.8 | 511 |
| 440000400 SEWOL | Passenger ships | 10452 | 2014-04-16 9:39 N 34°11.2439999999998 | E125°57.4769999999998 | 348 | 1.7 | 511 |
| 440000400 SEWOL | Passenger ships | 10452 | 2014-04-16 9:39 N 34°11.25 | E125°57.4759999999998 | 348 | 1.8 | 511 |
| 440000400 SEWOL | Passenger ships | 10452 | 2014-04-16 9:39 N 34°11.2550000000002 | E125°57.4749999999997 | 348 | 1.8 | 511 |
| 440000400 SEWOL | Passenger ships | 10452 | 2014-04-16 9:39 N 34°11.2599999999999 | E125°57.4739999999999 | 348 | 1.8 | 511 |
| 440000400 SEWOL | Passenger ships | 10452 | 2014-04-16 9:40 N 34°11.264 | E125°57.4729999999997 | 348 | 1.7 | 511 |
| 440000400 SEWOL | Passenger ships | 10452 | 2014-04-16 9:40 N 34°11.2690000000002 | E125°57.4719999999996 | 348 | 1.8 | 511 |
| 440000400 SEWOL | Passenger ships | 10452 | 2014-04-16 9:40 N 34°11.2729999999999 | E125°57.4700000000004 | 348 | 1.7 | 511 |
| 440000400 SEWOL | Passenger ships | 10452 | 2014-04-16 9:40 N 34°11.2800000000001 | E125°57.4690000000004 | 348 | 1.7 | 511 |
| 440000400 SEWOL | Passenger ships | 10452 | 2014-04-16 9:40 N 34°11.2849999999999 | E125°57.4670000000003 | 348 | 1.7 | 511 |
| 440000400 SEWOL | Passenger ships | 10452 | 2014-04-16 9:41 N 34°11.2979999999999 | E125°57.4650000000003 | 349 | 1.6 | 511 |
| 440000400 SEWOL | Passenger ships | 10452 | 2014-04-16 9:41 N 34°11.3030000000001 | E125°57.4640000000002 | 349 | 1.7 | 511 |
| 440000400 SEWOL | Passenger ships | 10452 | 2014-04-16 9:41 N 34°11.315 | E125°57.4600000000001 | 349 | 1.7 | 511 |
| 440000400 SEWOL | Passenger ships | 10452 | 2014-04-16 9:41 N 34°11.3200000000002 | E125°57.4600000000001 | 349 | 1.7 | 511 |
| 440000400 SEWOL | Passenger ships | 10452 | 2014-04-16 9:42 N 34°11.3239999999999 | E125°57.4590000000001 | 349 | 1.7 | 511 |
| 440000400 SEWOL | Passenger ships | 10452 | 2014-04-16 9:42 N 34°11.3290000000001 | E125°57.458 | 350 | 1.7 | 511 |
| 440000400 SEWOL | Passenger ships | 10452 | 2014-04-16 9:42 N 34°11.3330000000002 | E125°57.457 | 350 | 1.7 | 511 |
| 440000400 SEWOL | Passenger ships | 10452 | 2014-04-16 9:42 N 34°11.3379999999999 | E125°57.457 | 350 | 1.7 | 511 |
| 440000400 SEWOL | Passenger ships | 10452 | 2014-04-16 9:42 N 34°11.3430000000001 | E125°57.4549999999999 | 351 | 1.7 | 511 |
| 440000400 SEWOL | Passenger ships | 10452 | 2014-04-16 9:42 N 34°11.3479999999998 | E125°57.4539999999999 | 351 | 1.7 | 511 |
| 440000400 SEWOL | Passenger ships | 10452 | 2014-04-16 9:43 N 34°11.3509999999999 | E125°57.4539999999999 | 351 | 1.7 | 511 |
| 440000400 SEWOL | Passenger ships | 10452 | 2014-04-16 9:43 N 34°11.3560000000001 | E125°57.4529999999999 | 351 | 1.7 | 511 |
| 440000400 SEWOL | Passenger ships | 10452 | 2014-04-16 9:43 N 34°11.3629999999999 | E125°57.4519999999998 | 351 | 1.7 | 511 |
| 440000400 SEWOL | Passenger ships | 10452 | 2014-04-16 9:43 N 34°11.366 | E125°57.4519999999998 | 351 | 1.7 | 511 |
| 440000400 SEWOL | Passenger ships | 10452 | 2014-04-16 9:43 N 34°11.3720000000002 | E125°57.4509999999998 | 351 | 1.7 | 511 |
| 440000400 SEWOL | Passenger ships | 10452 | 2014-04-16 9:43 N 34°11.377 | E125°57.4509999999998 | 352 | 1.7 | 511 |
| 440000400 SEWOL | Passenger ships | 10452 | 2014-04-16 9:44 N 34°11.3800000000001 | E125°57.4499999999998 | 351 | 1.7 | 511 |
| 440000400 SEWOL | Passenger ships | 10452 | 2014-04-16 9:44 N 34°11.3849999999998 | E125°57.4499999999998 | 353 | 1.6 | 511 |
| 440000400 SEWOL | Passenger ships | 10452 | 2014-04-16 9:44 N 34°11.391 | E125°57.4479999999997 | 352 | 1.7 | 511 |
| 440000400 SEWOL | Passenger ships | 10452 | 2014-04-16 9:44 N 34°11.3960000000002 | E125°57.4479999999997 | 352 | 1.6 | 511 |
| 440000400 SEWOL | Passenger ships | 10452 | 2014-04-16 9:44 N 34°11.405 | E125°57.4459999999996 | 353 | 1.7 | 511 |
| 440000400 SEWOL | Passenger ships | 10452 | 2014-04-16 9:45 N 34°11.4100000000002 | E125°57.4449999999996 | 353 | 1.7 | 511 |
| 440000400 SEWOL | Passenger ships | 10452 | 2014-04-16 9:45 N 34°11.4139999999999 | E125°57.4449999999996 | 353 | 1.8 | 511 |
| 440000400 SEWOL | Passenger ships | 10452 | 2014-04-16 9:45 N 34°11.4200000000001 | E125°57.4440000000004 | 353 | 1.8 | 511 |
| 440000400 SEWOL | Passenger ships | 10452 | 2014-04-16 9:45 N 34°11.4249999999998 | E125°57.4430000000004 | 353 | 1.7 | 511 |
| 440000400 SEWOL | Passenger ships | 10452 | 2014-04-16 9:45 N 34°11.429 | E125°57.4430000000004 | 353 | 1.8 | 511 |
| 440000400 SEWOL | Passenger ships | 10452 | 2014-04-16 9:45 N 34°11.4320000000001 | E125°57.4420000000003 | 354 | 1.8 | 511 |
| 440000400 SEWOL | Passenger ships | 10452 | 2014-04-16 9:46 N 34°11.4360000000002 | E125°57.4420000000003 | 354 | 1.7 | 511 |
| 440000400 SEWOL | Passenger ships | 10452 | 2014-04-16 9:46 N 34°11.443 | E125°57.4420000000003 | 354 | 1.7 | 511 |
| 440000400 SEWOL | Passenger ships | 10452 | 2014-04-16 9:46 N 34°11.4480000000002 | E125°57.4410000000003 | 354 | 1.7 | 511 |
| 440000400 SEWOL | Passenger ships | 10452 | 2014-04-16 9:46 N 34°11.4529999999999 | E125°57.4410000000003 | 354 | 1.7 | 511 |
| 440000400 SEWOL | Passenger ships | 10452 | 2014-04-16 9:46 N 34°11.457 | E125°57.4400000000003 | 355 | 1.8 | 511 |
| 440000400 SEWOL | Passenger ships | 10452 | 2014-04-16 9:46 N 34°11.4610000000002 | E125°57.4400000000003 | 355 | 1.8 | 511 |
| 440000400 SEWOL | Passenger ships | 10452 | 2014-04-16 9:47 N 34°11.4659999999999 | E125°57.4390000000002 | 355 | 1.8 | 511 |
| 440000400 SEWOL | Passenger ships | 10452 | 2014-04-16 9:47 N 34°11.4720000000001 | E125°57.4380000000002 | 355 | 1.8 | 511 |
| 440000400 SEWOL | Passenger ships | 10452 | 2014-04-16 9:47 N 34°11.4789999999999 | E125°57.4380000000002 | 355 | 1.9 | 511 |
| 440000400 SEWOL | Passenger ships | 10452 | 2014-04-16 9:47 N 34°11.482 | E125°57.4370000000002 | 355 | 1.8 | 511 |
| 440000400 SEWOL | Passenger ships | 10452 | 2014-04-16 9:47 N 34°11.4870000000002 | E125°57.4370000000002 | 354 | 1.7 | 511 |
| 440000400 SEWOL | Passenger ships | 10452 | 2014-04-16 9:47 N 34°11.493 | E125°57.4370000000002 | 354 | 1.7 | 511 |
| 440000400 SEWOL | Passenger ships | 10452 | 2014-04-16 9:48 N 34°11.4970000000001 | E125°57.4360000000001 | 355 | 1.8 | 511 |
| 440000400 SEWOL | Passenger ships | 10452 | 2014-04-16 9:48 N 34°11.5019999999998 | E125°57.4360000000001 | 355 | 1.8 | 511 |
| 440000400 SEWOL | Passenger ships | 10452 | 2014-04-16 9:48 N 34°11.508 | E125°57.4350000000001 | 355 | 1.8 | 511 |
| 440000400 SEWOL | Passenger ships | 10452 | 2014-04-16 9:48 N 34°11.5139999999998 | E125°57.4340000000001 | 355 | 1.7 | 511 |
| 440000400 SEWOL | Passenger ships | 10452 | 2014-04-16 9:48 N 34°11.519 | E125°57.4340000000001 | 355 | 1.9 | 511 |
| 440000400 SEWOL | Passenger ships | 10452 | 2014-04-16 9:48 N 34°11.5230000000001 | E125°57.4330000000001 | 355 | 1.7 | 511 |

사고 발생 후 표류상태의 자료들 4/16일 09;07분~10;13분까지의 항적자료

| 440000400 | SEWOL | Passenger ships | 10452 | 2014-04-16 9:49 | N 34°11.5289999999999 | E125°57.4330000000001 | 355 | 1.8 | 511 |
|---|---|---|---|---|---|---|---|---|---|
| 440000400 | SEWOL | Passenger ships | 10452 | 2014-04-16 9:49 | N 34°11.534 | E125°57.432 | 355 | 1.8 | 511 |
| 440000400 | SEWOL | Passenger ships | 10452 | 2014-04-16 9:49 | N 34°11.5389999999998 | E125°57.432 | 356 | 1.8 | 511 |
| 440000400 | SEWOL | Passenger ships | 10452 | 2014-04-16 9:49 | N 34°11.544 | E125°57.431 | 355 | 1.8 | 511 |
| 440000400 | SEWOL | Passenger ships | 10452 | 2014-04-16 9:49 | N 34°11.5490000000001 | E125°57.431 | 355 | 1.8 | 511 |
| 440000400 | SEWOL | Passenger ships | 10452 | 2014-04-16 9:49 | N 34°11.5519999999998 | E125°57.431 | 356 | 1.9 | 511 |
| 440000400 | SEWOL | Passenger ships | 10452 | 2014-04-16 9:50 | N 34°11.559 | E125°57.4299999999999 | 355 | 1.8 | 511 |
| 440000400 | SEWOL | Passenger ships | 10452 | 2014-04-16 9:50 | N 34°11.559 | E125°57.4299999999999 | 355 | 1.8 | 511 |
| 440000400 | SEWOL | Passenger ships | 10452 | 2014-04-16 9:50 | N 34°11.5640000000002 | E125°57.4299999999999 | 356 | 1.8 | 511 |
| 440000400 | SEWOL | Passenger ships | 10452 | 2014-04-16 9:50 | N 34°11.5689999999999 | E125°57.4289999999999 | 357 | 1.8 | 511 |
| 440000400 | SEWOL | Passenger ships | 10452 | 2014-04-16 9:50 | N 34°11.5750000000001 | E125°57.4289999999999 | 353 | 2.1 | 511 |
| 440000400 | SEWOL | Passenger ships | 10452 | 2014-04-16 9:50 | N 34°11.585 | E125°57.4289999999999 | 357 | 1.8 | 511 |
| 440000400 | SEWOL | Passenger ships | 10452 | 2014-04-16 9:50 | N 34°11.585 | E125°57.4289999999999 | 357 | 1.8 | 511 |
| 440000400 | SEWOL | Passenger ships | 10452 | 2014-04-16 9:51 | N 34°11.5890000000002 | E125°57.4279999999999 | 357 | 1.8 | 511 |
| 440000400 | SEWOL | Passenger ships | 10452 | 2014-04-16 9:51 | N 34°11.5949999999999 | E125°57.4279999999999 | 356 | 1.8 | 511 |
| 440000400 | SEWOL | Passenger ships | 10452 | 2014-04-16 9:51 | N 34°11.6000000000001 | E125°57.4279999999999 | 1 | 1.9 | 511 |
| 440000400 | SEWOL | Passenger ships | 10452 | 2014-04-16 9:51 | N 34°11.6049999999998 | E125°57.4269999999999 | 0 | 1.9 | 511 |
| 440000400 | SEWOL | Passenger ships | 10452 | 2014-04-16 9:51 | N 34°11.611 | E125°57.4269999999999 | 359 | 1.9 | 511 |
| 440000400 | SEWOL | Passenger ships | 10452 | 2014-04-16 9:51 | N 34°11.6150000000002 | E125°57.4269999999999 | 0 | 1.8 | 511 |
| 440000400 | SEWOL | Passenger ships | 10452 | 2014-04-16 9:52 | N 34°11.622 | E125°57.4269999999999 | 0 | 1.8 | 511 |
| 440000400 | SEWOL | Passenger ships | 10452 | 2014-04-16 9:52 | N 34°11.6260000000001 | E125°57.4269999999999 | 2 | 1.9 | 511 |
| 440000400 | SEWOL | Passenger ships | 10452 | 2014-04-16 9:52 | N 34°11.6370000000001 | E125°57.4279999999999 | 359 | 1.9 | 511 |
| 440000400 | SEWOL | Passenger ships | 10452 | 2014-04-16 9:52 | N 34°11.6429999999998 | E125°57.4279999999999 | 3 | 1.9 | 511 |
| 440000400 | SEWOL | Passenger ships | 10452 | 2014-04-16 9:52 | N 34°11.648 | E125°57.4279999999999 | 0 | 1.8 | 511 |
| 440000400 | SEWOL | Passenger ships | 10452 | 2014-04-16 9:52 | N 34°11.648 | E125°57.4279999999999 | 0 | 1.8 | 511 |
| 440000400 | SEWOL | Passenger ships | 10452 | 2014-04-16 9:53 | N 34°11.6540000000002 | E125°57.4279999999999 | 1 | 1.9 | 511 |
| 440000400 | SEWOL | Passenger ships | 10452 | 2014-04-16 9:53 | N 34°11.6579999999999 | E125°57.4279999999999 | 2 | 1.9 | 511 |
| 440000400 | SEWOL | Passenger ships | 10452 | 2014-04-16 9:53 | N 34°11.6630000000001 | E125°57.4279999999999 | 2 | 1.9 | 511 |
| 440000400 | SEWOL | Passenger ships | 10452 | 2014-04-16 9:53 | N 34°11.6699999999999 | E125°57.4289999999999 | 1 | 1.9 | 511 |
| 440000400 | SEWOL | Passenger ships | 10452 | 2014-04-16 9:53 | N 34°11.675 | E125°57.4289999999999 | 2 | 2 | 511 |
| 440000400 | SEWOL | Passenger ships | 10452 | 2014-04-16 9:53 | N 34°11.6800000000002 | E125°57.4299999999999 | 1 | 1.9 | 511 |
| 440000400 | SEWOL | Passenger ships | 10452 | 2014-04-16 9:54 | N 34°11.698 | E125°57.431 | 2 | 1.9 | 511 |
| 440000400 | SEWOL | Passenger ships | 10452 | 2014-04-16 9:54 | N 34°11.7020000000001 | E125°57.431 | 3 | 1.9 | 511 |
| 440000400 | SEWOL | Passenger ships | 10452 | 2014-04-16 9:54 | N 34°11.7089999999999 | E125°57.431 | 2 | 1.9 | 511 |
| 440000400 | SEWOL | Passenger ships | 10452 | 2014-04-16 9:54 | N 34°11.713 | E125°57.432 | 1 | 2 | 511 |
| 440000400 | SEWOL | Passenger ships | 10452 | 2014-04-16 9:55 | N 34°11.7189999999998 | E125°57.432 | 2 | 2 | 511 |
| 440000400 | SEWOL | Passenger ships | 10452 | 2014-04-16 9:55 | N 34°11.7189999999998 | E125°57.432 | 2 | 2 | 511 |
| 440000400 | SEWOL | Passenger ships | 10452 | 2014-04-16 9:55 | N 34°11.725 | E125°57.432 | 3 | 2 | 511 |
| 440000400 | SEWOL | Passenger ships | 10452 | 2014-04-16 9:55 | N 34°11.7300000000002 | E125°57.432 | 2 | 1.9 | 511 |
| 440000400 | SEWOL | Passenger ships | 10452 | 2014-04-16 9:55 | N 34°11.737 | E125°57.432 | 4 | 2.1 | 511 |
| 440000400 | SEWOL | Passenger ships | 10452 | 2014-04-16 9:55 | N 34°11.7420000000001 | E125°57.4330000000001 | 2 | 2.2 | 511 |
| 440000400 | SEWOL | Passenger ships | 10452 | 2014-04-16 9:55 | N 34°11.7489999999999 | E125°57.4330000000001 | 3 | 2 | 511 |
| 440000400 | SEWOL | Passenger ships | 10452 | 2014-04-16 9:56 | N 34°11.7589999999998 | E125°57.4330000000001 | 359 | 2.2 | 511 |
| 440000400 | SEWOL | Passenger ships | 10452 | 2014-04-16 9:56 | N 34°11.765 | E125°57.4340000000001 | 4 | 2 | 511 |
| 440000400 | SEWOL | Passenger ships | 10452 | 2014-04-16 9:56 | N 34°11.7719999999998 | E125°57.4340000000001 | 2 | 2.2 | 511 |
| 440000400 | SEWOL | Passenger ships | 10452 | 2014-04-16 9:56 | N 34°11.7719999999998 | E125°57.4340000000001 | 2 | 2.2 | 511 |
| 440000400 | SEWOL | Passenger ships | 10452 | 2014-04-16 9:56 | N 34°11.777 | E125°57.4340000000001 | 0 | 2.2 | 511 |
| 440000400 | SEWOL | Passenger ships | 10452 | 2014-04-16 9:56 | N 34°11.7829999999998 | E125°57.4340000000001 | 359 | 2.2 | 511 |
| 440000400 | SEWOL | Passenger ships | 10452 | 2014-04-16 9:57 | N 34°11.788 | E125°57.4350000000001 | 357 | 2.2 | 511 |
| 440000400 | SEWOL | Passenger ships | 10452 | 2014-04-16 9:57 | N 34°11.7950000000002 | E125°57.4350000000001 | 1 | 2.2 | 511 |
| 440000400 | SEWOL | Passenger ships | 10452 | 2014-04-16 9:57 | N 34°11.7999999999999 | E125°57.4340000000001 | 1 | 2.3 | 511 |
| 440000400 | SEWOL | Passenger ships | 10452 | 2014-04-16 9:57 | N 34°11.8080000000002 | E125°57.4340000000001 | 359 | 2.2 | 511 |
| 440000400 | SEWOL | Passenger ships | 10452 | 2014-04-16 9:57 | N 34°11.8080000000002 | E125°57.4340000000001 | 359 | 2.2 | 511 |
| 440000400 | SEWOL | Passenger ships | 10452 | 2014-04-16 9:57 | N 34°11.8129999999999 | E125°57.4350000000001 | 357 | 2.2 | 511 |
| 440000400 | SEWOL | Passenger ships | 10452 | 2014-04-16 9:57 | N 34°11.8200000000001 | E125°57.4340000000001 | 0 | 2.2 | 511 |
| 440000400 | SEWOL | Passenger ships | 10452 | 2014-04-16 9:58 | N 34°11.8430000000001 | E125°57.4330000000001 | 358 | 2.1 | 511 |
| 440000400 | SEWOL | Passenger ships | 10452 | 2014-04-16 9:58 | N 34°11.8509999999999 | E125°57.4330000000001 | 358 | 2.2 | 511 |
| 440000400 | SEWOL | Passenger ships | 10452 | 2014-04-16 9:58 | N 34°11.855 | E125°57.4330000000001 | 358 | 2.2 | 511 |
| 440000400 | SEWOL | Passenger ships | 10452 | 2014-04-16 9:59 | N 34°11.8749999999999 | E125°57.432 | 356 | 2.2 | 511 |
| 440000400 | SEWOL | Passenger ships | 10452 | 2014-04-16 9:59 | N 34°11.8820000000001 | E125°57.431 | 358 | 2.1 | 511 |
| 440000400 | SEWOL | Passenger ships | 10452 | 2014-04-16 9:59 | N 34°11.8869999999998 | E125°57.4289999999999 | 357 | 2.2 | 511 |
| 440000400 | SEWOL | Passenger ships | 10452 | 2014-04-16 9:59 | N 34°11.8950000000001 | E125°57.4279999999999 | 355 | 2.2 | 511 |
| 440000400 | SEWOL | Passenger ships | 10452 | 2014-04-16 10:00 | N 34°11.906 | E125°57.4269999999999 | 355 | 2.3 | 511 |
| 440000400 | SEWOL | Passenger ships | 10452 | 2014-04-16 10:00 | N 34°11.9139999999999 | E125°57.4259999999998 | 356 | 2.1 | 511 |
| 440000400 | SEWOL | Passenger ships | 10452 | 2014-04-16 10:00 | N 34°11.919 | E125°57.4259999999998 | 354 | 2.1 | 511 |
| 440000400 | SEWOL | Passenger ships | 10452 | 2014-04-16 10:00 | N 34°11.9259999999998 | E125°57.4259999999998 | 354 | 2.1 | 511 |
| 440000400 | SEWOL | Passenger ships | 10452 | 2014-04-16 10:00 | N 34°11.931 | E125°57.4259999999998 | 355 | 2.2 | 511 |
| 440000400 | SEWOL | Passenger ships | 10452 | 2014-04-16 10:01 | N 34°11.9379999999998 | E125°57.4249999999998 | 355 | 2.1 | 511 |

사고 발생 후 표류상태의 자료들 4/16일 09;07분~10;13분까지의 항적자료

| | | | | | | | | |
|---|---|---|---|---|---|---|---|---|
| 440000400 | SEWOL | Passenger ships | 10452 | 2014-04-16 10:01 | N 34°11.9539999999999 | E125°57.4229999999997 | 352 | 2.1 | 511 |
| 440000400 | SEWOL | Passenger ships | 10452 | 2014-04-16 10:01 | N 34°11.9610000000002 | E125°57.4219999999997 | 353 | 2.1 | 511 |
| 440000400 | SEWOL | Passenger ships | 10452 | 2014-04-16 10:01 | N 34°11.9659999999999 | E125°57.4219999999997 | 353 | 2.1 | 511 |
| 440000400 | SEWOL | Passenger ships | 10452 | 2014-04-16 10:02 | N 34°11.9730000000001 | E125°57.4209999999997 | 352 | 2 | 511 |
| 440000400 | SEWOL | Passenger ships | 10452 | 2014-04-16 10:02 | N 34°11.9789999999999 | E125°57.4209999999997 | 353 | 2.1 | 511 |
| 440000400 | SEWOL | Passenger ships | 10452 | 2014-04-16 10:02 | N 34°11.9850000000001 | E125°57.4199999999996 | 355 | 2.1 | 511 |
| 440000400 | SEWOL | Passenger ships | 10452 | 2014-04-16 10:02 | N 34°11.9889999999998 | E125°57.4160000000003 | 351 | 2.2 | 511 |
| 440000400 | SEWOL | Passenger ships | 10452 | 2014-04-16 10:02 | N 34°11.995 | E125°57.4160000000003 | 353 | 2.1 | 511 |
| 440000400 | SEWOL | Passenger ships | 10452 | 2014-04-16 10:02 | N 34°12.0010000000002 | E125°57.4160000000003 | 352 | 2.1 | 511 |
| 440000400 | SEWOL | Passenger ships | 10452 | 2014-04-16 10:03 | N 34°12.0130000000002 | E125°57.4150000000003 | 352 | 2.2 | 511 |
| 440000400 | SEWOL | Passenger ships | 10452 | 2014-04-16 10:03 | N 34°12.0189999999999 | E125°57.4140000000003 | 352 | 2.1 | 511 |
| 440000400 | SEWOL | Passenger ships | 10452 | 2014-04-16 10:03 | N 34°12.0240000000001 | E125°57.4130000000002 | 354 | 2.2 | 511 |
| 440000400 | SEWOL | Passenger ships | 10452 | 2014-04-16 10:03 | N 34°12.032 | E125°57.4120000000002 | 353 | 2 | 511 |
| 440000400 | SEWOL | Passenger ships | 10452 | 2014-04-16 10:03 | N 34°12.0360000000001 | E125°57.4120000000002 | 351 | 2.1 | 511 |
| 440000400 | SEWOL | Passenger ships | 10452 | 2014-04-16 10:04 | N 34°12.0409999999998 | E125°57.4120000000002 | 353 | 2.1 | 511 |
| 440000400 | SEWOL | Passenger ships | 10452 | 2014-04-16 10:04 | N 34°12.047 | E125°57.4100000000001 | 353 | 2 | 511 |
| 440000400 | SEWOL | Passenger ships | 10452 | 2014-04-16 10:04 | N 34°12.0529999999998 | E125°57.4100000000001 | 354 | 2 | 511 |
| 440000400 | SEWOL | Passenger ships | 10452 | 2014-04-16 10:04 | N 34°12.058 | E125°57.4090000000001 | 353 | 2 | 511 |
| 440000400 | SEWOL | Passenger ships | 10452 | 2014-04-16 10:04 | N 34°12.0650000000002 | E125°57.4080000000001 | 354 | 2 | 511 |
| 440000400 | SEWOL | Passenger ships | 10452 | 2014-04-16 10:04 | N 34°12.0699999999999 | E125°57.407 | 353 | 2.1 | 511 |
| 440000400 | SEWOL | Passenger ships | 10452 | 2014-04-16 10:05 | N 34°12.0760000000001 | E125°57.406 | 353 | 1.9 | 511 |
| 440000400 | SEWOL | Passenger ships | 10452 | 2014-04-16 10:05 | N 34°12.0819999999999 | E125°57.406 | 355 | 2 | 511 |
| 440000400 | SEWOL | Passenger ships | 10452 | 2014-04-16 10:05 | N 34°12.086 | E125°57.405 | 354 | 1.9 | 511 |
| 440000400 | SEWOL | Passenger ships | 10452 | 2014-04-16 10:05 | N 34°12.0919999999998 | E125°57.4039999999999 | 354 | 2 | 511 |
| 440000400 | SEWOL | Passenger ships | 10452 | 2014-04-16 10:05 | N 34°12.097 | E125°57.4039999999999 | 353 | 2.1 | 511 |
| 440000400 | SEWOL | Passenger ships | 10452 | 2014-04-16 10:05 | N 34°12.1040000000002 | E125°57.4039999999999 | 356 | 1.9 | 511 |
| 440000400 | SEWOL | Passenger ships | 10452 | 2014-04-16 10:06 | N 34°12.1140000000001 | E125°57.4019999999999 | 354 | 2.2 | 511 |
| 440000400 | SEWOL | Passenger ships | 10452 | 2014-04-16 10:06 | N 34°12.1189999999999 | E125°57.4019999999999 | 353 | 1.9 | 511 |
| 440000400 | SEWOL | Passenger ships | 10452 | 2014-04-16 10:06 | N 34°12.124 | E125°57.4039999999999 | 355 | 2 | 511 |
| 440000400 | SEWOL | Passenger ships | 10452 | 2014-04-16 10:06 | N 34°12.1299999999998 | E125°57.4039999999999 | 356 | 1.9 | 511 |
| 440000400 | SEWOL | Passenger ships | 10452 | 2014-04-16 10:07 | N 34°12.1459999999999 | E125°57.4039999999999 | 359 | 2.1 | 511 |
| 440000400 | SEWOL | Passenger ships | 10452 | 2014-04-16 10:07 | N 34°12.15 | E125°57.4029999999999 | 358 | 2 | 511 |
| 440000400 | SEWOL | Passenger ships | 10452 | 2014-04-16 10:07 | N 34°12.1559999999998 | E125°57.4019999999999 | 355 | 2 | 511 |
| 440000400 | SEWOL | Passenger ships | 10452 | 2014-04-16 10:07 | N 34°12.161 | E125°57.4009999999998 | 358 | 1.9 | 511 |
| 440000400 | SEWOL | Passenger ships | 10452 | 2014-04-16 10:07 | N 34°12.1680000000002 | E125°57.4009999999998 | 359 | 2 | 511 |
| 440000400 | SEWOL | Passenger ships | 10452 | 2014-04-16 10:08 | N 34°12.1800000000002 | E125°57.4009999999998 | 0 | 1.8 | 511 |
| 440000400 | SEWOL | Passenger ships | 10452 | 2014-04-16 10:08 | N 34°12.1849999999999 | E125°57.4009999999998 | 358 | 1.7 | 511 |
| 440000400 | SEWOL | Passenger ships | 10452 | 2014-04-16 10:08 | N 34°12.1910000000001 | E125°57.4009999999998 | 1 | 1.8 | 511 |
| 440000400 | SEWOL | Passenger ships | 10452 | 2014-04-16 10:08 | N 34°12.1959999999999 | E125°57.4009999999998 | 3 | 1.8 | 511 |
| 440000400 | SEWOL | Passenger ships | 10452 | 2014-04-16 10:09 | N 34°12.2150000000001 | E125°57.4019999999999 | 0 | 2 | 511 |
| 440000400 | SEWOL | Passenger ships | 10452 | 2014-04-16 10:09 | N 34°12.2219999999999 | E125°57.4019999999999 | 2 | 2 | 511 |
| 440000400 | SEWOL | Passenger ships | 10452 | 2014-04-16 10:09 | N 34°12.227 | E125°57.4019999999999 | 0 | 1.9 | 511 |
| 440000400 | SEWOL | Passenger ships | 10452 | 2014-04-16 10:09 | N 34°12.2310000000002 | E125°57.4019999999999 | 1 | 2 | 511 |
| 440000400 | SEWOL | Passenger ships | 10452 | 2014-04-16 10:10 | N 34°12.2440000000002 | E125°57.4019999999999 | 1 | 2 | 511 |
| 440000400 | SEWOL | Passenger ships | 10452 | 2014-04-16 10:10 | N 34°12.2499999999999 | E125°57.4019999999999 | 1 | 2 | 511 |
| 440000400 | SEWOL | Passenger ships | 10452 | 2014-04-16 10:10 | N 34°12.2629999999999 | E125°57.4039999999999 | 3 | 2.1 | 511 |
| 440000400 | SEWOL | Passenger ships | 10452 | 2014-04-16 10:10 | N 34°12.2700000000002 | E125°57.4029999999999 | 0 | 2.1 | 511 |
| 440000400 | SEWOL | Passenger ships | 10452 | 2014-04-16 10:10 | N 34°12.276 | E125°57.4029999999999 | 3 | 2.1 | 511 |
| 440000400 | SEWOL | Passenger ships | 10452 | 2014-04-16 10:10 | N 34°12.2820000000002 | E125°57.405 | 4 | 2 | 511 |
| 440000400 | SEWOL | Passenger ships | 10452 | 2014-04-16 10:11 | N 34°12.2920000000001 | E125°57.406 | 1 | 2.1 | 511 |
| 440000400 | SEWOL | Passenger ships | 10452 | 2014-04-16 10:11 | N 34°12.2969999999998 | E125°57.406 | 0 | 2.2 | 511 |
| 440000400 | SEWOL | Passenger ships | 10452 | 2014-04-16 10:11 | N 34°12.302 | E125°57.407 | 0 | 2.1 | 511 |
| 440000400 | SEWOL | Passenger ships | 10452 | 2014-04-16 10:11 | N 34°12.3080000000002 | E125°57.407 | 4 | 2.1 | 511 |
| 440000400 | SEWOL | Passenger ships | 10452 | 2014-04-16 10:11 | N 34°12.3139999999999 | E125°57.407 | 0 | 2.1 | 511 |
| 440000400 | SEWOL | Passenger ships | 10452 | 2014-04-16 10:12 | N 34°12.3200000000001 | E125°57.4090000000001 | 0 | 2.2 | 511 |
| 440000400 | SEWOL | Passenger ships | 10452 | 2014-04-16 10:12 | N 34°12.33 | E125°57.4100000000001 | 2 | 2.1 | 511 |
| 440000400 | SEWOL | Passenger ships | 10452 | 2014-04-16 10:12 | N 34°12.343 | E125°57.4100000000001 | 0 | 2.1 | 511 |
| 440000400 | SEWOL | Passenger ships | 10452 | 2014-04-16 10:12 | N 34°12.3480000000002 | E125°57.4100000000001 | 359 | 2.1 | 511 |
| 440000400 | SEWOL | Passenger ships | 10452 | 2014-04-16 10:13 | N 34°12.353 | E125°57.4100000000001 | 1 | 2.2 | 511 |

사고 발생 후 표류상태의 자료들 4/16일 09;07분~10;13분까지의 항적자료